水利工程管理与节水灌溉

白洪鸣　王彦奇　何贤武　主编

U0254669

中国石化出版社

图书在版编目（CIP）数据

水利工程管理与节水灌溉／白洪鸣，王彦奇，何贤
武主编.—北京：中国石化出版社，2022.8
ISBN 978-7-5114-6821-5

Ⅰ.①水… Ⅱ.①白… ②王… ③何 Ⅲ.①水利工
程管理②农田灌溉-节约用水 Ⅳ.①TV6②S275

中国版本图书馆 CIP 数据核字（2022）第 138631 号

中国石化出版社出版发行

地址:北京市东城区安定门外大街 58 号
邮编:100011　电话:(010)57512500
发行部电话:(010)57512575
http://www.sinopec-press.com
E-mail:press@sinopec.com
北京科信印刷有限公司印刷
全国各地新华书店经销

*

787×1092 毫米 16 开本 13.25 印张 330 千字
2022 年 8 月第 1 版　2022 年 8 月第 1 次印刷
定价:128.00 元

PREFACE

前言

　　水是生命之源，对于一个国家来说，水资源的管理涉及国计民生，应该慎重对待。水利工程在水资源管理中发挥着重要作用，通过水利工程建设与管理，人们实现了对水资源的控制调配，有效防治了洪涝灾害，充分满足了人们对于水资源的需求。由此可见，水利工程管理作为水资源利用中的关键一环，在水资源保护利用等方面发挥着重要作用，同时，对维护生态环境、保护生物系统都有着积极意义。

　　农田水利工程以农业灌溉为主，发展灌溉排水工程，改善农田水分状况，从而达到推动农业产业发展、促进农业经济发展的目的。灌溉项目作为农田水利工程建设的关键组成部分，发展高效节水灌溉不仅能够提高节水率，节约灌溉用水，也有利于调控农田水分状况，提高农田产量。不同的灌溉方法在节水灌溉效益上不同，发展高效节水灌溉项目，是促进农业经济发展、提高农田水利建设质量的重要措施。

　　本书采用最新的行业技术、规范和标准，力求通俗易懂、简单实用，使读者学为所用，学以致用。全书共分8章，内容包括水利工程概述、水利工程具体分项管理、水利工程管理现代化、我国水利工程管理发展战略、节水灌溉基本知识、水资源的开发利用、节水灌溉技术、节水灌溉管理技术。

　　本书部分材料引自有关院校和生产、科研、管理单位编写的教材、专著或论文，编者在此一并致谢。

　　由于编写时间仓促，编者水平有限，本书在内容选择、文字表述等各方面可能存在疏漏，欢迎读者批评指正。

CONTENTS

目 录

第五章　节水灌溉基本知识

第六章　水资源的开发利用

第七章　节水灌溉技术

第八章　节水灌溉管理技术

结语

参考文献

第一章

水利工程管理概述

第一节　水利工程基本知识

一项水利工程往往由若干个不同功能的建筑物组成，这些建筑物被称为水工建筑物。由这些不同用途的水工建筑物组成并协同工作的工程综合群体，则称为水利枢纽。水利工程按照其所承担的任务一般可分为：防洪工程、农田灌溉工程、水力发电工程、供水工程、排水工程、水运工程、渔业工程等。水利枢纽按其作用和特征进行分类，可分为蓄水（水库）枢纽、取（引）水枢纽、电站厂区枢纽等。

水工建筑物按其用途可分为一般性水工建筑物和专门性水工建筑物。一般性水工建筑物是指可应用于各种水利工程的建筑物，它可分为以下几种：

（1）挡水建筑物。用以拦堵水流，如闸、坝、堤防等。

（2）泄水建筑物。用以宣泄多余水量，如溢洪道、泄洪洞、排水闸等。

（3）取水建筑物。用以引取水量，如进水闸、取水塔、抽水站等。

（4）输水建筑物。用以输送水流，如渠道、渡槽、涵洞、管道等。

（5）整治建筑物。用以整治河道、保护河岸及稳定河槽，如护岸工程、导流堤、丁坝、顺坝和拦沙、排沙建筑物等。

（6）其他。

专门性水工建筑物是指只应用于某一种水利部门的水工建筑物，大致有如下一些类型：

（1）水电站建筑物。如电站厂房、前池、调压室及压力管道等。

（2）水运建筑物。如船闸、升船机、筏道、码头、港口等。

（3）农田水利建筑物。包括灌排、渠系及其建筑物，如分水闸、节制闸、量水堰等。

（4）给、排水建筑物。如自来水厂的给水管道、抽水站、滤水池、水塔以及排除污水的下水道等。

（5）渔业建筑物。如鱼道、升鱼机、鱼闸、鱼池等。

水工建筑物按其使用时间不同，又可分为永久性建筑物和临时性建筑物。永久性建筑物按其重要性又分为主要建筑物和次要建筑物。

水工建筑物的特点主要有以下几点：

（1）工作条件复杂。如：当建筑物挡水后，水对建筑物将产生静水压力和动水压力（如波浪压力、地震水压力)等;地基和建筑物体内的渗流将产生扬压力和渗透压力,还可引起地基土壤的渗透变形。渗流量过大还将造成大量漏水,高速水流将对建筑物和下游河床产生冲刷,还可使建筑物产生振动或气蚀现象;冻融循环等风化作用将降低建筑物的耐久性。

(2)施工条件困难。水工建筑物一般要在野外施工,主要存在工程量大、工期长、时间紧、受自然条件影响大等问题。

(3)失事的后果严重。根据长期生产实践的经验,为了使工程建设做到安全与经济的统一,国家对水利工程和水工建筑物进行了等级划分,规定了不同的标准。具体参见《水利水电工程等级划分及洪水标准》(SL 252—2017)规定。

第二节　水利工程管理的主要内容

水利工程管理是指水利工程管理单位对所拥有的人力、物力、财力等资源运用管理科学原理进行合理组织,以求保证工程安全,充分发挥工程效益,以取得最大经营效果的全部技术、经济活动过程。

水利工程建成交付水管单位后,水管单位就拥有了发挥工程效益的主要经营要素——劳动者(管理职工),主要劳动资料(水利工程),劳动对象(天然水资源)。如果运行费用的资金来源有保证,水管单位就拥有了全部经营要素。这些经营要素必须互相结合,才能使水利工程发挥防洪灌溉、发电、城镇供水、水产、航运等设计效益。使水利工程发挥效益的技术、经济活动就是经营水利的过程。经营的目的是以尽可能小的劳动耗费和尽可能少的劳动占用取得尽可能大的经营成果。尽可能大的经营成果就是在保证工程安全前提下,充分发挥工程的综合效益。水管单位为达到上述目标,就必须运用管理科学,把计划、组织、指挥、协调、控制等管理职能与经营过程结合起来,使各种经营要素得到合理的结合。概括地说,水利工程管理是一门在运用水利工程进行防洪、供水等生产活动过程中对各种资源(人与物)进行计划、组织、指挥、协调和控制,以及对所产生的经济关系(管理关系)及其发展变化规律进行研究的边缘学科,它涉及生产力经济学、政治经济学、管理科学、心理学、会计学、水利科学技术,以及数理统计、系统工程等许多社会科学和自然科学的理论和知识。

水管单位既是生产活动的组织者,又是一定社会生产关系的体现者。因此,水管单位的经营管理基本内容包括两个方面:一方面是生产力的合理组织,包括劳动力的组织、劳动手段的组织、劳动对象的组织,以及生产力要素结合的组织,等等。另一方面是有关生产关系的正确处理,包括正确处理国家、水管单位与职工之间的关系,水管单位与用水单位的关系,等等。

经营管理过程是生产力合理组织和生产关系的正确处理这两种基本职能共同结合发生作用的过程。在经营管理的实践中,又表现为计划、组织、指挥、协调和控制等一系列具体管理职能。通过决策和计划,明确水管单位的目标;通过组织,建立实现目标的手段;通过指挥,建立正常的生产秩序;通过协调,处理好各方面的关系;通过控制,检查计划的实现情况,纠正偏差,使各方面的工作更符合实际,从而保证计划的贯彻执行和决策的实现。

水管单位管理生产经营活动的具体内容可归纳为以下各项：

（1）管理制度的确定和管理机构的建立。主要包括管理制度的建设，管理层次的确定，职能机构的设置，管理人员的配备，责任制和各项生产技术规章制度的建立等。

（2）计划管理。主要包括定额管理、统计、技术档案管理等基础工作，生产经营的预测、决策，长期和年度计划的编制、执行与控制等。

（3）生产技术管理。主要包括水利工程的养护修理，检查观测工作的组织管理，生产调度工作，信息管理，设备和物资管理，科学技术管理等。

（4）成本管理。主要包括供水成本的测算，水价的核定，水费的管理等。

（5）多种经营管理。主要包括水管单位开展多种经营的方针、原则、内容，以及量本利分析等。

（6）财务管理。主要包括资金管理、经济核算，以及财务计划的编制和执行等。

（7）考核评比。主要包括制定水管单位经营管理工作的考核内容、指标体系和综合评比方法等。

第三节　水利工程管理现状及发展

一、水利工程管理现状

（一）水利工程管理机制不健全

随着改革的不断深化，我国社会经济快速发展，科学技术水平也不断提高。在当今社会环境下，传统的质量管理手段体现出了越来越明显的问题。同时，质量管理部门的负责人没有能够树立正确的管理理念，对于工作的分配存在不科学、不合理的现象。这些负责人在质量管理过程中，往往会借助下属去替自己完成工作，由于管理能力和方法的缺失，这些下属在质量管理过程中极易因疏忽造成管理不善的情况，而一旦因此造成事故，各负责人之间又会开始互相推诿，使事故问题得不到及时的解决。这一系列问题，导致了质量管理工作的不到位，影响了水利工程的质量。

（二）缺乏有力的资金和技术支持

经费上得不到及时有力的支持，是我国水利工程建设管理部门面临的一大困境，由此导致了管理部门缺乏前沿先进技术的支撑。在水利工程管理的工作中，先进的管理技术能够在提高管理效率的同时，有效提升工程管理水平，最大限度地发挥水利工程管理的作用。而这方面支持的欠缺导致了技术的缺失，从而使工程管理效率和整体质量得不到保证。

（三）基层水利管理工作人员综合素质有待提高

随着社会经济的不断发展，我国政府对于基层水利工程的关注度越来越高，从而促进了基层水利的建设，其规模得以不断扩大，基层工作人员的数目也大幅度增加。与此同时，国家对基层水利工程的质量，以及基层水利管理工作人员的综合素质，提出了更高的要求。但就目前的实际情况而言，在很多地区的水利管理部门存在管理人员专业能力不强、管理理念落后等诸多情况，导致了基层水利工程建设难度增大，水利管理工作效率低下，难以发挥水利工程应有的作用，造成了极大的资源浪费。

二、水利工程管理的重要性

水利工程管理有利于提高工程质量，实施水利工程管理，能够对施工过程的每一个层面从不同的角度，进行全方位的质量监督。通过项目负责人严格遵照管理制度进行管理，确保工程整体的严密性。配合相关部门进行质量监督工作，能够有效控制工程质量，使整个水利建筑工程的安全施工和安全使用得到保障。

（一）水利工程管理有利于保证原材料质量

管理部门应当注重对水利建筑工程所用原材料的管理，特别是质量管理，要严格按照标准进行抽查，抽查对象包括水泥、钢筋、模具等，坚决不允许不合格原材料被使用到建造中。在工程施工过程中，管理人员要随时随地对施工现场的材料进行抽查，对抽查结果进行详细记录，制作抽查报告，并将报告呈交上级部门进行汇报，对出现质量问题的项目，及时作出应对，通过这些方法可有效保证水利工程建设的原材料质量。

（二）水利工程管理有利于工程验收

在有效控制原材料及工程施工质量的情况下，在水利工程建筑正式使用之前，还要经过验收，验收工作是保证工程质量的最后一关，这一工作要求对工程中的重要部位以及隐秘部位的质量进行全面检查。水利工程管理工作能够有效保证这些位置的质量，使其不仅能够在验收过程中，达到国家验收标准，对水利工程的内在质量和外观美化也能起到积极作用，保证工程顺利完成验收。

三、水利工程管理的发展方向

（一）改革机构，制定科学管理制度

首先，要想要加强水利工程管理的实效性。可以通过设立专门的管理机构进行管理，这一机构既不是政府下属，也不是企业组织，它是一个相对独立的机构。一方面，这一独立机构要能够有效接受政府的宏观调控，适应不同发展阶段对水利工程管理工作的不同需求，提供一系列较为完善的服务。另一方面，想要做好水利管理工作，就要有一个科学的管理制度。政府部门要继续加强对水利管理工作的重视，制定科学合理的水利管理制度，并严格落实其中的各项管理规定，动员群众对管理工作进行监督，开通检举通道，严惩不作为、假作为人员。同时要加强对基层人员的思想政治教育工作，提高水利工程管理人员的思想觉悟，才能有效加强管理效力，提高管理水平。

（二）引进专业人才，提升技术能力水平

水利工程管理工作对于专业能力的要求较强，人员的强大才能造就部门的强大，因此管理者的管理水平，决定了整个机构管理能力的强弱，从而对工程整体质量造成影响。因此，管理部门应该减少对兼职人员的使用，加强对专业人才的培养力度。水利部门可以聘请专家和权威人员，对设计、审核、施工图等与质量直接相关的要点，进行研究论证，并对有关质量和安全的要点提出警告。在人才培养方面，要保证有充足的资金投入，增加人

才的稳定性，还可以适当地增加编制，引进高素质人才。

不断加强专业人员培训力度，加强其责任意识，使其及时有效地监控工程项目实施阶段的质量，保证工程的完成质量。

（三）建立全面健全的水利工程管理法律法规

对基层水利管理部门来说，一套健全的水利工程管理法律法规不但在人员管理中能够发挥重要作用，同时，对于水利建设工程的各个方面都会造成影响，是提高工程技术与质量的基础。政府部门应该尽快制定和完善针对基层水利工程的法律法规，发挥法律的权威性，由表及里地对行业制度进行改革，使基层水利设施建设更加规范，更能适应当前的发展形势。同时水利工程管理法律法规的制定和完善，还要在结合当地的实际情况的基础上，进行细微的调整，以便其能够更好地发挥效用。

（四）发动群众，加强基层水利

基层水利工程主要的服务对象就是农村，是发展农村经济的一个重要项目。因此，它也关系到了农业的发展，影响深远。政府应该加强宣传工作，将科学先进的管理制度推广普及到基层，从而有效利用基层农村的力量，共同建设、维护、管理水利设施，保证其长期有效地发挥功用。要鼓励基层群众参与到水利管理工作中来，例如，可以将水利工程的经营权利交给基层群众，水利部门要定期对水利设施进行检查和维护，监督其合理使用的同时，要求他们负责好水利设施的看护、维修工作，当然要在政策上予以这些管理者一定的优待，如可以允许他们利用承包的方式来获取一些相应的利益。在水利设施发生损坏时，水利部门的相关技术人员要及时对抢修方式做出指导，同时指出使用过程中存在的问题和错误。如果经营者因为经营不当导致出现严重后果，要及时将经营权收回，并给予一定的处罚。

第二章

水利工程具体分项管理

第一节 水库土坝管理及加固管理

一、水库土坝管理

（一）水库土坝安全管理

确保了土坝的安全也就保证了水库的安全，因为它与人民群众的生命及财产息息相关。必须将土坝的安全管理工作重视起来，以防出现人为的损坏或受到自然灾害的破坏。处于重要位置的土坝，必须禁止行人在其坝顶上随意逗留或行走，尤其是处于防汛时期，需要安排专门的人员轮流值班巡视，提高遭到人为破坏的警惕性。土坝上不允许被用作公路交通或在其上通行牛、马车，最好要做到坝、路分家，这样不仅方便土坝的管理与养护，还能够对其进行安全的保卫工作。若土坝与居民区相距较近，则应该在中间修建围墙或者栅栏，以防止牲畜前往坝上进行随意破坏或毁坏坝坡。

（二）坝面的养护维修

坝面的养护与维修一般包括以下几个方面：首先，增加维修坝顶砂石路面的频率；其次，保护坝顶防浪墙的完整性；最后，经常检查上游坝坡的砌石。修补块石护坡的方法一般是先翻砌，用混凝土或者沙进行灌缝处理，使用框格进行填石护坡，加强对黏土斜墙、黏土铺盖坝上游面的铺盖养护工作，注意保养下游坝坡具有护坡作用的草皮，不允许将石料或是其他重物堆放在坝面、坝坡上。

（三）排水设施的养护维修

对于排水设施的养护与维修管理主要包括以下几点工作：首先为避免雨洪冲刷坝面，需要从具体情况出发，在坝顶、坝坡、坝端以及坝址处设置供集水与截水的排水沟。其次，坝坡排水沟的形式多为明沟。再次，坝两端与山坡的交接处，为截取自山坡上留下来的水，或是岩石的渗水，应挖通一条截水沟。第四，由于下游的坝址排水设备会受到堵塞与冲刷，所以应进行重新返修以保证达到反滤的要求；对深入坝体内部的排水设备进行翻修时比较困难，在此情形下，可以对其补做排水设备。最后，禁止在临近坝脚处修建养鱼池或者挖坑取土。

（四）观测设备的保护维修

观测设备的保护维修主要包括以下几点：第一，对土坝变形观测使用的校核基点，工作基点，沉陷和位移标点要严加保护。第二，对观测土坝浸润线用的测压管，必须严格加强管理加盖上锁。第三，对观测库水位用的水尺，应妥善保护，严禁动摇。第四，其他如观测渗漏用的量堄也要妥善看管。

二、水库大坝加固管理措施

（一）坝顶加高

首先根据水文计算坝顶高，如果现状低于要求坝顶高，可以选择加高土坝或者增设防浪墙方案，为了节约成本且容易控制施工质量，我们一般选用防浪墙方案，根据该方案设计，可以有效加固水库土坝。

（二）坝体稳定性分析

利用公式计算规范规定的稳定安全系数最小值，如果现有的规范小于规定值，可以采用下游坝坡培土增厚、放缓边坡进行水库土坝加固。

（三）护坡设计加固土坝

土坝下游经过多年的运行，会因为冻胀、冰推、浪淘等原因，破坏护坡块石。为此，为了加固土坝，可以对护坡进行返修、维修。

（四）防渗加固措施

可以选用垂直摆喷墙和坝前冬季堆放冻土铺盖方案进行方案比选，两个方案都是起到延长渗径，增加抗渗稳定性的作用。但从措施可靠性及施工控制方面比较，水中倒土形成的铺盖质量难以保证，且存在坝外铺盖与坝内铺盖的连接问题；摆喷成墙效果更好些，如果选择坝体垂直摆喷作为防渗处理方案，位置应该设在坝顶。

（五）设计排水减压沟加固

造成水坝固化不好的重要原因之一是排水减压沟失效。在原排水沟的后坝下处的公路下游，也就是新坝脚下的下游重新做出一条排水减压沟以达到加固水坝的目的。在基础透水层处做好反滤、护砌工作，使水流顺畅排出。将原排水沟的块石拆除并把它应用在新排水沟的砌护上，在集中渗流处多做几次反滤填料，使用无砂混凝土管把原排水沟的渗水导进新排水沟内。利用风化料填平原排水沟。此外，及时检测病害水库，对可能出现的渗流破坏、滑坡、沉陷或是裂缝现象进行有效的预防，运用电模拟或是同位素设备探测安全隐患，使用大坝的原型设备进行监控观测，在保证安全的监控基础上，适当运用土石坝加固法。

三、水库大坝加固实例分析

现有大坝为均质土坝，坝顶高程 173.32m，最大坝高 25.10m，顶宽 4.76m，坝顶长 68.23m，上游坝坡为干砌石护坡，上游坝坡坡率为 1：2.64，下游坝坡为草皮护坡，马道以上坡率为 1：2.84，马道以下坡率为 1：2.76，马道高程为 156.36m，宽 2.66m，坝后设排水棱体，其顶部高程 152.34m，顶宽 2m，上游坡比 1：0.51，下游坡比 1：0.012。现有溢洪道布置在大坝左坝肩，为开敞式使用堰。堰顶高程 166.00m，堰顶泄流净宽 10.00m，槽长 85.23m，右岸边墙为浆砌石砌筑，左岸基本未设边墙，为自然山体。

1. 坝面防渗处理

设计采用上游黏土斜墙，斜墙黏土塑性指数为 20，设计土料压实干容重为 $1.65t/m^3$，抗剪强度的内摩擦角 $\Phi=18°$，黏聚力 $C=0.3kgf/cm^2$，渗透系数 $k<1.0×10^{-6}cm/s$，黏土斜墙范围从高程 147.37m 至坝顶 171.66m。170.77m 高程处防渗为宽 3m 左右的平台。

2. 坝坡和坝顶加固

清除原干砌块石护坡，开挖原防渗体从坡度 1：2.64 挖至 1：2.5，重新填筑防渗体保护层，保护层外边坡由原来 1：2.64 放缓至 1：3，顶部水平宽度 3m，保护层底部水平宽度 12.928m。保护层填筑材料选用坝附近天然黏土，设计填筑干容重 $1.65t/m^3$。护坡采用正六角形 C15 混凝土预制块，板厚 80mm。预制块护坡面板沿堤线方向每 12.24m 设一伸缩缝，缝宽 20mm，用沥青砂填缝。预制块间采用砂浆勾缝，预制混凝土块顶面缝宽为 20mm。现浇混凝土护坡脚排水孔采用 $\phi70$ 的 PVC 管，管底部用预制混凝土块护坡，排水孔底部垫 300mm×300mm 土工布。护坡脚槽现浇混凝土，沿堤线方向每 3m 设缝，缝宽为 20mm，用沥青杉板填缝。坝顶高程路面 171.66mm，采用 220mm 厚砂砾石路面。

第二节　泵站工程的精细化管理

一、泵站管理工作存在的问题

我国泵站管理工作开展时主要从常规管理出发形成相应的管理内容，其管理内容缺乏针对性，管理手段较为单一，导致泵站问题频发，严重影响了水利工程运行的安全性、可靠性和有效性，其具体表现如下。

1. 缺乏专业管理体系

水利泵站管理工作非常复杂，涉及范围较广，需要依照泵站管理需求及运行规范形成专业性管控体系，消除隐蔽风险。我国水利泵站运行中对管理工作认识不到位，并未依照要求形成专业化管理系统，在管理过程中缺乏明确的责任划分，造成管理工作权责不明确，严重限制了水利泵站管理成效。

2. 现场施工组织混乱

部分水利泵站在施工过程中组织混乱，导致现场施工和管理脱节，使泵站管理工作流于"形式化"。如在电气设备安装的过程中，管理人员并未结合现场环境及泵站技术指标要求对设备选型、安装等进行全面监督，造成电气设备选型不符、安装环境达不到技术指标等，为泵站安全运行埋下了巨大隐患，在今后工作中需全面重视。

3. 缺乏科学管理考核

我国泵站管理工作开展时对人员考核缺乏重视，造成人员在管理工作中缺乏主观能动性，严重影响了泵站管理成效。尤其是在考核指标设定时，只是依照工作要求和工作内容进行泵站管理体系的设置，其整体管理效益低下，在很大程度上限制了我国泵站管理工作的开展。

二、泵站工程中的精细化管理

我国在泵站工程中对精细化管理非常重视，围绕精细化管理形成了全方位管理架构，其具体管理架构包括：运行管理精细化、工程检查精细化、维护维修精细化、考核评价精细化。

依照泵站运行方式分层开展精细化管理工作，如结合引水方式形成泵站引水操作规程，对可能出现的引水问题或故障做好预案，依照上述内容实施针对性作业准备及检修维护，以降低引水故障发生的可能性。除此之外，在精细化管理开展时还要对运行过程中的各个环节进行把握，依照系统运营需求设置相应的泵站管理架构，以保证各个环节均能够有章可循、有据可依，从而实现我国水利泵站管理效益的全面优化。如在泵站施工管理过程中，要从施工前、施工中和施工后三个环节进行把握。在施工前期做好材料和设计的管控，对重点装置、重点材料、资源分配进行科学规划和分析，依照实际泵站运营需求确定泵站设计的合理性、规范性和有效性，在上述问题均确定无误后方可开展施工；施工中需要对泵站各个施工环节进行把握，依照工艺流程和工艺标准节节设"卡"，卡质量、卡标准、卡工期，让泵站施工质量和施工效益能够双管齐下；在施工后期需要对泵站施工效果进行检测，依照专业技术标准对各个关键节点进行检查，对重点设备运营进行观测，以保证泵站能够顺利运营等。

对泵站工程进行精细化划分，从全周期设定管理内容，包括日常检查、重点项目检查、定期检修、点检评价等，最大限度消除泵站工程中的隐蔽风险。可结合适当标准对工程进行评级，在评级基础上配备相应的资源和定制化管理，以提升管理成效。上述划分过程中主要从扁平化角度出发，在全周期施工过程中形成横向管理内容，如在泵站施工过程中的资源管理时对资源进行划分，依照人力资源、资金资源、设备资源等实际状况和需求实施相应分配，从细节内容出发对纵向管理内容进行深化，从而形成完整的管理"网"，让水利泵站管理工作成效全面提升。

要强调维护维修工作，依照主变压器、高低压设备、监测系统、控制系统等运行要求及运行方式实施相应维护检修。精细化管理中要求对上述泵站设备进行准确定性，确定设备参数、性能等，设定合理周期，以提升维护维修效益。可以结合泵站工作状况设置设备维护台账，在设备维护台账基础上制定设备维护要求及规范，确保人员能够严格依照台账中的各项要求对设备维护工作进行落实和记录，让泵站管理工作能够有"痕迹"地开展，这对我国泵站管理效益的改善具有非常积极的意义。除此之外，在维护维修开展时要加大对人才的重视程度，引进专业人员配合管理工作的开展，以保证维护维修能够有规划有计划地落实。

做好考核培训是提升泵站工程管理成效的重要内容。在培训过程中要着力提升人员管理意识，从不同内容出发确保人员了解泵站精细化管理的重要性，使其能够主动参与到泵站精细化管理工作中；要加大对人员管理知识的培训和管理技术的培养，结合实践内容让人员能够真正参与到泵站管理工作中，了解泵站精细化管理的核心技能，高质量、高效益地完成泵站精细化管理任务；要做好绩效考核，依照工作内容、泵站精细化管理需求等设置针对性绩效考核体系，抽取专业人员形成绩效考核小组，对管理人员业务进行全面评价。一般而言，绩效考核指标需要从精细化管理需求出发，将泵站运行效果、运行参数、管理工作开展状况等进行综合考虑，从多层次出发进行科学考评，以提升绩效考核的科学性、有效性和针对性。除此之外，考核体系还要包含管理人员的管理态度、管理知识、管理技能等，从管理人员自身和管理工作成效出发，全面地评价泵站工程精细化管理成效，给予泵站工程精细化管理人员相应的奖惩，以体现管理工作激励效应，促使管理人员能够严格依照要求落实各项管理内容。

第三节　混凝土坝和浆砌石坝的管理

一、混凝土坝和浆砌石坝的日常养护

（1）经常保持坝体和溢流坝面的清洁完整，随时清除杂草和积水。在坝顶、防浪墙、廊道和坝坡等处，不要随意堆放杂物，以免影响管理工作。对溢流面被砂石磨损或水流冲毁的部位，应及时用混凝土或砂浆修补。

（2）保持坝基、廊道和表面排水沟等排水系统的畅通，经常进行人工清洗。

（3）在汛期或冬季应避免、防止漂浮物和流冰对坝体的冲击。

（4）混凝土坝、浆砌石坝常见的病害是裂缝，管理人员每年应仔细认真地检查。当发现裂缝时，应用红漆标示出裂缝两端标记，注明日期，并做出书面记录，以后定期检查裂缝是否延伸发展，查明形成原因后及时修理。一般表面裂缝待其表皮剥落后凿毛清洗，用水泥砂浆修补。如发现严重的裂缝情况，应加强观测，待裂缝稳定、不再扩大时，做彻底处理，绝不可留下未经堵塞的大裂缝过冬。

（5）定期检查伸缩缝、止水是否完整无损，有无渗水及其工作情况是否正常。对沥青井出流管、盖板等应经常保养。如发现沥青不足或止水损坏时，应及时修补。对沥青井每5~10年加热一次，沥青不足时应补灌，沥青老化应及时更换，老沥青应回收处理。

（6）定期对坝体进行观测，并及时整理和分析观测资料，对坝体工作情况做出判断。

（7）当坝体有渗水现象时，应首先对上游面进行勾缝处理，必要时再研究专门的处理措施。

（8）经常保持溢流坝顶闸门的启闭灵活。溢流时应观察水流形态是否正常，溢流后应检查溢流表面和消能设备有无冲刷损坏、下游河床有否冲淤变化等，防止造成局部冲刷。

（9）平时不要在消力池内堆积块石、树木等阻碍消能的物料。

（10）在大坝附近严禁开石爆破和炸鱼等行为。

二、常见病害的处理

必须保证混凝土坝、砌石坝在各种外力组合作用下有足够的稳定性。通过复核计算，达不到稳定性要求的，应进行加固改造。

1. 局部松动或脱落的维修

由于碰撞、超限制受压、冰冻或施工质量差，会使坝体局部松动、脱落，如不及时修理，会逐步扩大、恶化，甚至危及整体安全。修补方法是，首先将松动和破碎的部分清除掉、冲洗干净，然后用水泥砂浆、混凝土重新砌（填）筑，使坝体恢复原状。

2. 裂缝的维修

常用的裂缝修理方法有：喷涂法、粘贴法、充填法和灌浆法。

（1）喷涂法。喷涂法适用于宽度小于 0.3mm 的表层裂缝，其所用涂料为环氧树脂类、聚酯树脂类、聚氨酯类、改性沥青等。施工时，先用钢丝刷清除表面附着物和污垢，然后凿毛、冲洗干净，再喷涂或涂刷 2~3 遍。喷涂时，先用较稀的涂料，涂膜总厚度大于 1mm。

在采用环氧树脂等材料进行修补施工时，现场必须通风良好，施工人员要戴口罩和橡皮手套，严禁皮肤直接接触，使用的工具、残液不得弃置或投入水库，防止水质污染。为确保修理质量，作业前，宜用喷灯烘干作业面。

（2）粘贴法。粘贴法适用于不同深度的表层裂缝。当裂缝宽度小于 0.3mm 时，可将裂缝表面污垢清除并冲洗干净，然后在裂缝表面粘贴橡胶片材、聚氯乙烯片材等。在粘贴时，先涂刷一层胶黏剂，再加压粘贴刷有胶黏剂的片材。当裂缝宽度大于 0.3mm 时，操作步骤为：①沿裂缝开凿宽 18~20cm、深 2~4cm、长度超过裂缝 15cm 的槽面，并清洗干净。②在槽面涂刷一层树脂基液，并用树脂砂浆找平。③沿缝铺隔离膜 5~6cm，并在隔离膜两侧干燥基面上涂刷胶黏剂。④粘贴刷有胶黏剂的片材，用力压实。⑤在槽两侧面涂刷一层胶黏剂，回填弹性树脂砂浆，与原混凝表面齐平。

（3）充填法。充填法适用于缝宽大于 0.3mm 的表层裂缝。对于死缝，充填水泥砂浆、树脂砂浆，具体施工方法为：①沿裂缝凿出槽宽、槽深均为 5~6cm 的 V 形槽，并清洗干净。②在槽面涂刷基液，涂刷树脂基液时，槽面应处于干燥状态；涂刷聚合物水泥浆时，槽面应处于潮湿状态。③向槽内嵌填修补材料，压实抹光。对于活缝，充填水泥砂浆或弹性嵌缝材料。施工时，应先沿裂缝凿出 U 形槽，槽宽、槽深均为 5~6cm，清洗干净；槽底面用砂浆抹平，并铺隔离膜，槽侧面涂刷胶黏剂，再嵌填弹性材料，并用力夯实。最后回填砂浆与原混凝土面齐平。

（4）灌浆法。对深层裂缝和贯穿性裂缝，可灌注水泥浆材料、环氧浆材、高强度水溶性聚氨酯浆材、弹性聚氨酯浆材等（根据裂缝是死缝或活缝分别确定浆材）。一般应请专业技术人员做出技术设计、编制概预算，经上级批准后，由专业施工单位施工。

3. 坝体渗漏的维修

混凝土坝、浆砌石坝漏水包括坝体和坝基渗漏。坝基漏水处理属于除险加固工程，应在渗透分析的基础上，做好专门设计，并经报上级水利部门批准后实施。

（1）集中渗漏。当渗水压力小于 0.1MPa 时，可用直接堵漏或导管堵漏法处理。直接堵漏法是把孔壁凿成口大内小的楔子形状，冲洗干净后，用特快凝止水砂浆做成与楔孔相近形状体，将其迅速塞入孔内，堵住漏水。导管堵漏法是清除漏水孔壁松动的混凝土，凿成适合下管的孔洞，将导管插入孔中，导管四周用快凝止水砂浆封堵，凝固后拔出导管，最后用快凝止水砂浆封堵导管孔。当渗水压力大于 0.1MPa 时，可采用灌浆堵漏法，即将孔口扩成喇叭状，冲洗干净后，用快凝砂浆埋设灌浆管，使漏水从管内导出，再用高强砂浆回填管口四周至混凝土坝面。砂浆强度达到设计标准后，进行灌浆。灌浆压力为渗水压力的 1~2 倍。漏水封堵后，表面选用水泥防水砂浆、聚合物水泥砂浆或树脂砂浆保护。

（2）裂缝渗漏。当裂缝已有渗漏时，应先进行导渗（用风钻在缝的一侧钻孔，穿过缝后埋管导渗），再修补裂缝。裂缝修补达到强度后，用灌浆法封闭导水管。

（3）坝面散渗。混凝土坝、浆砌石坝下游坝面易发生大面积散渗。处理的办法有：在迎水面进行表面涂抹（用防水涂料等）、喷射混凝土防渗层、重新浇筑混凝土防渗面板、进行坝体灌浆等。可按照《混凝土坝养护修理规程》（SL 230—2015）中的要求，做出设计，经上级审查批准后施工。

（4）伸缩缝渗漏。伸缩缝渗漏的处理可采用嵌填法、粘贴法和锚固法。

嵌填法的施工方法为：①沿裂缝凿出宽、深均为 5~6cm 的 V 形槽，清除缝内杂物及失效止水材料，冲洗干净。②槽面涂刷胶黏剂，槽底缝口设隔离棒。③嵌填橡胶类、沥青基类或树脂类材料。④回填弹性树脂砂浆，与原混凝土齐平。

粘贴法与普通混凝土裂缝粘贴法相同，其选用材料为厚 3~6mm 的橡胶片材。

用锚固法对伸缩缝迎水面局部修补的施工方法为：①在漏水缝处沿缝两侧凿出宽 35cm、深 8~10cm 的槽，并各钻一排锚栓孔（排距 25cm，孔径 22~25mm，孔距 50cm，孔深 30cm），冲洗干净，预埋锚栓。②清除缝内堵塞物，嵌入沥青麻丝。③挂橡胶垫，再将金属止水片套在锚栓上。④安装钢垫板、拧紧螺母、压实。⑤在金属止水片与缝面之间充填密封材料、止水片材，在坝面间充填弹性树脂砂浆。

第四节　水闸与泄水建筑物的管理

一、水闸运行管理及日常维护

（一）水闸运行管理的现状

水闸在水利工程中有着很高的价值，本书结合水利工程的现状，分析水闸运行管理中出现的一些问题。

1. 自动化程度偏低

我国的水闸结构正在朝向自动化的方向发展，实际自动化水平还比较低。水闸系统中采用的有自动化技术、远程监控技术等，多项技术之间相互结合构成自动化状态的水闸。自动化是目前水闸在水利工程中的发展方向，实际水闸自动化的程度并不高，这样自动化监控的水平就不高，当水闸需要执行水利工程中的自动化指令时，由于自动化程度不高，就会出现指令执行不到位或者执行错误的情况，影响水闸结构的具体应用。水闸自动化程度不高，在水闸使用中就会出现诸多安全问题，水利工程就处于恶劣的环境中，水闸自动化程度低降低了其在恶劣环境中的反应能力、适应能力，这是水闸运行管理现状中值得注意的问题。

2. 混凝土结构老化

水闸运行管理现状中可以发现混凝土结构老化这项问题。水闸结构包括室内结构均是由混凝土构成的，时间一长混凝土就会出现老化现象，再加上混凝土结构容易受到潮湿环境的影响，更是加快了老化的速度。水闸混凝土结构老化后就会出现损坏的情况，直接影响着水闸的安全使用，例如，某水闸结构所处的空气环境湿度大，温度变化较大，当气温、湿度发生较大幅度的变化时，混凝土结构就会出现化学腐蚀，再加上混凝土自身就容易吸收水分而发生风化，降低了水闸结构中混凝土的使用寿命。水闸混凝土结构发生老化后，很难确定其具体发生问题的地点，增加水闸混凝土结构的使用风险，致使水闸混凝土结构中潜藏着安全隐患。

3. 闸门自身的故障

水利工程的闸门结构自身故障是指漏水、振动、腐蚀等，闸门结构基本是钢闸门，钢闸门有一定的优势，如开门灵活、安全水平高等，虽然钢闸门的优势多，但是也会产生故障，钢材料的耐腐蚀能力差，长期使用后会出现铁锈，或者铁皮脱落的问题，这种问题会造成闸门腐蚀、渗漏。闸门自身出现问题后会影响闸门在水利工程中的保护作用。

（二）水闸运行管理的措施

水闸运行管理的措施可以提高水闸在水利工程中的应用水平，防止水闸出现安全故障。

1. 提高自动化水平

水闸运行管理中要注意提高自动化监控的水平，自动化监控系统可以监督水闸的运行实况，真实反映出水闸的状态，收集水闸所在区域的信息，包括水文信息、地质信息等，这些信息都是水利工程中的重要信息。水闸运行管理中要积极提高自动化监控的水平，采用精细化管理、科学化调度的方法，全方位落实远程监控以及实时监控，提升水闸的安全使用性。水闸自动化监控系统中可以存储所有的监控资料，还能做到数据共享，让水闸运行管理工作做到简单、便捷。

2. 预防混凝土结构老化

混凝土结构老化是难以避免的，出现的主要原因是混凝土碳化以及表面剥蚀。在水闸运行管理时，当发现混凝土结构出现老化后，首先，要分析确认混凝土碳化的深度以及具体深度，然后根据实际情况采取科学措施处理。例如，凿除混凝土老化的结构，也可以直接切除老化结构，清理好表面结构，选择比现有混凝土结构更高标高的混凝土做修复，也可以使用具有修复作用的材料，混凝土结构内部的钢筋发生锈蚀时，就要先处理钢筋再处理混凝土，钢筋表面做除锈处理，剔除已经完全损坏的钢筋，更换新的钢筋，待结构修复完成以后，还要在混凝土结构的外表面均匀涂抹一层环氧化涂料，以便保护水闸的混凝土结构。

3. 管理好闸门使用

闸门结构使用中要做好防腐蚀、防漏水等工作，管理好闸门的使用，提高其在水闸结构中的安全水平。闸门需保持在灵活开闭的状态，在闸门使用中要做好养护工作，可以安排专门的人员来管理闸门的使用，避免闸门在使用的过程中出现问题，由此才能确保闸门功能完整，满足水闸运行的需求，体现出闸门结构的重要性。

（三）水闸日常维护的措施

水闸的主要结构是闸门和启闭机，水闸日常维护时闸门和启闭机是重要的部分。

1. 闸门的日常维护

闸门日常维护工作有助于提高闸门在水利工程中的安全水平，闸门应该长时间保持在清洁、无污染的状态，确保闸门有较好的闭合功能。

1）日常清理

闸门的日常清理直接目的就是让闸门保持良好的使用状态，闸门日常维护时专门安排工作人员落实日常清理，让闸门始终保持正常的启动、闭合。闸门使用时间一长，闸门的周围就会有杂物，影响着门体的正常使用，严重时就会造成闸门堵塞，因此组织好日常维护，才能提高闸门的使用水平。例如，闸门如果清理不到位，闸门两侧就会黏附一些漂浮物，或者在门体轨道内部黏附漂浮物，这些都会造成闸门使用过程中淤堵，加重闸门振动的状态，甚至引起漏水的问题。工作人员就要注重日常漂浮物的清理，排除漂浮物对闸门的破坏性，日常清理时要制定清理与检查的计划。日常清理工作很重要，其可发现一些潜在的、细小的闸门故障，提高闸门日常使用的质量水平以及安全性能。

2）观测调整

闸门启动与闭合时组织好观测与调整的工作，观测工作中可以预防闸门跑偏、倾斜，防止闸门在使用过程中出现不平衡的问题。观测和调整在闸门的运行维护中有着重要的作用，可以及时发现闸门启动或者闭合过程中的问题。例如，闸门使用中出现了不平衡，如果不能快速地处理就会引起闸门变形或者扭曲，致使闸门不能正常地闭合，无法满足水利工程的需求，因此在观测调整中就要根据闸门的实际情况来组织调整，保证闸门的止水能力。

3）清理泥沙

水闸运行维护中必须提高清理泥沙的重视度，水闸在水利工程中的作用就是阻挡洪水，水闸会在挡水的过程中逐步积累泥沙，泥沙一层层堆积在水闸附近，致使闸门启动闭合的过程中面临着较大的负重，加速闸门的老化，无法有效启闭。泥沙在水闸运行维护中起到了阻碍的作用，它会使水闸的闸门很难闭合到规定的位置，引起水闸漏水。水闸运行维护时就要组织好清理泥沙的工作，严格按照闸门的实际使用、启闭次数来落实清理泥沙的工作，让闸门保持在正常的启动闭合状态。

2. 启闭机的日常维护

启闭机是水闸结构的重要部分，启闭机的运行维护中需要严格遵循故障预防的原则，以便降低启闭机故障的维修次数。

1）检查

水闸结构中的启闭机，日常检查可以分为基础检查、计划检查和针对性检查。基础检查时，工作人员需先观察启闭机的使用状态，经过观察后判断启闭机是否存在故障，然后再根据基础检查的结果制订计划检查的时间，计划检查时就要安排专业人员到现场组织检查，根据闸门启闭机具体出现的问题给出处理方案。针对性检查是指要对启闭机实行特定的检查，如检查启闭机有无漏油的问题，检查零部件是否为正常的状态等，还要维护启闭机的防雷、接地，确保启闭机为安全的状态。

2）紧固

闸门在正常运行时面临着较大的运行负荷，闸门就会有整体受力以及振动的情况，这时闸门的紧固件、连接件会受到一定程度的影响，如紧固件松动、连接件受损等，在运行维护时就要紧固螺丝、连接件，防止启闭机出现安全事故。

3）调整

启闭机在运行维护时要落实调整工作，维护启闭机的轴承、轴瓦等，让这些部件能处于正常的配合状态，避免影响启闭机的使用。例如，启闭机在闸门中使用时，其滚动轴承就会一直为磨合状态，当滚动轴承没有加润滑油时，滚动轴承就会受到较大的摩擦力，长期以往会损坏滚动轴承，运行维护的调整工作中就要定期向滚动轴承内增加润滑剂，让其处于润滑的状态，保护好滚动轴承，也能降低滚动轴承在使用中的损耗水平。

（四）水闸日常运行管理方案

1. 运行前准备

为排除其他因素对水闸正常运行产生的不利影响，在运用前必须做好各项准备工作。由专人来对闸门的启闭状态进行检查，确认无卡阻问题，以及对机电启闭设备进行全面排查，判断其是否符合运转要求，及时排除存在的隐患。另外，还要结合当地实际情况，观察内外河的水位变化，确认流态，并对实际流量进行查对，据此来调整水闸的运行管理计划。

2. 警报规则

以提高水闸运行安全为目的，贯彻落实运行警报规则，在闸门启闭前后均有警报器来发送警报。①预备警报：连续两长声，每长声持续 $20\sim30s$。②启闭警报：预备警报发出15min 后报，为长声二短声。③闭闸警报：一长声，声音持续 $10\sim20s$。④紧急启闭警报：连续短声，每短声为 5s，两声之间间隔 $2\sim3s$。

第五节　灌溉渠系及排水系统的管理

一、灌溉渠系防渗措施及发展趋势

自然条件下，灌溉渠系受到各种外界因素的影响。例如，灌溉渠系在冬天易由于热胀冷缩而被破坏漏水，会拉低水利用率。因此，防水渗漏，提升水的利用率是研究的重要方面。

（一）灌溉渠系的防渗措施

1. 渠道方面

1）改进渠道防冻防渗技术

改进防渗技术，应用更高效的防渗材料进行改进。通常我们所用的防渗材料是水泥土和土料，但只适合流速缓慢的渠道，对于流速较大的渠道无法适用。浆砌石材料能够抗流速，并且耐磨防冻，防渗效果良好并且比较稳定，因此应用较广，但是其施工控制起来较难，造价较高。

2）提升渠道防冻胀力度

传统工艺对抗冻胀的重视尤甚，但是随着社会经济的发展及思想进步，采取适当削减冻胀的理念已经得到了有效实践运用。对盐渍土、冻胀土等特殊土层的基渠道进行替换或者强夯工作，选用适宜渠道防渗结构，因地制宜。

3）提升灌溉渠系管理工作水平

加快更新工程施工的技术工艺，加强施工技能改造，建立健全灌溉工程的后续保障体系，提升管理水平。如开发防渗衬砌设备，提高施工技能。当前国内市场上开发运用的防渗机械品类太少，尤其是大型灌溉渠系工程设备尤为缺失，无法满足工程需要，进而导致施工效率低下。

2. 建筑结构方面

1）表面浇筑防渗

以表面材料为依据，结合地质和气候等因素，在已经完工的灌溉渠系表面浇筑一层防渗材料，加强防渗漏功能。优势：施工便利、操作简单、能及时治理渗漏问题，并且可利用的材料普遍易得。

2）改变渠道的截面形状

国内目前渠道衬砌的断面形状呈现方式多种多样。如：梯形断面的渠道衬砌施工容易，但是对水渠强弱要求较高，且耐冷冻能力较低。其他如 U 形、弧形底梯形、弧形坡角梯形断面的过水渠道，抵抗渗水能力强、水流条件好、面积小、构造稳固，并且通常不会因为寒冷导致渠道变形现象出现，而且投资低、寿命长。U 形适合小型渠道，弧形底梯形在中型渠道的建设中应用更适宜，弧形坡角梯形在地下水位浅的大、中型渠道的建设中应用起来更适宜。在实际中总结得出，防渗建材的单独应用往往很难达到满意的防止渗漏及抵御寒冷冰冻等成效，并且所达到的成果一般也不会持续太久。现在，全球普遍将复合构造的衬砌研究作为重点：以土工膜料或塑性水泥土等作为防渗层，用混凝土等刚性材料及土料作为保护渠道的保护膜。增设保温设置及排水设置，使其综合起来，相互作用并打造多种复合构造的防渗种类。这种复合防渗形式在我国多地区已有运用，防渗效果明显高于单一材料防渗效果。

（二）灌溉渠系防渗发展趋势

（1）伴随科技及国民经济的不断发展进步，渠道防渗技术面对着更高的挑战。目前，国内的渠道防渗形式已经不再单单是一种，而是两种或者多种复合形式共同作用防渗，从以前的人工施工为主转向机械化、自动化施工形式。尤其高寒地区，对防渗工程的要求较高，此时高分子材料的研究应用就明显地发挥了作用，使得复合式衬砌防渗效力大增。

（2）灌溉渠道防渗工程选择原则趋势。渠道防渗工程措施有很多类型，面对更多变的工作环境，要择取最适宜的工程技术，择取之时遵循的主要原则是：防渗效果强，耐久性能好；考虑因地制宜，就地取材的便利条件，最大限度地简化作业工序，使其易于控制完成并且使成本降低；可以提高渠道的过水实力、提高其抵抗冲击的实力，减小渠道断面面积；后续工作便于维护管理，维修造价低。

（3）综合防渗形式在我国渠道衬砌的预防渗漏工作中表现出来的不足之处如下：技术投资较大，感染面积较大；部分地区如北方具有周期性的受寒冷所致的土壤冻胀现象、西北部所特有的湿陷黄土、盐胀土和胀缩土层区域，渠道防渗保护工作不但要做到防渗成果显著有效，还要处理渠道衬砌的走形方面的不足之处，其核心在于加大护砌选材对渠道基层变形明显的抵抗力、顺应能力及持久能力；西北的气候也较为独特，冬季温度低，昼夜温差大，特别亟待处理的是渠道受冻变形膨胀的现象，结合土工复合资源使用手段，采取刚柔两者合并的防止渗漏护砌材料手法，也就是综合式衬砌防止渗漏，是能够高效处理上述不足之处的重点所在。

（4）随着防渗膜料的研发上市，有效克服了北方部分区域的渠道由于混凝土防止渗漏体系顺应走形的性能低，且容易因受冻而膨胀破坏的困难。近期的渠道防止渗漏技术牵扯到的方方面面逐渐变得更宽广，对技术水平的规范程度也越来越高，所以提高渠道防止渗漏的各种科学研究的深入程度，加大研究范围并跨行业结合，提升渠道的防止渗漏及抵御寒冷冰冻的新科技、新材料和新工艺的科研开发与推广力量是此领域的前进趋势所在。

二、灌溉渠道管理养护措施

灌溉渠道出现问题不仅会耗费维护成本，还会影响农田的实际收益。因此，应强化安全防范意识，加强灌溉渠道的管理养护力度，充分发挥灌溉渠道的功能，推动农业经济的稳定可持续发展。

（一）灌溉渠道常见问题

灌溉渠道在使用过程中不可避免地会出现损坏，具体表现为杂物淤积、渠面沉陷、渠道渗漏等现象。部分灌溉渠道因长时间得不到维修养护而荒废；部分灌溉渠道的垃圾阻流装置设置不合理，导致水的流速及流量都受到了一定程度的影响。

1. 杂物淤积以及人为破坏导致正常过流受到影响

灌溉渠道断面流速较小时，易发生泥沙石块的淤积及渠底高程抬高的现象，导致正常过流受到一定影响。渠道内杂草的生长会增大水流阻力，不利于渠道过流。生活垃圾等会导致居民区附近的灌溉渠道出现阻塞现象，对正常过流造成影响。

2. 渠面沉陷以及边坡失稳导致正常过流受到影响

在施工质量与设计要求严重不符的情况下建设的灌溉渠道，其地基位置易出现渠面沉陷及边坡失稳的现象。这是因为在地基挖方过程中，基础土质通常都具有一定的沉陷性，一旦遇到水就会出现软化现象，进而引发地基沉陷问题。

3. 渠道渗漏导致输水效率逐渐降低

经过长久运行的灌溉渠道，渗漏问题导致输水效率逐渐降低，影响了水利工程实际效益的发挥。此外，渗漏也会使地下水位上升，导致土壤盐碱化现象日益加剧，不仅不能保障渠道的良好运行，还会对农民的经济收益造成一定影响。

（二）渠道灌溉管理措施

1. 加强对渠道养护人员的管理力度

在渠道养护工作的开展过程中水管组织机构是尤为重要的，应建立健全务实、高效的水管组织机构，将岗位责任落实到人，确保分工明确。相关部门在管理工作人员时首先应健全责任制度，提高工作人员的积极性。渠道运行管理制度的不断完善及优化，可促进渠道养护及维修工作的落实。

2. 从技术方面加强渠道养护

经常清理渠道侧边山坡上截流沟、引水沟中的障碍物，确保截流沟、引水沟畅通。在渠道外坡脚填方及渠道最高水位挖方的上部位置，加强绿化带建设。在渠道内或岸边设置标示，避免周围出现放牧及挖坑等现象。禁止将垃圾及工业废弃物、腐烂生活杂物等倾倒到渠道中，确保渠道通畅、水源质量达标。对设置有防渗护面的渠道进行养护时，要查看是否有干裂及沉陷等现象，发现有填料脱落及砌体不坚固等现象时应及时进行加固处理。混凝土建成的渠道发生冻胀损坏时，应对垫层进行加厚处理或增设相应的排水设施。

3. 确保资金到位

按时拨付灌溉渠道专项维护资金，充分做好前期准备工作，推动渠道养护工作高质量、高效率进行。在经济责任和经济利益相融合的基础上开展灌溉渠道管理工作，可提高工作效率和工作质量。

三、水利工程灌溉及排水管理

1. 水利工程灌溉与排水管理的现状

我国水利工程建设发展历史悠久，早在 20 世纪五六十年代就已经取得了相当优秀的成绩，在防御洪涝灾害、改善土壤环境、发展农牧业、林业以及农业等方面起到非常重要的作用。但是我国水利资源并不丰富，特别是北方地区，大部分地区都处于干燥缺水的状态。水利工程灌溉与排水系统的设置并不完善，一些系统实际上已经年久失修，这样的常年失修工程系统对旱涝的防御能力较低，并且这些系统的运行效率也不高。进入 21 世纪之后，我国社会经济有着较为明显的发展，农业结构不断调整，农业生产正朝着高产、高效的趋势发展，就水利工程来说，其系统管理变得更加复杂化。另外，我国水资源不断告急以及水资源的综合利用之间矛盾不断激化。所以，研究我国水利灌溉与排水工程建设对我国经济发展有着十分重要的意义，在农业发展过程中要不断加大对水利灌溉工程的建设力度，切实保障经济发展和农业建设需求。同时要从以下几方面做起：一是水资源的集约高效利用。水作为我国的紧缺资源，极为宝贵。在实施水利灌溉时，要把重心放在水资源的高效利用上，使水资源的使用效率和生产效率得到充分发挥；二是与当地经济、农业、城市建设协调发展，切实实现统一管理、统筹规划；三是优化配置灌区水土资源。从全局高度对灌区水土资源进行优化配置，防止发生顾此失彼情况，使水资源得到可持续的利用；四是坚持科学发展。加强对水利工程灌溉及排水管理，从当地实际出发，严格遵循市场经济规律。在制定水利工程的相关措施时，要根据水利灌溉工程的实施内容和需求去进行，从而实现最大效率的资源利用，最终实现经济、社会和生态效益的共同提升。

2. 开展水利灌溉与排水管理的基本原则

在农业现代化建设中，不断提升的水利灌溉技术对国民经济的提升起到了重要的作用。目前，我国正在稳步推进新农村建设，高效实施水利灌溉工程管理不但能够有效调整农业产业结构，而且能够使粮食产量大幅提升，为我国的粮食安全"保驾护航"。与此同时，还能够集约化、规模化地发展农业经济。

1）围绕农业生产开展水利灌溉管理，通过经济手段管理和控制水资源

管理单位需要对当地的经济发展水平进行综合考虑，制定并实施系统化的水利灌溉收费制度，利用经济杠杆对水资源的节约使用意识进行不断强化，使当地农户能够端正态度，将节约用水和集约用水贯彻到农业生产的每一个环节中。以节约用水为中心，集约进行农业现代化管理，从而促进农业生产的可持续发展。

2）通过系统化管理制度的制定和实施，对农业管理体系进行科学的建立

通过相应的制度对用户的用水行为进行约束，使水资源的利用效率得到提高，使铺张浪费水资源的现象大幅减少，从而使水资源利用秩序得到健康稳定的构建。与此同时，为了使农业水利灌溉的效能得到充分发挥，相关部门需要根据实际情况，统一规划农业用水，使水利灌溉管理的科学化水平进一步提高。在详细设置好优化的用水程序后，使用户能够正确用水，避免出现各种用水纠纷。

3）根据市场需求，加强对水利灌溉的管理

将水利灌溉紧密联系市场经济发展，使其保持同步运作。加强水利灌溉管理能够使我国市场经济体制改革得到有效推动，使产业结构得到进一步调整。通过不断完善和实践水费计收制度，能够使传统灌溉用水收费制度的弊端得到有效消除，从而确保和谐稳定的农业生产用水制度，不断提高农业生产现代化水平，最终实现节约用水和精耕细作。

3. 水利工程灌溉及排水管理措施

1）建立健全水利灌溉工程管理制度和运行机制

想要高效地开展水利灌溉工作，完善的制度保障是首要前提。只有对管理体制和运行机制有不断完善以后，才能够加强对水利灌溉工程的管理，使其有章可循。相关部门要不断加强对水利灌溉工程的调查研究和管理应用，根据实际情况对水利灌溉管理体制和运行机制进行构建并不断完善。

2）提升水利灌溉的地下管网施工技术

想要顺利实施农田灌溉，需要确保水利工程灌溉地下管网设计的科学性和合理性，在实地放线时按照要求进行规范，在放完线以后对管道进行开挖。管道的深度需要根据所处区域的水文地理及气候特点进行确定。在施工过程中，首先要将管道底部的杂物和石块清理干净，杜绝底部管道有跑水现象发生。对于出现拐角施工的位置，要对所用设备管道的质量特别注意。一般情况下，水利工程灌溉管道在安装时采用黏接的方式进行，所使用的管道材料通常是PVC的，安装时要按照正确顺序，先安装干管，再安装支管。安装过程中，不但要将泥污擦去，而且将接头进行打毛处理后再进行黏接，通常情况下将打毛长度控制在5~10cm的范围内，完成打毛以后将PVC胶与之进行黏接。与此同时，还需要认真检查止水圈，将肥皂水均匀涂抹在止水圈上，便于安装。最后要对控水阀门进行认真检查，防止螺栓出现问题。

3）做好排水工程的施工管理

（1）土料夯实防渗。主要指清除排水渠杂草和淤泥后，将表层土进行翻松，随后在含水量最佳的情况下分层夯实松土。为促进层间的结合，需要刨毛前一层夯实土的表面，一般将夯实层总厚度控制在30~50cm的范围内。这种方法能够有效降低渠床的土壤透水性，

不需要进行任何材料的添加，具有良好的经济性和便捷性，但防渗效果较差。

（2）三合土防渗。三合土主要是将石灰粉、砂、黏土按照相应的重量比进行拌制形成的，它作为防渗材料效果良好。施工过程中，在均匀拌和 3 种材料后添加适量的水，然后堆置一段时间，铺筑工作在石灰充分沤熟后进行。一般情况下，可以将防渗层的厚度控制在 25~30cm 的范围内，铺筑时逐层施工，直至渠顶，随后将边坡拍打至出浆。

（3）砌石护面防渗。常用的有两种材质，一种是浆砌块石防渗，另一种是干砌石板勾缝防渗。一般将浆砌块石的厚度控制在 20~30cm 的范围内。干砌石板防渗主要是在石板干砌时预留 2cm 的缝隙，通过砂浆对缝隙进行填实，从而达到止水的目的。

第六节　渠系建筑物管理与维护

渠系建筑物种类众多且功能性明显，一般属于农田水利建设的一部分，与农田水利工程配合使用。因此，渠系建筑一旦出现问题不仅影响本身功能的实现，还会妨碍到农田灌溉等事务，会影响周边农事。因此，当渠系建筑物出现问题时，应该及时进行检查，在查清问题之后使用相关工具对其进行检修和加固，保证能够正常使用。

一、圬工建筑物的维护

圬工建筑在使用过程中容易出现灰浆脱落的现象，并且其灰浆液容易在使用过程中被损坏。针对此类情况，需要先将损坏的部分去除，使用相关工具凿开其原灰缝，然后对该部分进行清理，可以稍微扩大清理范围。除干净灰浆之后可以使用清水将该处清洗干净。然后使用准备好的高标准号水泥砂浆来对处理好的部位进行勾缝。之后保持持续 7d 时间的养护。

该处建筑在使用过程中容易出现局部砌石松动的情况，还可能导致局部的砌石脱落。应该定期对建筑进行检查，一旦发现松动，应该将这些石块去除，然后使用工具对松动石块周围的砌体进行清理。清理好周围灰浆之后，使用提前准备好的合格石块对空缺处进行补气。做好修补之后需要做好勾灰缝的工作。完成修补之后，应持续对其进行妥善保养。

如果在最初修建过程中有漏洞的话，建筑物还可能出现结构性裂缝。例如，在修建过程中砌体的修建堆砌体的石料质量不合格，或者准备的砂浆强度不足，都会引起此类裂缝。在进行修补之前需要先对裂缝进行探查，如果裂缝深度不深，对于整体结构的错位不严重，可以使用水泥砂浆来对该裂缝进行填充。如果裂缝的宽度较大，而且对于整体建筑结构的破坏较严重，需要对裂缝进行一定的拆除工作，使剩下的砌体构成"V"形，方便后续的填补。最后挑选适当的石块进行修补。

建筑基础部分的修建会对后续的安全程度造成影响。由于土壤问题或者基础修建计划不健全，可能引起基础发生不均匀沉降，导致受到张力不同，进而引起结构性裂缝。对于此类建筑应该先对建筑基础进行一定程度的加固，然后判断裂缝大小之后采取以上方法进行修补。

二、钢筋混凝土建筑物的维护

(一)建筑物裂缝及维修

渠建筑在竣工之后需要在长时间内承受风吹日晒,会在热胀冷缩的作用下由于内部张力变化而产生裂缝。这些裂缝的延伸方向由于受柱钢筋的影响与主钢筋方向基本一致。这些使用过程中形成的裂缝其宽度也基本一致。这些裂缝会对混凝土主体的坚固程度造成影响,会降低其承重量。如果裂缝不断扩大和加深会对建筑物本身造成一定的损害。因此,应该对混凝土的裂缝及时修补。对于不同宽度的裂缝采取不同的方法。对于缝宽小于 3mm 的裂缝,处理起来相对较容易,一般情况下使用喷水泥浆来修整。

也可以使用玻璃丝布来对裂缝进行粘贴式修补。对于缝宽大于 3mm 的裂缝,需要进行进一步检查。查看是否有漏水渗水的现象。一旦发现此类现象,需要用灌浆法来进行修补。

如果有裂缝的建筑物还需要承受外力作用,应该大致计算所需承受力的大小。首先使用上述方法对不同宽度的裂缝进行一定的修补,然后要根据该建筑物的整体结构来进行一定的加固。例如,使用混凝土钢筋等材料对其受力部位进行加固。增加其承重量,同时延长其使用年限。

灌区建筑物还容易出现漏水的情况。需要查看具体漏水部位,查找漏水原因,根据不同的原因来采取针对性的措施。如果是预留缝漏水,修补方法较为简单。查看原预留缝本身的止水方法以及所使用的材料,找到问题之后对材料进行替换或者修改止水方法。如果是建筑物基础漏水,一般对整个建筑物以及周边的影响较大,需要对建筑物的整体基础进行修补。首先需要查看建筑物存在的缺陷,然后使用加长上游铺盖等方式来进行修理。

(二)水闸的养护与修理

水闸在实际使用过程中容易出现各种问题,其中包括闸墩等各种防护建筑出现裂缝,闸门的开启关闭设备保养不当等问题。水闸一旦发现问题需要及时进行维修和处理,减少发生灾害的可能性。

1. 水闸冲刷问题

在水闸的下游,受到水流冲刷力较大。如果发生冲刷破坏,会对河床以及海漫造成影响。对于此类冲刷破坏通常使用抛石来对受冲刷部位进行加固和保护,还可以使用沉排来进行保护。也可以使用柴石枕下沉到河塘内来对被冲刷地区进行保护。如果经过查看后发现上下游两岸已经受到严重的冲刷破坏,发生塌陷情况,需要根据水流具体判断河堤地位的建筑方式以及建筑位置是否合理,是否有效起到作用。最后根据判断情况来进行砌石护坡。

2. 闸门以及启闭设备问题

闸门以及启闭设备在日常的使用过程中会出现以下养护需求:这两部分中的机电设备等各方面设备和仪器始终处于使用过程中,需要定期做好检查和保养,以防止出现问题影响正常使用。闸门等机械部分需要定期检查,做好清洗,保证能够正常使用,避免出现生锈等情况。需要定期添加润滑油。如果出现铆钉、螺栓松动以及闸门变形等问题,应该及时进行修补,将松动的铆钉和螺栓上紧。对于已经变形的闸门,使用一定器械来进行修理,使其尽量恢复原形。如果经过修理之后仍不能正常使用，应该更换闸门。同时在日常保养过程中应该对闸门做好防震防锈等工作。

第七节　长距离引水隧洞施工管理

在水利工程的建设和施工过程中，长距离的引水隧洞施工通常具有较高的难度，需要相关施工人员和设计人员具备较强的专业性，同时必须保证相关管理机构能够制定明确合理的管理制度。在施工中不仅要将管理标准落到实处，还应做好各项工作的协调和技术的交接，从而保证水利长距离引水工程能够符合质量要求。通过对施工工艺和管理制度进行完善，能够进一步提高长距离引水隧洞工程施工效率及安全性，为水利工程发展提供保障。

一、长距离引水隧洞在施工过程中的常见问题

（一）技术问题

在进行长距离引水隧洞施工前，首要问题就是如何进行爆破施工。只有进行爆破之后，才能进行下一步的隧洞挖掘工程。爆破施工会受到各种不确定因素的影响，如果爆破施工受到其他问题影响较为严重，导致效果没有达到工程相关要求，就会对整个隧洞施工质量造成不利影响，情况严重时还可能威胁到施工人员的安全。在水利工程的隧洞施工当中，通常都是爆破程度和标准要求有差别导致出现坍塌事故，所以必须对爆破施工加以足够重视。爆破施工的下一步工序是排渣施工，由于长距离引水隧洞受到地质条件及施工空间等的限制，所以排渣过程对施工工艺也有较高的要求。引水隧洞施工对应的地质条件多为软土，供施工人员活动的空间通常较小，仅使用人工或者小型机械设备进行搬运和清理工作，不但会造成巨大的人力物力消耗，还会造成隧洞清理工作过于缓慢，导致工期延误。

（二）管理问题

在水利工程项目的具体施工过程中，如果确定了较为完善的管理制度及体系，能够更好地提高工程整体质量，加快工程进度。但在实际水利施工过程中，经常会出现管理制度不够完善，管理人员欠缺相关专业性，管理机构未能制定出明确合理的管理方案，管理人员工作积极性较差等问题，导致对水利工程各个施工环节掌握能力不足。此外，在施工过程中，如果不能对工程中涉及的相关机械设备、原材料进行科学严谨的管理，也会直接导致引水隧洞施工质量无法达到标准要求，在很大程度上直接影响长距离引水隧洞的施工安全和工程质量。

二、长距离引水隧洞施工管理

（一）严格选择施工单位

施工单位能力水平会直接影响引水隧洞工程的整体质量。施工单位只有配备了专业的管理团队，拥有完善科学的管理制度，才能做到对工程进程有明确的了解和合理的设计分

析，通过对工程各个环节的联系，制定合理的工作任务。相关管理人员不仅应具有较强的专业知识，还应该拥有丰富的工程实践经验，才能为引水隧洞工程施工管理工作提供有力保证。

（二）工程安全管理

对于工程的安全管理方面，需要从多个角度进行分析。应保证监理部门、设计部门、施工部门和业主等相关人员参与到工程施工项目的技术交底工作中，对设计图纸进行详细讲解，对工程特点、施工顺序及质量要求进行解释，保证施工相关人员对工程的重点和难点有较为详细的了解。此外，应按照我国当前对水利工程制定的各项标准和要求，严格管理工程施工各个工艺流程，加强安全知识培训，保证施工安全性，从而进一步提高工程的整体质量。

（三）原材料质量管理

任何一项建筑工程为了保证工程质量，都无法忽视原材料的质量影响。为了能够更好地提高引水隧洞施工水平，必须对使用的原材料品质加以管理。首先，应在施工前对工程中采用的材料进行质量检测，保证其能够符合工程要求。对于一些要求较高的材料，还应进行复检。其次，在施工时，需要保证各项材料性能都能够符合工程标准要求，其中作为引水隧洞工程用量较大的材料，如混凝土、水泥、拌合料和外加剂等材料，更应加强质量管理。

（四）机械管理

在长距离引水隧洞工程中，机械的选用尤为重要。施工人员运用合适的工具，才能提高工作的速度，管理人员对机械配套齐全、运用合理，可以提高工作的效率。例如，TH480台型凿岩台车的钻眼深度为 5m，不利于减少超挖和提高爆破率。另外 TH480 型台车只有一个荷载为 250kgf 的工作平台，明显不够用，又因为凿岩车的工作压力较大，液压油管的耗量较大。JCH3-100A 型台车的钻眼深度为 3.3m，钻眼浅有利于减少超挖和提高爆破率，同时因为柴油机排放的废气严重污染空气的问题难以解决，钻眼浅意味着一次出渣量少，作业时间短，对空气的污染时间也就短，有利于工作条件的改善。总而言之，两种凿岩车各有其优缺点，但都是目前比较理想的钻眼设备。TH480 型台车的工作空间相对较大，工作人员在空间中可以行走方便，TH480 型台车的钻速快，大大地提高了工作的效率，受到引水隧洞施工单位的青睐。合理地选用施工机械，会减低工作的难度，对于长距离引水施工起到推进的作用，可见合理选用工程机械的重要性。

第八节 输水管道的建设与运行管理

随着我国经济社会的飞速发展，对水资源的开发利用不断加强。我国属水资源相对匮乏的国家，如何优化水资源的配置、高效利用水资源已成为一个战略性课题。管道输水，已经成为一种快捷、高效的输水方式。

一、长距离输水管道的建设管理

(一) 管道输水工程特点

1. 占地少

管道工程除了气阀井、安全监测用房等需要少量永久占地外，其余均为临时占地，大大减少了永久占地，节约了土地资源。

2. 工期短

管材在厂内加工好后运到施工现场，现场开挖下管、回填，施工速度快，减少了占地时间，有利于被占地村民早日恢复生产。

3. 渗漏少，易管理

管道输水由于水被密封在管道内几乎没有蒸发和渗漏，水量得到有效保障。由于工程基本埋于地下，偷盗水行为很少，巡视工作量也较少，便于管理单位运行管理。

4. 寿命长

管道工程的寿命都大于 50 年，由于管材埋于地下，受破坏的概率小且现在管道都采用柔性接口，少量地基沉陷不受影响。

(二) 敷设长距离输水管道应注意的问题

1. 长距离输水管道设计中的几个问题

长距离输水管道管材的选择：随着我国经济的高速增长，城镇人口迅速增加，城市化步伐不断加快，城市基础设施建设相对滞后的现状越发显现出来，特别是城市供水能力不足，管网严重老化等现象突出。管道投资规模占整个输水工程的绝大比重，因此管材的选择应同时考虑到管道敷设施工中带来的技术问题及维护问题以及从工程的规模、重要性、管径、工作压力、地形地质、工期、资金等方面综合分析确定，通过运筹学与计算机技术科学规划精心施工，使得每项工程都达到经济化、科学化的最优状态。

在工程中常用的有钢管、球墨铸铁管、预应力混凝土管、预应力钢筒混凝土管（PCCP）、玻璃钢管、聚乙烯塑料管（PVC-U）、超高分子量聚乙烯管等，从安全方面看，钢管、球墨铸铁管、PCCP 管比较安全，特别在工压高，管径大，管线起伏较多的工程中。钢管要特别注意防腐处理以延长使用寿命，玻璃钢管要特别注意出厂管材的质量检查，选用合适的刚度。

从经济方面看，预应力混凝土管最为经济；400mm 以下管径优先选用 PVC-U 和超高分子量聚乙烯管，其次为玻璃钢管；500～800mm 管径优先选用玻璃钢管，其次为球墨铸铁管；1000mm 以上管径优先选用钢筒管，球墨铸铁管价格较高。管道在设计时的直径和压力的选择，都直接关系到管道本身的投资大小，必须进行性价比的考虑。

2. 长距离输水管道敷设应注意的问题

（1）管道基础及埋设。在进行施工时，必须对土质、地下水位、河床形态等情况进行勘察，根据资料采取相应管道基础。埋设在地面下的输水管道可以是由混凝土、钢筋混凝土（包括预应力钢筋混凝土）、钢材、石棉、水泥、塑料等材料做成的圆管，也可以是由浆砌石、混凝土或钢筋混凝土做成的断面为矩形、圆拱直墙形或箱形的管道。圆管多用于有压管道，矩形和圆拱直墙形用于无压管道，箱形可用于无压或低压管道。

埋没在地下用于灌溉或供水的暗渠与开敞式的明渠相比，具有占地少，渗漏、蒸发损失小，减少污染，管理养护工作量小等优点，但所用建筑材料多，施工技术复杂，造价高，适用于人多地少，水源不足，渠线通过城市或地面不宜为明渠占用的地区。为便于管理，对较长的暗渠可以分段控制，沿线设通气孔和检查孔。

（2）管道基础土壤加固施工措施。对地下土质分析，管底淤泥层，厚与不厚进行区别对待。淤泥层不厚，可以采取换土的方法；在流沙现象不严重基础土壤扰动深度较浅时，可以采用填块石等方法进行。施工时，边挖土边将块石挤入土层中，挤入深度控制在 0.3 ~ 0.6m，块石直接的缝隙则用沙砾石填充。对一般地区、淤泥地区、流砂区、松土地区需要区分对待。

（3）长距离输水管道考虑支墩选择及材料特性需求。长距离输水宜按相关的管道技术规程规定设置止推礅、固定礅、防滑礅等形式。施工前进行勘察，施工后必须做好复查工作，因为这些施工项目在当时一般不会出现问题。

（4）施工敷设对管材防腐有要求，其对安全输水有较大影响。我国生产的钢管、带刚套预应力混凝土管和玻璃钢管的直径可以达到上千毫米，但必须注意其刚度。管道接口为焊接外，其他均可以采用橡胶套柔性连接。金属管要做好防腐层。

管道的通行、支承、坡度与排液排气、补偿、保温与加热、防腐与清洗、识别与涂漆和安全等，无论对于地上敷设还是地下敷设都是重要的问题。地面上的管道应尽量避免与道路、铁路和航道交叉。在不能避免交叉时，交叉处跨越的高度也应能使行人和车船安全通过。地下的管道一般沿道路敷设，各种管道之间保持适当的距离，以便安装和维修；供热管道的表面有保温层，敷设在地沟或保护管内，应避免被土压坏和使管子能膨胀移动。

3. 长距离输水管道敷设防护技术与安全措施

（1）水锤的防护。输水管路的布置要合理，施工时有些地方可考虑适当调整管道埋深，减少纵坡的变化，避免出现明显的拐点，从而减少发生弥合水锤的机会。

（2）排气阀的设置等。管道初次输水时，管道内存有空气，管道运行时，实际上是水汽两相流。

（3）连通管的设置。

总之，为了保证城市及其他用途供水系统正常运行，发生意外事故时及时制止其扩大影响，利用新科技，应装设一些检验仪器，并采用计算机分析。

二、低压输水管道的运行管理

1. 低压输水管道工程简介及其特点

节水灌溉技术是科技兴水、科技兴农的一项重要内容。其实施的目的是在水资源紧张或灌溉困难的地区进行输水灌溉，我国既存在水资源短缺，又存在水量浪费严重的问题。因此，值得借鉴这方面的技术。简单来说，低压灌溉就是利用低压管道来取代传统明渠输水的一种灌溉形式，水通过低功耗的机泵、控制闸阀等设施，具有一定的压力，将由管道分水口分水进入田间沟、畦或分水口连接软管进入沟、畦。各个暗管出水口的水流量很大，且不易产生堵塞，属于地面灌溉技术。低压管道输水灌溉作为发展节水灌溉的一项新技术，以其节水、节地、省时、投资少、运行费用低、便于管理等特点，深受广大群众欢迎，已在全国各地得到了广泛的推广和应用。

2. 推广低压管道输水灌溉技术的意义

研究发现，低压管道输水能够减少人力投入，缩短灌溉时间，提高灌溉水利用率，节约灌溉水量，具有成本低、耗能少、技术简单易行等特点；可以有效地避免灌溉过程中的渗漏和蒸发，水的输送效率可以达到95%以上，比传统的土渠灌溉节水约30%。同时，管道输水迅速，不易发生跑水漏水；节约耕地，以管代渠，一般可比防渗渠道减少占地20%左右，有利于节约土地资源，节省开支，综合经济效益显著。随着这项技术的推广，低压输水管道在施工以及运行管理方面的问题也随之产生，合理地进行管道施工与运行管理，最大限度地提高土地利用效率，确保低压输水管道发挥最大的使用价值，是研究的关键。

3. 低压输水管道的运行管理分析

低压输水管道安装完成之后，能否长期稳定地工作，保证其节能、节水的优势，关键在于运行管理。现实生活中往往存在"重建轻管"的思想，与之相关的管理办法不完善，管理人员缺乏基本的技术常识，致使技术事故不断出现，影响输水管道的正常工作。低压输水管道的运行管理工作包含运行管理和用水管理等方面，后期运行管理应做到定期检查，及时维修，保持机泵、各级管道以及放水建筑物没有损害，科学用水，合理灌溉，提高水的利用效率。

我国致力于建设发展井灌区低压输水管道，几年来取得了可观的成绩，经济效益社会效益显著增长。其中一些地区重视运行管理，制订了良好的管理模式，保证了工程的良好工作效益。

比如，2013年9月以来，山东省遭遇多年持续干旱，部分地区甚至达到了70年一遇的特大干旱，全省河道断流780条，小型水库、塘坝等干枯1400多座，大中型水库蓄水较历年同期明显偏少，部分处于死水位以下。2015年12月起，胶东调水工程启动并实施了向烟台、威海两市应急抗旱调水，有效缓解了当地水源紧张局面。这是山东省胶东地区引黄调水工程主体工程完工后首次全线运行输水，运行状况良好，形成了一套行之有效的调度运行管理办法。

再比如，黄花滩水利骨干工程位于甘肃省古浪县黄花滩、西靖两乡境内，黄花滩项目在不增加景电二期灌区提水规模，不影响民勤输水及古浪灌区灌溉用水的前提下，充分利用景电二期工程古浪灌区节水改造富余水量，在已有灌区设施基础上，进行部分扩建延伸，合理开发黄花滩土壤条件优越的部分土地，发展灌溉面积5747hm^2，移民4万人，在改善古浪县南部山区生态环境的同时，充分利用黄花滩相对优越的自然地理条件，建一个新的生态移民及扶贫开发移民区，用来安置南部山区自然条件差、经济文化落后地区的贫困群众，达到生态移民及扶贫开发的目的，实现人与自然的共赢。

从上述事例中可以看出，低压输水管道的运行管理非常重要，管理工作的好坏影响整个工程的长期效益。做好运行管理工作应当加强组织领导，争取相关部门的支持；应当建立健全相关的规章制度；应当做到责任与权力相结合；应当提高相关技术人员以及管理人员的专业水平和自身素质，确保低压输水管道的管理工作落到实处，使输水工作高效稳定地开展。

第九节　江河堤防管理与防洪抢险

一、江河堤防工程管理

河堤是一种防止河流下游洪水泛滥的主要防洪水利工程形式，筑堤防洪的方法在我国已经有非常悠久的历史，河堤一般位于河流变迁带的河道处，具有很好的防洪效果。在我国由于大部分河堤的历史久远，已经出现了不少质量问题，河堤的稳固程度关系到国民经济的发展和人民生命财产的安全。所以探讨对河堤加强管理具有较大的现实意义。

（一）河堤管理存在的问题

1. 施工不科学

大部分修建时间较早，早期修建时为了不占用耕地，河堤大多会选择顺河傍水修建，而且堤线大多靠近河岸。在近年来的防洪施工中，一些群众为了贪图便利，常常使用就近取土筑堤等错误的做法，结果不仅破坏了地面的覆盖层，还形成很多的坑塘、洼地，为堤坝埋下安全隐患。

2. 缺乏地基基础

目前的河堤大多是在以往的基础上多次加修而成的，缺乏地基处理。早期兴建河堤没有专业的施工队伍，都是组织农民集体施工，依河逐渐加高河堤而建成的，大多数的河堤最开始都是由小堤建成的。

3. 工程质量差

由于早期的施工都是为防洪而建的应急工程，受当时的技术、设备和社会环境的限制，结果造成河堤土质不良、填筑不实、堤防填土混杂、修筑质量差等问题，经历多年后，逐渐出现了裂缝变多，堤身内存在白蚁、鼠、獾等洞穴以及坟墓、坑道等多种隐患。

4. 多种堤基并存

由于河堤施工多是就近取土，所用土质多为沙质土，具有较大的参透系数，容易在洪水时期发生渗水、流土等险情。在一些河堤堤身还会掺和使用黏土，多种堤基并存使得堤基的结构十分复杂，极容易出现干缩裂缝。

（二）河堤除险加固的类型

1. 抗滑稳定

如果河道有淤积的情况，就会导致河水对河堤临河的侧推力比较大，河堤的整体稳定性和边坡的稳定性就会受到影响。针对这种问题，一般要采取适当的增加断面，减缓河堤的坡度，加高培厚和放淤固堤的方法。

2. 抗冲稳定

河堤由于长时间处于河水的冲刷之中，会减弱堤坝的牢固性，使河堤发生塌方，通常是采取防护措施是险工加高改建、根石加固、防浪林等。

3. 抗渗稳定

在水的浸泡下，堤坝部分土壤会逐渐达到饱和的状态，从而形成浸润线，当堤坝自身的强度不足时，渗流出比降大于堤身允许比降时则可能发生管涌或流土现象。常用防护措施是运用加固堤、截渗墙等提高堤坝抗渗强度，排除河堤内渗水等。

4. 预防漫决

由于河道淤积造成水位抬高，就会形成漫决。处理这一问题，一是要经常性对河道进行清淤，同时要根据情况适当改变断面的尺寸或增加提防的高度。

5. 预防溃决

溃决常常是堤坝的质量原因造成的隐患点没有被及时发现，结果造成在洪水时期，堤坝受水的冲击突然崩溃。应对这一问题需要运用放淤固堤、修筑截渗墙等方法加固堤身。

6. 预防冲决

针对提防冲决这一现象，究其原因主要是因为"横河、斜河"的原因造成，要解决这一问题，首先就要完善控导工程，用来解决"横河、斜河"的问题，并且要在靠水的堤段，修筑护岸、垛、丁坝等除险堤岸工程，以防止过水对河堤堤身顶冲和风浪冲刷。如果河堤坡度比较大，采用种植树林的效果会更好。

（三）河堤防渗加固技术应用需注意事项

1. 混凝土防渗墙施工技术在河堤防渗加固中的应用

当前主要遇到的难题包括施工精度要求高、施工条件复杂、清渣不彻底、接头孔刷洗不到位和断桩导致混凝土墙体稳定性与防渗透性能差等。施工精度要求高主要在于对造孔过程垂直度的控制。施工条件复杂则是因为施工现场地质情况复杂，如漏浆、溶洞和塌坝等。混凝土墙底淤泥堆积太厚导致清渣不彻底，而接头孔刷洗不到位大部分情况是由于混凝土墙体夹泥所致。在河堤防渗加固混凝土防渗墙施工中，往往会出现如机械成槽稳定性能差，常出现塌孔、沉渣堆积或成槽形状不规则等问题。对混凝土防渗墙体的浇捣施工需严格按照设计规范进行导管的下设作业，尤其是控制导管的下料速度与各个导管的下料量，保证成槽内混凝土浇筑上升的速度与高度保持一致，并防止局部混凝土的夹泥现象。

2. 复合土工膜工艺在河堤防渗加固中的应用

由于复合土工膜的强度较低，容易损坏，在对河堤防渗加固方案设计中应根据工程所处环境及施工条件进行合理设计与选用，且在施工过程中要严格控制工序质量。用于施工的复合土工膜务必要符合施工要求，且要有土建施工部门的质量合格验收证明。在施工中对于复合土工膜的裁剪，一定要根据施工所需准确地进行丈量实际裁剪，绝不能按照设计图纸来裁剪，以减少浪费。对裁剪好的复合土工膜，要逐块编号详尽记录在案。在铺设过程中，复合土工膜焊缝要尽量少。在施工中需要铺设多块复合土工膜时，要特别注意每块复合土工膜之间的接缝搭接宽度不宜小于10cm，块与块之间的焊缝排列的方向大致也要平行于最大坡度。在工程的拐角及畸形地段部位，应将铺设膜的接缝长度尽量减短，除了特殊要求，坡度大于1∶6的斜坡则应在距顶坡或应力集中区域1.6m的范围之内，不设置铺设焊缝。而且在铺设过程要防止人为褶皱，在气温不高的环境中施工时一定要拉紧铺平土工膜。施工作业人员应穿软底、平底鞋对已铺设并焊接好的河堤加固段进行及时回填覆土。

3. 河堤产生裂缝的加固处理

在施工过程中要沿堤身轴线小主应力面单排布孔，并且利用灌注压力，劈开堤身增加裂缝宽度并进行灌浆，从而在堤身内形成一道厚度 0.15～0.25m 的连续防渗心墙。同时还要利用浆堤互压、泥浆析水固结和堤身湿陷密实等作用，使所有与浆脉连通的裂缝、洞穴、砂层等隐患得到充填挤压密实，在坝体内形成垂直连续的泥浆体防渗墙。针对坝体内的白蚁等问题，可在进行灌浆时在浆液中掺入适当的灭蚁药物，对白蚁进行杀除和预防。另外，要特别注意的是在处理施工过程中要采取优化的灌浆工艺，保证灌浆效果，浆液材料一般可就地选用黏性土，视需要也可掺用少量水泥，搅拌成泥浆。孔深应穿过隐患部位。

4. 堤防裂缝处理

对于宽度小于 0.03m 的河堤堤防裂缝，因为堤坝裂缝较窄，路面较完整，且强度高，针对这一问题可先采用锥探灌浆对裂缝进行充填。在施工前一定要将裂缝表面清理干净后，然后再用沥青抹缝并涂刷裂缝两侧的路面，从而可以堵塞缝口，防止雨水进入。对于宽度不小于 0.03m 的河堤堤防裂缝如果没有路面沉陷，可首先采用锥探灌浆对缝进行充填，然后沿缝开挖成槽，槽底以下路基压实。对于堤顶出现的贯穿性裂缝，在灌浆完成后，可挖除堤顶一定厚的土层，然后再沿堤顶裂缝开挖沟槽，挖至裂缝以下再进行充分灌浆。最后按堤顶道路的原设计要求恢复堤顶道路结构层，以达到保护堤身土体中的水分不易析出、地表水不易渗入的目的。

二、水利工程防汛措施及抢险方法

（一）修筑堤防，约束水流

河道是排放洪水的通道，提高河道泄洪能力是平原地区防洪的基本措施，修筑堤防是这一措施的重要组成部分。堤防在防洪中的作用是：约束水流，提高河道泄洪排水能力；限制洪水泛滥，保护两岸工农业生产和人民生命财产安全；抗御风浪和海潮，防止风暴潮侵袭陆地。堤防的建设，一般都与河道整治密切结合。例如，为了扩大河道泄洪能力，除加高培厚堤防外还要采取疏浚河道，裁弯取直，改建、退建以及及时清除河道内的阻水障碍物等措施。为了巩固堤防，需要修建河道流势的控导工程和险工段的防护工程等。

（二）兴建水库，调蓄洪水

水库一般是指利用山谷建造拦河坝，拦截径流，抬高水位，在坝上形成蓄水体，即人工湖泊。在平原地区，利用湖泊、洼地、河道，通过修筑围堤和控制闸等建筑物，形成平原水库。

水库的防洪一般要兼顾上下游。为了水库上游周边的工农业生产发展及人民生活，库内蓄水高度要加以限制；水库向下游泄洪量的大小则应考虑下游河道的安全。在一个流域或地区内如有多个水库，可以通过联合运用，发挥干支流错峰、补偿调节的作用。水库的任务一般除了防洪还要兴利，前者要求在洪水到来前能腾出较充分的库容以接纳洪水，后者则要求水库经常保持较多的蓄水量。因此，水库在防洪时，既要兼顾上下游的要求，又要拦蓄部分洪水以转化为可利用的水资源供非汛期使用，这就要制定出合理的水库工程控制运用方案。在方案实施时还要依靠及时、准确的气象、水文情报与预报，作为决策的依据。

（三）建造水闸，控制洪水

水闸是一种低水头水工建筑物，它的作用既能挡水，又能泄水，按其防洪排涝作用可分为：

1. 分洪闸

它是分泄河道洪水的水闸。当河道上游出现的洪峰流量超过下游河道安全泄量时，为保护下游重要城镇及农田免遭洪灾，将部分洪水通过分洪闸泄入预定的湖泊洼地（蓄洪区或滞洪区），也可将洪水分泄入水位较低的邻近河流。

2. 挡潮闸

它是设于感潮河流的河口附近防止海潮倒灌的水闸。涨潮时，潮水位高于河水位，关闸挡潮；汛期退潮时，潮水位低于河水位，开闸排水。枯水期闸门关闭，既挡潮水，又兼蓄淡水。

3. 节制闸

它是调节上游水位，控制下泄流量的水闸。天然河道的节制闸也称为拦河闸。枯水期，关闭闸门抬高上游水位，以满足兴利要求；洪水期，开闸泄洪，使上游洪水位不超过防洪限制水位，同时控制下泄洪水流量，使其不超过下游河道的安全泄量。

4. 排水闸

它是排泄洪涝水的水闸，一般是指洪涝地区向江河排水的水闸。当外河水位高于堤内水位时，关闸挡水，防止河水倒灌；当堤外江河水位低于堤内洪涝水位时，开闸排水，减免洪涝灾害损失。

（四）利用蓄滞、分洪区，减轻河道行洪压力

大江大河中下游两岸常有湖泊洼地与江河相通，洪水期江河洪水漫溢，这些湖洼起了自然滞蓄洪水、降低河道水位、减轻洪水对下游威胁的作用。为了更有效地利用沿岸湖洼调蓄稀遇洪水的作用，现在许多流域都有计划地用围堤将大部分沿岸湖洼与河道分开，建成为蓄滞、分洪区。在水位到达一定高度时采取自流分洪、水闸控制分洪或人为开口分洪等措施，以临时蓄、滞洪水，减轻河道的行洪压力。

由于蓄滞洪区、分洪区一般使用机会不多，随着人口的增长和经济的发展，蓄滞洪区、分洪区内居民日益增多，这就造成了需要分洪时的困难和巨大损失。因此，尚需要有一系列的非工程措施与之配合，才能使蓄滞洪区、分洪区的作用得以发挥。

（五）防洪抢险检查及技术方法

1. 汛前检查

库容等级的划分：小一型水库库容100万~1000万 m^3；小二型水库库容10万~100万 m^3；骨干山塘库容5万~10万 m^3；基本山塘1万~5万 m^3；其他为山平塘。

2. 坝体异常及其检查

（1）坝顶：有无裂缝、异常变形、积水或植被滋生等现象，防浪墙有无开裂、架空、错位、倾斜等情况。

（2）迎水坡：有无裂缝、崩塌、剥落、滑坡迹象、隆起、塌坑、架空、冲刷、堆积或植物滋生，有无蚁穴、兽洞等，近坝坡有无旋涡等异常现象。

（3）背水面：有无裂缝、崩塌、滑动、隆起、塌坑、堆积、湿斑、冒水，管涌等现象；排水系统有无堵塞，破坏；草皮护坡是否完好；有无蚁穴、兽洞等；滤水坝址，集水沟，导渗减压设施等有无异常或破坏现象。

（4）坝基：坝基排水设施是否正常，漏水的水量、颜色、气味、浊度、温度有无变化，坝下游有无沼泽化、渗水、管涌、流土等现象，上游铺盖有无裂缝、塌坑。

（5）坝端：坝体与岸坡接合处有无裂缝、渗水等现象，两岸坝端区有无裂缝、滑坡、隆起、塌坑、绕渗、蚁穴、兽洞等隐患。

（6）坝趾近区：有无阴湿、渗水、管涌、流土等现象；排水设施是否完好。

（7）坝端岸坡：护坡有无隆起、塌陷或其他损坏现象，有无地下水出露。

（8）输、泄水管检查：进水段有无堵塞、淤积，岸坡有无崩塌；管身内壁有无纵横向裂缝、渗水现象，放水时洞内声音是否正常，卧管是否堵塞，出口处的水量及浊度是否正常，关闸时是否有渗流水。

（9）溢洪道检查：进水段及陡槽有无坍塌、崩岸、堵塞、拦鱼等其他阻水设施。

3．除险实用技术

当水库出现险情时，首先应打开输水涵洞闸门，及时泄水、降低库水位，充分利用溢洪道溢洪，尽量减少洪水漫顶的可能性。各种险情抢险的措施如下：

1）塌坑抢险

（1）翻填夯实。凡是在条件允许的条件下，而又未伴有管涌、渗水、漏洞等险情的情况下均可用此法。具体的做法是：先将坑内松土翻出，然后按原坝体部位所要求的土料回填，直到恢复原坝状为止；塌坑如位于坝顶或上游时，宜用渗透性小的土料，以防渗水；塌坑如位于下游坡时用渗透性大的土料，以利排水。

（2）填塞封堵。当塌坑发生在上游坡的水下时，凡是在不具备降低水位或水不太深的情况下，使用草袋、麻袋或编织袋装土直接在水下填实塌洞。

2）管涌抢险

在下游坝脚附近地面上有孔状出水口时，冒出黏粒或细砂，或有局部土体隆起等现象时都被视为管涌；一般用反滤压盖法，先清理铺设范围内的杂物，在管涌范围铺设一层粗砂，厚约 20cm，其上铺小石子和大石子各一层，厚均为 20cm。最后压块石一层进行保护。

3）裂缝抢险

对于裂缝一般采用开挖回填。开挖前用石灰水灌入缝内，探明其走向和深度，开挖时采用梯形断面，深挖至裂缝以下 0.3~0.5m，底宽至少 0.5m，边坡以能满足稳定和便于施工为度，两端应超过裂缝 2m。回填土料与原坝体的土料相同，按 20cm 一层进行夯实。最后顶部应高出 3~5cm，以防雨水灌入。

4）滑坡抢险

一般采用固脚阻滑法，在保证坝身有足够的挡水断面的情况下，将滑坡的主裂缝上部进行削坡，减少下滑负载。同时在滑动体坡脚外缘抛块石或沙袋等，作为临时压重固脚，以阻止继续滑动。

5）渗漏抢险

（1）当上游坡出现裂缝时，且水略高于裂缝，可在缝下端适当的位置打一排木（竹）桩，间距1.5m左右，再用竹片扎成横栏框架，其背后扎一层芦席，然后向内倒土，逐层踩实，横向宽度3~5m，纵向长度应超出两端5m，填土略高于水面。

（2）在下游坡开导渗沟，从湿润处0.5m以上，每隔5~8m由下往上开挖深0.5~1.0m，宽0.3~0.8m，依次填入粗砂、碎石、片石各15~20cm。

第三章

水利工程管理现代化

　　水利现代化是一个国家现代化的重要环节、保障和支撑。它的建设标志着从传统的水利向现代的水利进行的一场变革。水利工程管理现代化适应了经济现代化、社会现代化、水利现代化的客观要求。它要求我们建立科学的水利工程管理体系。

第一节　水利工程管理现代化的内涵

一、现代化概述

　　现代化常被用来描述现代发生的社会和文化变迁的现象。一般而言，现代化包括了学术知识上的科学化，政治上的民主化，经济上的工业化，社会生活上的城市化，思想领域的自由化和民主化，文化上的人性化等。现代化是人类文明的一种深刻变化，是文明要素的创新、选择、传播和退出交替进行的过程，是追赶、达到和保持世界先进水平的国际竞争。现代化是一个动态的发展过程，指传统经济社会向现代经济社会的转变，它包括了经济领域的工业化、国际化，政治领域的民主化，社会领域的城市化，价值观念的理性化，科学领域的充分进步以及理论实践的不断创新，等等。其重要特征是生产力不断提高，经济持续增长，社会不断进步，人民生活不断改善，经济社会结构和生产关系随着生产力的发展需要不断改变和创新。其重要特点是，经济社会中充分体现了以工业化、国际化、智能化、信息化、知识化为动力，推动传统农业文明向工业文明、工业文明向知识文明的全球大转变，具有广泛的世界性和鲜明的时代性，并呈现加速发展的趋势。

　　现代化作为一个概念，既是一个时间概念，也是一个动态变化的概念；作为一个过程，既有时间特征，也有变化的特征；作为基本内涵，既有传统性的合理继承和发展，又有现代先进性和合理性的特质。需要从时间和变化的含义与特征中把握，才能理解现代化是社会状态在现代的变化或社会向现代状态的变化。18 世纪 60 年代的英国工业革命，引发了人类社会的第一次现代化浪潮，这一时期是指从农业时代向工业时代、农业经济向工业经济、农业社会向工业社会、农业文明向工业文明的转变过程。19 世纪末 20 世纪初，由美国、日本、德国和苏俄引领的第二次现代化浪潮，这一时期是指从工业时代向知识时代、工业经济向知识经济、工业社会向知识社会、工业文明向知识文明的转变过程，其特点是知识化、网络化、全球化、创新化、个性化、生态化、信息化等。如今，由中国等新兴国家引领的第三次现代化浪潮席卷亚太，这次现代化浪潮引发了两个难以逆转的世界大趋势：世界经济一体化和世界政治格局多极/元化。

二、水利现代化

水利现代化的问题，首先是美国、日本等一些经济发达国家，在 20 世纪经济发展到一定水平后提出并不断发展的。发达国家的水利建设在 20 世纪大体经历了三个阶段：第一个阶段是 20 世纪 70 年代中期以前，治水思想基本上以大规模开发利用水资源、增大水资源开发利用的数量来满足国民经济增长的需要。主要表现为水利工程建设规模与经济增长基本上呈同步发展趋势，水库数量、库容量、各类水利工程取水量大幅度增长，主要河流流域开发和综合利用达到较高、甚至很高的程度，水利工程体系逐渐完善。第二个阶段是 20 世纪 70 年代中期到 80 年代，这个时期水资源开发速度减慢，治水思想逐步由以水资源开发为主转向以水资源管理为主，逐步认识到包括水资源在内的自然资源过度开发、浪费、环境污染日益严重将影响人类的生存和经济发展，从而通过制定法律法规、健全机构等措施，对环境污染进行全面治理，开始加强水资源的节约、保护和管理。第三个阶段是 20 世纪 90 年代以来，这个时期"人与水共处""人口、资源、经济与环境协调发展""可持续发展战略"等认识不断深化，加强水资源的节约、保护、优化配置和环境保护、恢复良好生态成为发达国家治水工作的主题。经过长时间的建设，从 20 世纪 90 年代以来，发达国家在完善水利工程建设的基础上，不断结合管理、科学技术和信息化等方面的现代化社会变革，开始把水利现代化作为国家现代化的重要组成部分并加速其实现过程。

我国水利现代化问题是适应国家现代化建设而提出的，并逐步发展成为现代水利发展的目标。中华人民共和国成立以来建设的大规模的水利基础设施为水利现代化建设提供了物质基础，科学技术的迅猛发展为水利现代化建设提供了技术条件，改革开放以来国民经济的快速发展和综合国力的显著增强，又为水利现代化建设提供了经济基础。这一切使得水利现代化建设在我国既有了需要，又成为可能，其融入不同时期国家经济社会现代化的建设目标任务中。特别是 1974 年，国家提出了工业、农业、国防与科学技术"四个现代化"建设目标，水利被界定在农业的范围内，农业现代化包含了水利现代化。党的十一届三中全会后，我国实行改革开放的政策，加之随着社会主义市场经济体制的逐步确立，经济发展出现了前所未有的好势头，经济实力大为增强，整体国力显著提高。1998 年《中共中央关于农业和农村工作若干重大问题的决定》和 2001 年《国民经济和社会发展第十个五年计划纲要》指出"有条件的地方要率先实现现代化"。在此宏观背景下，水利现代化建设就具备了经济基础和发展机遇，其必要性和迫切性也进一步突出，水利部适时将这一重大课题正式提上议事日程。2001 年水利部《关于印发经济发达地区农村水利现代化工作指导意见的通知》，明确其主要任务是：农村防洪除涝、灌溉供水达到规范要求的标准，增强抗御自然灾害的能力，建成布局合理、设施配套齐全、功能完备的农村水利基础设施；建立为农业生产和农村经济社会发展服务的农村水利管理体系，促进农业现代化目标的实现。

认真贯彻落实新时期治水新思路，努力实现从传统水利向现代水利、可持续发展水利转变，坚持人和自然的协调与和谐，以水资源的可持续利用支持经济社会的可持续发展，保障用水安全、防洪安全、粮食安全和生态系统安全。因此，在传统水利的基础上建设现代水利，实现可持续发展水利，成为 21 世纪初期我国水利建设的首要任务。2011 年为贯彻落实中央关于加快水利改革发展的战略部署，水利部下发《关于开展推进水利现代化试点工作的通知》，出台《推进水利现代化试点工作的指导意见》，对新时期水利发展做出了全面部署。全国各地特别是东部经济发达地区积极开展了水利现代化建设的探索，积累了宝贵的实践经验，有力地推动了我国水利现代化的建设进程。2019 年，《水利部办公厅关于进一步加强水利规划管理工作的意见》明确规定：水利规划工作要以习近平新时代中国特色社会主义思想为指导，全面贯彻党的十九大和十九届二中、三中全会精神，牢固树立新发展理念，把"节水优先、空间均衡、系统治理、两手发力"的治水方针贯穿水利规划工作全过程，坚持问题导向和目标导向，以保障国家水安全为主线，紧紧围绕"水利工程补短板、水利行业强监管"的水利改革发展总基调，按照政府职能转变要求，理顺规划关系，规范规划管理，提高规划质量，强化衔接协调，更好地发挥规划对水利改革发展的统筹和引领作用，更好地服务于国家重大战略部署，逐步构建适应新时代发展要求的水利规划体系，使水利规划更好体现国家发展战略意图、时代特色和水利现代化发展要求。2021 年，《中华人民共和国国民经济和社会发展第十四个五年规划和 2035 年远景目标纲要》提出：立足流域整体和水资源空间均衡配置，加强跨行政区河流水系治理保护和骨干工程建设，强化大中小微水利设施协调配套，提升水资源优化配置和水旱灾害防御能力。坚持节水优先，完善水资源配置体系，建设水资源配置骨干项目，加强重点水源和城市应急备用水源工程建设。实施防洪提升工程，解决防汛薄弱环节，加快防洪控制性枢纽工程建设和中小河流治理，病险水库除险加固，全面推进堤防和蓄滞洪区建设。加强水源涵养区保护修复，加大重点河湖保护和综合治理力度，恢复水清岸绿的水生态体系。

三、水利工程管理现代化简介

水利工程管理现代化包括管理体制的现代化、管理技术的现代化、管理人才的现代化。管理技术的现代化依赖于水管理的信息化、自动化，充分利用现代信息技术，深入开发和广泛利用水利信息资源，包括水利信息的采集、传输、存储、处理和服务，全面提升水利事业活动的效率和效能以及发展地理信息系统、遥感、卫星通信和计算机网络等高新技术及应用，水管理与水信息的现代化作为水利现代化的重要内容，是实现水利工程科学管理、高效利用和有效保护的基础和前提。同时管理技术的现代化除了要求水利管理中优先采用现代科学管理技术，使水利行业发挥最大的效益外，十分重视体制与人力资源的开发。水利管理人员要具有现代的观念、知识，掌握水利管理科学技术。在管理体制和机制上采取政府宏观调控、公众参与、民主协商、市场调节的方式，强调综合管理。

水利工程管理是通过检查观测、维修养护、加固改造、科学调度、控制运用水行政管理等行为，来维持工程的安全与完好，保障工程正常运行和功能、效益的充分发挥。所以，水利工程管理现代化的内涵可概括为：适应水利现代化的要求，创建先进、科学的水利工程管理体系，包括：具有高标准的水利工程设施设备，拥有先进的调度监控手段，建立适应市场经济体制的良性运行的管理模式，规范化的行业管理和科学的涉河事务管理与公共服务的制度体系以及建设具备现代思想意识、现代技术水平的管理队伍。也就是说，要建立水利工程管理现代化，就要建立管理理念的现代化、管理体制与机制的现代化、水利工程设施设备的现代化(工程达到标准程度,工程设施设备完好情况等)、工程管理控制运用手段的现代化、人才队伍的现代化等。

第二节　水利工程管理现代化的特征与原则

一、水利工程管理现代化的基本特征

我国作为农业大国、资源大国,近年来经济社会稳中有进、进中向好,但因底子较薄,与发达国家仍有明显差距;我国水利工程密布,初步建成了集防洪、排涝、灌溉、航运、发电、城乡供水、水土保持、水生态保护于一体的水利工程体系。我国的国情和水情,决定了水利工程建设与管理在全国经济社会发展中的基础地位和支撑作用,但"重建轻管问题未根本扭转,管理体制改革亟待深化,科技与管理对水利发展的贡献率不高,管护力量薄弱、手段落后,维修养护与运行管理经费缺口较大"等问题极大地制约了水利事业发展。为适应社会发展并符合现代化要求,水利工程管理现代化应具备以下"五大基本特征"。

(一) 水利工程管理体制现代化

建立职能清晰、权责明确的水利工程分级管理体制,实行水利工程统一管理与分级管理相结合的方式,在界定责任主体的前提下明确各类水利工程的管理单位职能。加大水利工程管理单位内部改革力度,建立精干高效的管理模式。

(二) 水利工程管理制度化、规范化和法制化

建立、健全并不断完善各项管理规章制度。做到工程管理有章可循、有规可依。

规范工程维修养护管理。建立健全相关规章制度,制定适合维修养护实际的管理办法。用制度和办法约束、规范维修养护行为。建立规范的资金投入、使用、管理与监督机制。完善水利工程管理公共财政保障机制和社会资金的筹措机制,规范维修养护经费的使用。

水利工程运行管理规范化、科学化。要实现水利工程管理现代化,水利工程管理就必须实现规范化和科学化,如:水库工程须制定调度方案、调度规程和调度制度,调度原则及调度权限应清晰,同时建立年度计划执行总结制度。水闸、泵站制定控制运用计划或调度方案,并按照操作规程运行。

(三) 完好的水利工程管理基础设施

具有安全可靠的防洪减灾能力,是水利工程管理现代化的基本保障。首先,要建立安全可靠的防洪减灾体系,保证所有大中型水库、水闸、堤防、泵站、灌区均要达到规范设计标准;其次,保证水利工程管理设施配套完好,按照水利工程管理相关设计规范,在工程建设或加固时,配备完善各类水利工程管理设施,保证现代化管理需要。

(四) 水利工程管理手段现代化与信息化

加强水利工程管理信息化基础设施建设,以信息化带动现代化,提高水利工程管理的科技含量和管理效益,是水利工程管理发展的必由之路。依靠科技进步,通过应用相应的现代化信息技术,不断加大水利工程管理的科技含量,全面提升现代化管理水平,符合信

息化、自动化的现代化管理要求。

（五）适应工程管理现代化要求的水利工程管理队伍

实现水利工程管理现代化，人才是关键。水利管理要求实现从传统水利向现代水利、可持续发展水利转变，需要打造出一支素质高、结构合理、适应工程管理现代化要求的水利工程管理队伍。制定人才培养机制及科技创新激励机制，加大培训力度，大力培养和引进既掌握技术又懂管理的复合型人才。采取多种形式，培养一批能够掌握信息系统开发技术、精通信息系统管理、熟悉水利工程专业知识的多层次、高素质的信息化建设人才队伍。

二、指导思想与基本原则

（一）指导思想

以习近平新时代中国特色社会主义思想为指导，全面贯彻中央新时期水利工作方针，服从和服务于国家经济社会发展全局，坚持人与自然和谐，坚持经济社会与人口、资源、环境的协调发展，促进生态文明建设，依法治水和科学治水，改革与完善水资源管理体制，深化水利建设与管理体制改革，实现长效管理和水资源可持续利用，全面推进水利工程管理现代化进程。

（二）基本原则

1. 与我国社会主义现代化战略相协调，适度超前

水利是国民经济和社会发展的基础和保障，水利现代化是我国社会主义现代化的重要组成部分。水利现代化建设，是为了满足经济社会的现代化对水利的需求。随着经济不断发展和社会生产力水平的不断提高，人们对防洪保安、水资源供给、水环境保护等的需求也是在不断发展、变化。因此，作为水利现代化重要组成部分的水利工程管理现代化应与我国社会主义现代化的进程相协调，适度超前发展，满足经济社会发展到不同阶段的不同要求。

2. 因地制宜，因时制宜，东西南北中总揽，省、市、县兼顾，城乡统筹

我国地区间自然条件、经济社会发展水平和发展速度存在较大差异，在东、中、西部之间也已形成较大差距，各地区对水利现代化的发展需求、目标和任务以及可以提供的保障条件不尽相同。因此，在推进水利工程管理现代化进程中，要因地制宜，东中西协调，南北总揽，城乡统筹，流域与区域统筹，根据需要与可能，确定本地区水利工程管理现代化建设阶段性的重点领域和主要任务，为全面建成小康社会和基本实现水利现代化创造条件。

3. 整体推进，重点突出，分步实施

水利工程管理现代化建设涉及很多方面，既包括水利建设与生态环境保护，人与自然关系变化以及治水思路的调整，又涉及管理体制、机制和法制的完善等。因此，要统筹兼顾，依靠科技进步，整体提升水利工程管理现代化水平；同时，又要合理配置人力、物力资源，突出重点领域和关键问题，抓住主要矛盾，集中力量，力争短时期在重点领域有所突破。

4. 深化改革, 注入活力, 开创新局面, 加快发展

兴水利、除水害, 事关人类生存、经济发展、社会进步, 历来是治国安邦的大事。促进经济长期平稳较快发展和社会和谐稳定, 夺取全面建成小康社会新胜利, 必须下决心加快水利发展, 切实增强水利支撑保障能力, 实现水资源可持续利用。水利面临着难得的发展机遇, 中央和各级人民政府高度重视水利工作, 水利投入大幅度增加, 全社会水忧患意识普遍增强, 为推进水利工程管理现代化提供了契机。在工程管理改革上, 区别不同工程的功能和类型, 建立与社会主义市场经济相适应的管理体制、运行机制, 水利工程经营性项目全面推向市场, 并形成水利社会化经营服务格局。

三、分区推进构想

水利工程管理的现代化进程应科学规划, 分步实施, 按照工作步骤, 制订周密的工作计划, 完善工作程序, 规范工作制度, 有计划、有步骤地推进实施。全国各地经济发展不平衡, 东西南北中区域间的发展差异较大。因此, 现代水利的发展不能一哄而上, 也不可能一蹴而就, 只能结合各地实际, 走不同的发展路子, 创造条件, 分步实施。沿海、沿江地区, 鉴于改革开放程度高, 经济发展比较快, 有些地方已经初步实现了管理现代化, 水利工程管理现代化的发展可以快一点; 中、西、北部地区目前相对来说属于经济欠发达地区, 要求尽快实现水利管理现代化是不现实的, 但是, 一定要高起点规划, 特别是要把工程标准、管理设施做得好一些。各省、市、县都应选择不同类型的典型, 按照"积极稳妥、先易后难、先点后面"的原则, 开展试点工作, 为全面推进改革积累经验。对试点中出现的新情况、新问题, 及时研究、及时处理, 对试点中发现的好经验、好做法, 及时宣传、及时推广。要坚持一切从实际出发的原则, 既要大胆借鉴事业单位和国有企业改革的成功经验, 又要立足于水利行业和本单位的实际, 根据各水利工程管理单位所承担的任务和人员、资产的现状, 实行分类指导。

既要重视国内外先进水利管理理论和实践经验的学习借鉴, 又要注重总结推广基层单位在水利管理实践中涌现出来的改革创新的典型经验, 以点带面、点面结合、积极稳妥、扎扎实实地推进水利管理与改革, 不断加快水利管理现代化进程。

党的十九大提出了第二个百年奋斗目标, 作出"两步走"发展战略安排: "从 2020 年到 2035 年, 在全面建成小康社会的基础上, 再奋斗 15 年, 基本实现社会主义现代化"。水利部《水文现代化建设规划》明确要求, 在 2035 年实现水文现代化。

四、水文化建设

全国水利系统社会主义核心价值体系建设取得重大进展, 水利职工队伍的思想道德素质和科学文化素质显著提高, 水文化自觉和自信意识明显增强; 政府主导、职能部门主抓、社会公众参与的水文化建设体制机制基本建立, 全国各具特色的水文化特征更加彰显, 与现代水利、可持续发展水利相适应的水文化发展格局基本形成; 水文化研究取得新成果, 水文化遗产保护和利用取得新成效, 水文化产业取得新突破, 水文化产品丰富多彩; 水文化活动异彩纷呈, 水文化队伍不断壮大, 高素质水文化人才不断成长, 水利行业的软实力和文化竞争力大为增强, 助推了党中央、国务院确定的新的治水方针和新的治水思路。

（一）精神文化建设

弘扬创新科学治水理念。围绕人水和谐主题，遵循水的自然规律和经济社会发展规律，贯彻可持续发展治水思路，拓展水利服务经济社会发展的能力。

大力弘扬"献身、负责、求实"的水利行业精神，引领广大干部职工敬业奉献，为新时期治水战略的实施贡献聪明才智、创造辉煌业绩。组织水文化创作活动。围绕打造水利品牌，确立水利标识，创作水利歌曲，编写水文化丛书，创作水利风采故事片，开展水文化理论研究，展示水利文化史的光辉与灿烂。

（二）物质文化建设

通过挖掘历史文化、融汇现代文化，把水文化中的美学形态、人文理念、历史风格融入水利工程规划设计、建设和管理中，建成一批"以工程为根、以文化为魂"的水利工程精品。

对现有水利工程和河湖库的历史底蕴、人文底蕴、时代风貌进行调查、甄选，通过水利工程建设、河湖保护、水生态环境综合整治等措施，打造一批具有地方特色、水景观特点和文化独特的重点水利风景区，基本形成布局合理、特色鲜明、景观其外、人文其内的水利风景区体系，以此为载体，传承水文化，扩大全社会对水利的认知度。

（三）行为文化建设

加强水文化宣传，通过举办"水文化周"或"水文化节"活动，编制并向社会发放水利知识宣传读本，强化保护生态水、饮用安全水、反对污染水的用水意识，弘扬文化兴水、安全饮水、科学治水、有效管水、节约用水、和谐亲水的行为理念。

开展水文化采风活动，组织文艺工作者、作家、学者深入水利一线，并通过其宣传推广作用，提高全社会对水利的认知水平。通过科学节水，自律和他律节水的创新实践，建立节水型水利工程，提升人们爱水、护水、节水的文化修养和文化品质。

组织水文化高层论坛，与文物部门联合拟定水物质文化遗产与非物质文化遗产的保护条例与制度，确保水利工程建设过程中的水文化遗产安全。

第三节 水利工程管理现代化评价指标体系

一、水利工程管理现代化评价体系基本框架

（一）指标体系构建原则

反映水利工程管理现代化单项特征的指标比较多，有些指标相关性很强，有些指标虽然重要，但不易取得准确数据，为了能够客观、准确而且比较全面地反映全国水利工程管理现代化建设发展水平，在确定指标体系时遵循以下基本原则。

1. 先进性、系统性与可行性相协调的原则

评价指标体系应充分反映水利工程管理与经济社会发展相协调并适度超前的要求，体现先进性，并综合反映水利工程管理现代化建设各方面要求，同时要充分考虑实施的可行性。

2. 定量和定性相结合的原则

评价指标应尽可能量化，增强指标的科学性和可操作性，尽可能利用现有统计数据和便于收集到的数据，对于不能统计收集到数据的指标及数据模棱两可的指标暂不纳入指标体系。

3. 强制性与灵活性相结合的原则

指标体系应能灵活反映不同水利工程的管理现代化水平，根据评价指标体系重要程度，采用强制性指标与一般性指标，体现水利工程管理现代化的重要特征和一般特征。

4. 层次性与可比性相结合的原则

评价指标体系应具有层次性，能从不同方面、不同层次反映水利工程管理现代化的实际情况。评价指标体系按三级指标设立，同一级内各指标应具有可比性，达到动态可比，横向可比，以便于权重确定。

5. 代表性与全面性相结合的原则

评价指标体系应反映大中型水利工程管理特点及建设要求，既要全面、科学、系统地体现水利工程管理现代化的整体情况，又能具有一定的代表性，避免评价指标内涵的重复。

6. 可操作性和导向性相结合的原则

评价指标体系最终要能对具体工程进行评价，因此指标体系的内容应该简单易懂，所需资料应该便于评价人员收集、整理、归纳，计算过程简单明了，具备快速、方便实现评价水利工程管理水平的可操作性，同时指明已建水利工程在管理上的不足和可发展空间，为水利工程管理现代化未来发展的趋势提供思路。

（二）评价指标体系的组成项目

根据以上原则，参考国内外已有水利工程管理现代化评价指标体系，结合水利工程管理现代化建设目标及水利工程管理特点与现状，确定能够反映水利工程管理现代化的五个一级指标作为准则层，并下设若干二级指标与三级指标，构成水利工程管理现代化评价"五大指标体系"，具体包括：

（1）水利工程规范化管理体系；
（2）水利工程设施设备管理体系；
（3）水利工程信息化管理体系；
（4）水利工程调度运行及应急处理能力体系；
（5）水生态环境管理体系。

这五个方面的评价方法可分为两类：定性评价和定量评价。定性评价全面，但人为因素较多；定量评价客观且人为因素较少，数据来源稳定。

定性评价为：
（1）水利工程规范化管理体系；
（2）水利工程设施设备管理体系；
（3）水利工程信息化管理体系；
（4）水利工程调度运行及应急处理能力体系；
（5）水生态环境管理体系。

这五大指标体系又称为一级指标体系，在各组成项目属下再分解为若干二级评价指标与三级指标。二级评价指标合计有 54 项，三级指标合计有 205 项。

二、评价指标体中的定性评价指标

（一）水利工程规范化管理体系

1. 组织管理

组织管理指为了有效地配置资源，按照一定的规则构成的一种责权结构安排和人事安排，主要包括机构设置及运行机制、管理人员两方面。机构设置及运行机制方面包括：机构设置合理，管理权限明确，管理体制顺畅；运行机制灵活，建立竞争机制，实行竞聘上岗；建立合理、有效的分配激励机制。管理人员方面包括：管理机构设置和人员编制有批文；岗位设置合理，按定编标准配备人员；技术工人经培训上岗，关键岗位要持证上岗；单位有职工培训计划并按计划落实实施，职工年培训率达到 30% 以上。

2. 安全管理

安全管理指组织实施安全管理规划、指导、检查和决策，是保证水利工程处于最佳安全状态的根本环节，主要包括工程安全运行可靠和安全责任事故情况两方面。工程安全运行可靠包括：工程达到设计防洪（或竣工验收）标准；定期开展安全鉴定工作，鉴定成果用于指导工程的安全运行和除险加固；落实防汛抗旱和安全管理责任制；制订安全管理应急预案。安全责任事故情况包括：在设计标准情况下，未发生工程安全或其他重大安全责任事故。

3. 运行管理

运行管理指对水利工程运行过程的计划、组织、实施和控制，主要包括日常管理规范、工程养护质量、标志标牌齐全、工程观测、环境整洁美观等方面。日常管理规范包括：制定年、月及日常巡查工作计划及巡视巡查交接班制度；巡查记录规范，有处理意见，按规定期限向有关部门报送巡查报表；定期组织水法规学习培训，管理人员熟悉水法规及相关法规，做到依法管理等。工程养护质量包括：工程无缺损、无坍塌、无松动；定期开展害堤动物检查和防治；定期探查工程隐患等。标志标牌齐全指各类工程管理标志、标牌齐全、醒目、美观。工程观测包括：熟悉掌握工程基本情况，按要求对工程及河势进行观测；观测资料及时分析，整编成册；观测设施完好率达 90% 以上。环境整洁美观指管理范围内整洁美观，水面无漂浮物、陆域无垃圾。

4. 经济管理

经济管理主要指管理经费落实情况，具体包括：维修养护、运行管理费用来源渠道畅通，"两费"及时足额到位；有主管部门批准的年度预算计划；开支合理，严格执行财务会计制度，无违法违纪行为。

（二）水利工程设施设备管理体系

1. 堤防工程

1）堤防断面

堤身断面、护堤地（面积）保持设计或竣工验收的尺度；堤肩线直、弧圆，堤坡平顺；堤身无裂缝、冲沟、洞穴，无杂物垃圾堆放。

2）堤顶道路

堤顶（后戗、防汛路）路面满足防汛抢险通车要求，路面完整、平坦、无坑、无明显凹陷和波状起伏。

3）堤防防护工程

护坡、护岸、丁坝、护脚等防护工程无缺损、无坍塌、无松动。

4）穿堤建筑物

穿堤建筑物（涵闸、溢洪道、输水洞等）金属结构及启闭设备运转灵活，混凝土无老化、破损现象，堤身与建筑物联结可靠，堤身与建筑物结合部无隐患、渗漏现象。

5）生物防护工程

工程管理范围内的宜绿化面积绿化率达95%以上；树、草种植合理，宜植防护林的地段能形成生物防护体系；堤坡草皮整齐，无高秆杂草；堤肩草皮（有堤肩边埂的除外）每侧宽0.5m以上；林木缺损率小于5%，无病虫害。

6）排水系统

排水沟、减压井、排渗沟齐全、畅通；沟内无杂草、杂物，无堵塞、破损现象。

7）观测设施

观测设施先进、自动化程度高，应具备的观测设施完好率达90%以上。

8）管理辅助设施

各类工程管理标志、标牌（里程桩、禁行杆、分界牌、疫区标志牌、警示牌、险工险段及工程标牌、工程简介牌等）齐全、醒目、美观。

2. 水库工程

1）坝身断面

坝身断面、护坝地（面积）保持设计或竣工验收的尺度；坝肩线直、弧圆，坝坡平顺；坝身无裂缝、冲沟、洞穴，无杂物垃圾堆放。

2）坝顶道路

坝顶路面满足防汛抢险通车要求，路面完整、平坦、无坑、无明显凹陷和波状起伏。

3）大坝防护工程

土工布、混凝土护坡、草皮护坡等防护工程无缺损、无松动。

4）生物防护工程

指工程管理范围内的宜绿化面积绿化率达95%以上；树、草种植合理，宜植防护林的地段能形成生物防护体系；堤坡草皮整齐，无高秆杂草；堤肩草皮（有堤肩边埂的除外）每侧宽0.5m以上；林木缺损率小于5%，无病虫害。

5）排水系统

排水沟、减压井、排渗沟齐全、畅通；沟内无杂草、杂物，无堵塞、破损现象。

6）观测设施

观测设施先进、自动化程度高，应具备的观测设施完好率达90%以上。

7）管理辅助设施

指各类工程管理标志、标牌（里程桩、禁行杆、分界牌、疫区标志牌、警示牌、险工险段及工程标牌、工程简介牌等）齐全、醒目、美观。

3. 水闸工程(含水库泄洪闸、泄洪洞)

1)闸门

闸门表面无明显锈蚀,闸门止水装置密封可靠,钢门体的承载构件无变形,运转部位的加油设施完好、畅通。

2)启闭机

指启闭机外观完好,控制系统动作可靠;传动部位保持润滑;润滑系统注油设施可靠,开度及限位装置准确可靠。

3)机电设备及防雷设施

各类电气设备、指示仪表、避雷设施符合规定;各类线路保持畅通,无安全隐患;备用发电机维护良好,能随时投入运行。

4)土工建筑物

堤(坝)无雨淋沟、渗漏、裂缝、塌陷等缺陷,岸、翼墙后填土区无跌落、塌陷。

5)石工建筑物

砌石护坡、护底无松动、塌陷等缺陷;浆砌块石墙身无渗漏、倾斜或错动,墙基无冒水冒沙现象;防冲设施(防冲槽、海漫等)无冲刷破坏;反滤设施、减压井、导渗沟、排水设施等保持畅通。

6)混凝土建筑物

混凝土结构表面整洁,无脱壳、剥落、露筋、裂缝等现象;伸缩缝填料无流失。

7)观测设施

观测设施先进、自动化程度高,应具备的观测设施完好率达90%以上。

4. 灌区工程

1)渡槽工程

(1)土工建筑物:岸坡填土区无跌落、无塌陷,翼墙后填土区无跌落、无塌陷。

(2)石工建筑物:槽身、支撑结构无渗漏、裂缝、塌陷等缺陷,砌石护坡、护底无松动、塌陷等缺陷,防冲设施无冲刷破坏。

(3)混凝土建筑物:混凝土结构表面整洁,无脱壳、剥落、露筋、裂缝等现象;伸缩缝填料无流失;基础无裸露,无明显位移。

2)倒虹吸工程

(1)闸门:闸门表面无明显锈蚀,闸门止水装置密封可靠,钢门体的承载构件无变形,运转部位的加油设施完好、畅通。

(2)石工建筑物:支墩结构无渗漏、裂缝、塌陷等缺陷,沉沙设施(沉沙池)无冲刷破坏。

(3)管身建筑物:混凝土管道:混凝土结构表面整洁,无脱壳、剥落、露筋、裂缝等现象;伸缩缝填料无流失;管道防腐完整;防冲设施(消力池)无冲刷破坏。

钢管:管道接头处焊缝无裂纹;钢管未发生锈蚀。

(4)零部件:压力表无过期、无破损,完好运行;进出口阀件完好。

（三）水利工程信息化管理体系

1. 信息基础设施

信息基础设施指依托国家防汛抗旱指挥系统二期工程、国家水资源管理系统、国家水土保持监控网络和信息系统、全国农村水利管理信息系统等业务应用建设项目以及水文、地下水、水质、水量等监测能力建设项目，扩大省级以下网络覆盖范围，形成覆盖到各类大中型水利工程的纵向水利信息业务网，不断提高水利工程水情信息的采集和获取能力，主要包括数据采集、工程自动监控系统、网络建设、信息化管理机构（或人员）等方面。

2. 水利信息资源

水利信息资源是指对水文数据、工程观测数据、运行管理数据、地理信息数据的采集、输送、存储、处理和服务，完善的水利信息资源需建立数据中心管理与维护机制，完成信息接收处理，实施信息资源收集与整合，完善水利数据库和水利地理空间数据库，完成信息共享与交换系统、信息服务与发布系统、基本运行环境、安全备份等系统建设。

3. 业务应用系统

业务应用系统在水利工程管理方面主要包括水信息综合服务、调度运行指挥系统、水利工程和河湖资源管理系统等。运用数据中心的数据资源，将系统生成的成果数据存储在数据中心，可在内外网门户上发布，形成一套可管理、可扩充、可拓展的业务应用系统，为水利业务工作提供快速、高效的手段。

（四）水利工程调度运行及应急处理能力体系

1. 指挥决策科学化

指挥决策科学化是掌握了现代决策理论的决策主体遵循科学决策的原则，按照科学的决策程序进行决策的一种决策模式，主要包括：①组织机构完善程度；②岗位设置合理程度；③办公设施齐全程度；④防汛值班制度执行情况；⑤建立健全调度运用方案；⑥调度指令的执行力；⑦调度运行基本信息适时性程度等方面。

2. 应急处置规范化

应急处置规范化指建立起"统一指挥、反应灵敏、协调有序、运转高效"应急管理机制，主要包括：①日常与专项检查情况；②调度运行责任制全面落实；③运行安全知识宣传适应性；④应急预案建设及执行情况；⑤统计报送时效性和准确率等方面。

3. 防汛抢险专业化

防汛抢险专业化指建立起专业化、正规化、技术化的防汛抢险体系，具体包括防汛物资贮备及管理水平、队伍建设与保障能力、建立健全调度队伍建设等方面。各级水利管理单位应积极做好防汛抢险应急准备，加强抢险和救援装备和物资储备、维护和保养，足额配置更新抢险机械设备，优化人员结构，强化技能培训和演练，不断研究推广防汛抢险新技术、新材料、新机具、新方法、新工艺，提高应对处置防汛抢险突发事件的能力和水平。

三、定量评价指标定义

（一）水土流失治理

水土流失治理率是指水利工程管理范围内已经得到治理的水土面积占水土流失总面积

的百分比。反映生态效益效率性和效果性的指标，水土流失治理率越高，说明生态效益越好。计算公式：

$$水土流失治理率＝已经得到治理的水土面积/水土流失总面积×100\%$$

（二）水质达标管理

水质达标管理涵盖水质达标程度和水质管理措施两方面内容。不同的水源地要达到相应的水质标准，满足工农业生产和生活对水质的要求。水质管理措施包括对流入水域的污染源进行控制、监视，或者实施水域内水质改善的措施；水域的定期水质调查和异常水质的控制等各种水质保护措施。

（三）环境管理

环境管理主要是指管理范围内的保洁程度，用保洁率表示。保洁率是指水利工程管理范围内持续保持洁净的水面和土地面积占总面积的百分比。关键是建立长效管理机制，保持水面、岸边护坡、河道周边环境洁净，确保河道保洁率达到100%。计算公式：

$$保洁率＝持续保持洁净的水面和土地面积/水利工程管理范围内总面积×100\%$$

（四）绿化管理

绿化管理主要是指管理范围内的绿化覆盖率。绿化覆盖率是指水利工程管理范围内绿地总面积占用地总面积的百分比，它是衡量一个水利工程绿化水平的主要指标，绿化覆盖率越高，说明生态效益越好。计算公式：

$$绿化覆盖率＝水利工程管理范围内绿地总面积/用地总面积×100\%$$

四、评价方法、步骤及标准

（一）评价方法

与评价指标体系三级结构相适应，对水利工程管理现代化建设水平和效果的评价分三级进行，并在此基础上对总体建设水平进行评价。

1. 定性指标评价

对于定性考核内容，根据水利工程管理实践和现代化建设情况，对照水利工程管理现代化评价指标体系中的定性指标内涵，对水利工程管理现代化建设进展进行分析评价，依据评价意见确定"定性指标达到等级"。定性指标分为五级：优秀，良好，一般，合格，不合格；相应分值如下：[0.9～1.0]、[0.8～0.9]、[0.7～0.8]、[0.6～0.7]、[0.4～0.6]。按照指标达到等级所确定的分值被定义为该指标的实现程度。

2. 定量指标评价

对于定量考核内容，根据水利工程管理实践和现代化建设情况，对照和应用水利工程管理现代化评价指标体系中的定量指标定义，对水利工程管理现代化建设进展进行分析评价，计算测定"定量指标现状值"。此外，依据水利工程管理现代化建设目标，参照相关规定、规划和科学研究成果确定"定量指标目标水平"，或根据专家意见汇总确定。在确定指标的目标水平并根据指标定义测定指标现状值的基础上，以(现状值/目标水平)作为该指标的实现程度。

3. 合理缺项说明

针对具体的管理单位，有合理缺项，缺项指标不赋分，相应的目标水平值中同时减去该项分值。

4. 分层级综合评价

二级指标评价方法：根据三级指标的考核值、指标权重的综合，采用算术加权法，确定二级指标的考核分值，对二级指标的建设水平进行评价。一级指标评价方法：根据二级指标的考核值相加，确定一级指标的考核分值，对一级指标的建设水平进行评价。

综合水平评价方法：根据一级指标的考核值、指标权重的综合，采用算术加权法，确定系统总体的综合实现程度，对该体系综合建设水平进行评价。

（二）评价步骤

1. 选择评价指标和权重

针对不同类型和功能的水利工程，可对指标选择有所取舍，而且指标的权重也应区别确定。

2. 确定定量指标的目标水平

目标水平值的确定是对定量指标进行评价的基础，并带有特定社会发展阶段的技术水平、经济水平和价值取向的特征，兼具阶段性和地域性。因此，对定量指标确定目标水平值，是在评价过程中需要处理的一个重要环节。

3. 对三级指标进行评析、考核

在评价指标体系中，三级指标是具体的考核对象，对定性指标可根据其内涵进行考核以确定达到等级，对定量指标可根据其定义直接进行计算求得；在此基础上，确定各三级指标的实现程度。

4. 对二级指标进行评析、考核

二级指标是根据下一级各指标（三级指标）的考核结果、权重进行加权平均计算得到；在此基础上，确定该二级指标的实现程度。

5. 对一级指标进行评析、考核

一级指标是根据下一级各指标（二级指标）的考核结果进行相加得到；在此基础上，确定该一级指标的实现程度。

6. 对系统总体进行评价

系统总体指标是根据下一级各指标（一级指标）的考核结果、权重进行加权平均计算得到；在此基础上，确定系统总体的综合实现程度。

7. 分级评价和综合评价的关系

综合评价是对水利工程管理现代化建设水平和效果的高度概括，但不能反映具体的不足之处；从综合评价到一级指标评价，再到二级指标评价、三级指标评价，是逐步分解、分析的过程，存在的问题也逐渐明朗。因此，从衡量建设目标实现情况和指导今后建设发展方向角度出发，分级评价更切合实际，也更重要。

（三）评价标准

将水利工程管理现代化建设进程划分为三个阶段：初步实现；基本实现；实现。拟定了不同阶段的现代化评价标准，初步实现，水利工程管理现代化要求系统总体的综合实现程度达到85%及以上；基本实现，水利工程管理现代化要求系统总体的综合实现程度达到90%及以上；实现，水利工程管理现代化要求系统总体的综合实现程度达到95%及以上。

第四节　水利工程管理现代化的推进措施

在明确了水利工程管理现代化内涵，设定了水利工程管理现代化目标与内容，并建立了评价指标体系的基础上，推进水利工程管理现代化建设就有了依据和参考。"十三五"时期是我国全面建成小康社会的最后五年，也是我国经济社会快速发展的五年，是加快水利现代化建设的大好时机，必须大力推动机制体制创新、法律法规建设、提高管理队伍素质、改善水生态环境，实现水利工程管理现代化"十三五"美好愿景。

一、深化体制改革和机制创新

现代化的管理体制与机制就是要建立和完善职能清晰、权责明确的水利工程分级管理体制；建立管理科学、经营规范的水利工程管理单位运行机制；建立市场化、专业化和社会化的水利工程维修养护体系；建立合理的水价形成机制和有效的水费计收方式；建立规范的资金投入、使用、管理与监督机制；建立保障有力、配套完善的政策、法律支撑体系。

（一）规范管理，明确权责

根据《中华人民共和国水法》、《中华人民共和国防洪法》及各类工程管理办法，初步划分水利工程的管理、保护范围、管理权限及具体内容，加快确权划界工作。从深化水利改革、加强依法管理、推进水生态文明建设的高度，充分认识做好河湖及水利工程确权划界工作的重要性，切实抓好各项具体工作，尽快完成全国江河湖泊水库等确权划界登记。

（二）划分水利工程管理单位类别和性质，严格定岗定编

各类现有、新建、改建大中型水利工程，都要确定管理机构，配备专管人员，制定管理办法，加强管理。这是确保水利工程安全，充分发挥水利工程效益的根本措施。管理单位根据国务院办公厅《关于水利工程管理体制改革实施意见》划分水利工程管理单位类别和性质的分类标准，结合水利工程管理单位职能，正确划分类别，合理定性。根据单位职能，本着"精简、高效、合理"的原则，整合机构设置，明确管理权限和职责，充实管理人员，建立分级管理的责任制度，建立健全防办、水政执法和纪检机构。

（三）全面推进水利工程管理单位内部改革，严格资产管理

依照《水利工程维修养护定额标准》，各水利工程管理单位结合实际与现代化要求重新测算并落实和逐年提高"两费"，解决管养经费标准低的问题，保障水利工程安全运行与水利工程管理现代化的需求。

（四）积极推进管养分离

扎实推进水利工程"管养分离"，促进水利工程维修养护的专业化和市场化。"两费"落实的水利工程管理单位，要加快剥离水利工程维修养护实体，通过竞标择优选择专业维修

养护企业承担维修养护任务，尚未足额落实两项经费的水利工程管理单位，也要积极实行内部管养分离。要积极培育维修养护市场、锻炼养护队伍，引入市场竞争机制，逐步推行维修养护市场准入管理。

（五）完善水价形成机制，强化计收管理

立足我国国情和水情，逐步建立以全成本核算为基础的差别化水价形成机制，在对水资源开发、利用和保护全程进行全成本核算的基础上，按照水源类型、用途类别、区域类型及用水效率等，实行差别化水价；同时注重配套制度与设施建设，保障水价形成新机制的顺利实施。

依照《水利工程水费核订、计收和管理办法》强化计收管理：农业用水可实行基本水费加计量水费的制度，并可实行季节浮动水费。利用汛期弃水灌溉，其中属计划外供水部分可酌情减免水费。水资源短缺地区的工、农业用水可实行超额累进收费办法。

二、明确事权，多渠道筹集水利工程管理资金

按照《关于深化行政管理体制改革的意见》的要求，坚持中央统一领导、充分发挥地方主动性、积极性的原则，坚持事权财权匹配的原则，逐步调整完善水利工程建设与管理的事权财权。拓宽社会资本进入领域，除法律、法规、规章特殊规定的情形外，重大水利工程建设运营一律向社会资本开放。只要是社会资本，包括符合条件的各类国有企业、民营企业、外商投资企业、混合所有制企业，以及其他投资、经营主体愿意投入的重大水利工程，原则上应优先考虑由社会资本参与建设和运营。鼓励统筹城乡供水，实行水源工程、供水排水、污水处理、中水回用等一体化建设运营。

三、依靠科技创新，提高管理水平

建立较为完善的技术创新体系，完善科技创新激励机制，实现观测设施全面覆盖、操作平台智能简易、信息共享畅通迅捷、水利设备运行高效，基本实现自动化、信息化，并具有较强的技术创新能力，能够不断地提高水利管理技术水平。

四、重视法律法规体系建设，严格依法行政

加强法律法规条文的学习理解能力，并通过分析实际案例提高运用能力；加强法律文书的运用制作能力，每一个法定程序都有相应的法律文书，每一件法律文书都严格依照规范标准制作，依法送达，并通过文书掌握当事人履行情况；加强实际办案能力，提高办案质量和效率；加强违法行为的分析判断能力。

五、积极治理水土流失，改善水生态环境

持续推进水土流失综合治理，改善生态环境，恢复自然景观。长江、黄河、淮河等全国干流及主要支流沿线的大中型水利工程，丘陵山地区以小流域为单元进行水土流失综合治理；平原沙土区以骨干河道或行政村形成的小区域为单元，实行沟、河、渠、田、林、路统一规划治理，重点搞好河、沟、堤坡植被和工程护坡以及沟头防护工程等措施。完善水土保持配套法规体系，落实生产建设项目水土保持制度，加强水土保持监督管理机构和

执法履行职责的能力建设，规范水土保持执法监督管理工作，建设水土保持监测网络与信息系统，开展水土保持监测规划。

通过实施河湖清淤疏浚、崩岸防护、河道整治、水系沟通、生态修复、水环境整治等工程，恢复水生生物群落，改善河湖生态环境自我修复能力，提高水环境承载能力，逐步改善生态环境。通过植被体系建设，使沿河植被得到恢复，做到水清、岸绿，实现河道水系生态化。

六、做好社会管理工作，建立社会公众参与管理制度

水利枢纽工程以及河湖管理工作，除了依靠各级管理机构，还要建立群管与专管相结合的水利工程管理网络，完善社会化参与机制和途径，从长远角度有效解决水利工程管理问题。要通过加强宣传，提高公众保护水利工程和河湖水域的意识和自觉性；鼓励社会各方面积极参与保护水利工程和河湖水域的活动，加强社会监督；鼓励公众在水利规划编制、方案制定、措施落实、治理与监督等整个过程的广泛参与，不仅仅是通常讲的广泛征求意见，而是实质上的参与讨论、论证、实施和监督。

七、稳定队伍，注重人才引进与培养，提高管理人员素质

一是完善人才激励和保障机制，建立健全注重人才的公平分配激励机制，吸引人才投入和奉献水利工作；二是实施五大人才工程，为水利事业提供丰富的人才储备；三是加强业务培训，丰富培训方式，提升队伍素质；四是建立稳定的高素质的基层水利服务人才体系。

八、科学规划，分步实施，以点带面，稳步推进

科学的规划目标和可操作的实施步骤是水利现代化建设的有力保障。在制定发展规划时应遵从"与我国社会主义现代化和地区战略相协调，适度超前，分期推进""因地制宜，因时制宜，南北总揽，省、市、县兼顾，城乡统筹""整体推进，重点突出，分步实施，加快进程""深化改革，注入活力，开创新局面，加快发展"等原则，为实现水利工程管理现代化打下坚实的基础；安排实施进度时应按照"抓点带面、先行试点、整体推进"的工作思路，分期开展，稳扎稳打，逐步实施，稳步推进水利现代化建设。

第四章

我国水利工程管理发展战略

从管理科学学科发展及管理技术水平进步的动态视角看，水利工程管理所涉及的概念与类别、内涵与外延、手段和工具等是在人们长期实践的过程中逐渐形成的，随着时代的变化，管理的具体内容与方法也在不断充实和改进，在全球管理科学现代化的大背景下，在我国全面推进治理体系和治理能力现代化的改革目标要求下，也有必要针对我国水利工程管理的未来发展战略构建系统化和科学化的顶层设计。

第一节　我国水利工程管理发展目标及任务

一、我国水利工程管理的指导思想

我国水利工程管理必须突出水利总体发展的战略导向、需求导向和问题导向，基于习近平总书记提出的"节水优先、空间均衡、系统治理、两手发力"的新时期水利工作方针，按照中央关于加快水利改革发展的总体部署，以保障国家水安全和大力发展民生水利为出发点，进一步解放思想、勇于创新，加快政府职能转变，发挥市场配置资源的决定性作用，着力推进水利重要领域和关键环节的改革攻坚，使水利发展更加充满活力、富有效率，让水利改革发展成果更多更公平惠及全体人民。

二、我国水利工程管理的基本原则

2016 年，国家发展改革委、水利部、住房城乡建设部联合印发的《水利改革发展"十三五"规划》提出水利改革发展的基本原则：

（1）以人为本，服务民生。坚持人民主体地位，把增进人民福祉、促进人的全面发展作为水利工作的出发点和落脚点，着力解决人民群众最关心最直接最现实的防洪、供水、水生态改善等问题，加大水利扶贫攻坚力度，使广大人民群众共享水利改革发展成果，让广大人民群众有更多的获得感。节约用水，高效利用。把节约用水贯穿于经济社会发展和群众生活生产全过程，严格落实用水总量控制和定额管理制度，建设节水型社会，不断提高用水效率和效益，加快实现从粗放用水向节约集约用水的根本转变，形成有利于水资源节约利用的空间格局、产业结构、生产方式和消费模式。

（2）人水和谐，绿色发展。坚持以水定产、以水定城，量水而行、因水制宜，强化需水管理，合理控制水资源开发程度，努力维护河湖健康，加强水资源安全风险防控和监测预警，实现水资源可持续利用，促进经济社会发展与水资源水环境承载能力相协调。

（3）统筹兼顾，系统治理。树立山水林田湖是一个生命共同体的思想，以流域为单元强化整体保护、系统修复、综合治理，发挥水资源综合利用效益。围绕推进供给侧结构性改革，进一步完善水利基础设施体系，补齐水利发展短板，协调解决水灾害、水资源、水环境、水生态等问题。

（4）深化改革，创新驱动。坚持政府与市场两手发力，着力推进水利重要领域和关键环节改革攻坚，进一步推动治水思路创新、制度创新、科技创新、实践创新，引导全社会积极支持和参与水利建设与管理，实现更高质量、更有效率、更加公平、更可持续的水利发展。

（5）依法治水，科学管水。进一步健全完善水法治体系，依法加强河湖监督管理和水资源水环境管控，强化规划对涉水活动的指引约束作用，有效协调涉水利益，规范水事行为，不断提高水利工作的科学化、法治化水平，提高水利社会管理和公共服务水平。

2022年，水利部印发的《"十四五"水利科技创新发展规划》提出水利科技创新工作的基本原则：

（1）强化改革引领。按照国家科技体制改革总体部署，深入推进水利科技体制改革，着力解决制约科技创新活力的体制机制问题，改进管理方式，简政放权，扩大科研院所创新自主权，以管理创新推动水利科技创新。

（2）突出需求导向。聚焦水利改革发展重大需求，明确主攻方向和重点突破口，加强基础研究、应用技术研发、示范转化和推广应用的全链条设计，加强技术标准制定，推广新技术新方法，促进水利科技与水利生产实践及经济社会发展紧密结合。

（3）遵循创新规律。重视基础性工作，加强原型观测和科学实验。推动目标导向和自由探索相结合，支持特定领域持续跟踪研究。提高科研项目和资金管理水平，大力营造勇于探索、鼓励创新、宽容失败的氛围，为科技创新创造良好条件和宽松环境。

（4）坚持人才为先。人才是创新的第一资源，创造有利于科技人员潜心研究和成才的环境，建立科学、具有激励导向的业绩和人才评价体系，促进人才合理流动，坚持培养和引进相结合，加强领军人才培养和创新团队建设。

（5）扩大开放合作。以开放的理念促进科技创新。加强国内水利科研机构与高校和中科院学术交流和合作，推进产学研用结合。加强国际合作和交流，不断提升水利科技国际影响和地位。

2022年，国家发展改革委、水利部印发的《"十四五"水安全保障规划》提出水安全保障的基本原则：

（1）坚持人民至上、造福人民。牢固树立以人民为中心的发展思想，把人民对美好生活的向往作为出发点和落脚点，加快解决民众最关心最直接最现实的供水、防洪、生态环境等问题，提升水安全公共服务均等化水平，不断增强人民群众的获得感、幸福感、安全感。

（2）坚持节水优先、以水定需。把节水作为解决我国水资源短缺问题的根本性举措，强化水资源刚性约束，量水而行，规范和约束用水行为，坚决抑制不合理用水需求，推动用水方式由粗放向节约集约转变。

（3）坚持风险防控、确保安全。强化底线思维，增强忧患意识，从注重事后处置向风险防控转变，从减少灾害损失向降低安全风险转变，建立健全水安全风险防控机制，提高防范、化解水安全风险的能力。

（4）坚持统筹兼顾、综合施策。坚持山水林田湖草沙一体化保护和系统治理，统筹上下游、左右岸、地表地下、城市乡村，以流域为单元开展综合治理、系统治理、源头治理，提升水生态系统质量和稳定性。

（5）坚持改革创新、激发活力。统筹利用价格等政策工具，充分发挥市场在资源配置中的决定性作用，更好发挥政府作用。科学依法治水管水护水，完善水治理体制，发挥水利科技支撑作用，增强水利发展动力和活力。

由以上表述可以看出，水利工程管理的指导原则更注重发挥市场机制的作用，更注重顶层设计理论指导与基层实践探索相互结，更强调处理整体推进与分类指导的关系，更注重发挥群众的创造性，这既是前面指导精神的进一步延伸，也是结合不同的发展形势下的进一步深入细化。基于此，我们认为，新时期我国水利工程管理的基本原则应遵循：

（1）坚持把人民群众利益放在首位。把保障和改善民生作为工作的根本出发点和落脚点，使水利发展成果惠及广大人民群众。

（2）坚持科学统筹和高效利用。通过科学决策的置顶规划和系统推行的工作进程，把高效节约的用水理念和行动贯穿于经济社会发展和群众生活生产全过程，系统提升用水效率和综合效益。

（3）坚持目标约束和绩效管控。按照"以水四定"的社会经济发展理念，把水资源承载能力作为刚性约束目标，全面落实最严格水资源管理制度，并运用绩效管理办法将目标具体化到工作进程的各个环节，实现社会发展与水资源的协调均衡。

（4）坚持政府主导和市场协同。坚持政府在水利工程管理中的主导地位，充分发挥市场在资源配置中的决定性作用，合理规划和有序引导民间资本与政府合作的经营管理模式，充分调动市场的积极性和创造力。

（5）坚持深化改革和创新发展。全面深化水利改革，创新发展体制机制，加快完善水法规体系，注重科技创新的关键作用，着力加强水利信息化建设，力争在重大科学问题和关键技术方面取得新突破。

三、我国水利工程管理发展的目标任务

水利工程及附属设施是水利行业赖以生存和发展的重要物质基础，水利工程管理现代化是水利现代化的重要组成部分，是国家推进人类文明、经济发展和社会进步过程中不可缺少的组成内容。经过不断实践与深入研究，水利工程管理现代化发展的目标可定义为：具有高标准的水利工程设施，拥有先进的调度控制手段，建立适应市场经济良性运行的管理模式和具备现代思想意识、现代技术水平的干部职工队伍。

进入 21 世纪以来，围绕水利现代化发展目标，水利行业积极推进水利工程管理现代化进程，并主要采取了以下措施：加大投入，采用新技术、新设备、新材料、新工艺，特别是采用了自动监控技术和信息化技术，进行水利工程除险加固或更新改造，提高防洪标准，

改善了工程面貌；全面深化改革，进行水利工程管理单位分类定性、定员定岗，推进管养分离，落实管理与维修经费渠道，理顺水利管理体制，建立分配激励机制，提高单位管理效能；大力推进水利工程管理考核工作，以点带面促进整个行业的水利工程管理水平提高。然而，水利工程管理现代化建设是一个动态的发展过程，是一个深层次、多方位的变化过程，需要随着时代大环境和发展的深入程度而不断深入调整。

水利工程管理现代化评价标准尚未颁布。虽然一些水利工程自动化和信息化程度较高，获得了各种荣誉，但是不能认定其水利工程管理实现了现代化。水利工程管理现代化没有统一的评价标准，至少有两个原因：首先，水利工程管理现代化是与国民经济和社会发展、技术进步以及全民素质提高的历史阶段相适应的，用一个固定的标准来衡量不合适；其次，水利工程管理现代化建设需要建设资金、维修经费的高投入，这可以从国家级水利工程管理单位的达标经验看出。资金实力是最主要的因素，这导致有些地方的水行政主管部门和水利工程管理单位对于水利工程管理现代化"望而却步"。

而采取目标管理的方法，建立水利工程管理现代化发展目标；实现了发展目标，达到了管理效果，就可以认定水利工程管理单位实现了现代化。这可以从思想理念上解决水利工程管理现代化评价标准建立困难问题。

1. 我国水利工程管理发展的目标

根据我国水利工程管理发展目标的现状，以及为实现我国形成较完善的工程管理目标体系，并且能够有效地完成我国水利工程发展战略的近期及中长期的目标，使得我国水利工程管理发展战略目标与经济社会发展基本相适应，水利工程管理得到比较科学、合理、高效的发展，使得我国工程管理实现良性循环。现把我国水利工程管理发展目标归纳如下：

1）推行水利工程管理现代化目标管理的出发点

（1）目标管理，力求发挥水利工程的最大效益。从水利工程管理在国家和社会进步、行业发展过程中的作用角度来说，水利工程管理现代化发展目标是国家和社会对于水利工程管理者的基本要求，而现代化只是达到这个目标的技术手段，发展目标是不变的，而实现目标的现代化手段，是随着时代的发展可能不断变化。因此，有必要建立发展目标，根据管理效果进行目标管理。

（2）以人为本，合理分配人力资源，充分尊重人的全面发展。为适应时代发展，建立以人为本的水利工程现代化管理目标，合理分配人力资源，充分尊重人的全面发展，需要采取顺畅的"管养分离"的管理体制和有效的激励机制，采用最少的、适应水利工程管理技术素质要求的、具有良好职业道德的管理人员，进行检测观测、运行管理、安全管理等工作，达到管理的目标。

（3）经济节约，力求社会资源得到科学合理的利用。建设现代化的水利工程设施，需要高额投资、高额维护。各地建设情况及需求不同，需要因地制宜，根据不同的情况设立不同的管理目标要求，不能一刀切。如果以统一标准来要求，则可能带来盲目的达标升级，造成国家资源的浪费。当然，对于频繁运用的、安全责任重大的大中型流域性水利工程，建立自动控制、视频监视、信息管理系统，甚至采取在线诊断技术，是非常必要的。对于很少运用的、安全责任相对较小的中小型区域性水利工程，则可以采取相对简单的控制技术，甚至无人值守。这可从国外发达国家的一些水利工程得到例证，他们采取的是相对简单的实用可靠的电子控制技术，甚至是原始的机械控制技术，同样达到管理的目标。因此不能说，简单实用的技术不属于水利工程管理现代化的内容。

2）水利工程管理现代化发展目标的内涵

现代化的基础是规范化、制度化、科学化。水利工程管理单位必须按照相关的法律法规、行业规章以及技术标准，最主要的是水利部颁发的水利工程管理考核办法及各类水利工程考核标准，理顺管理体制，建立完善的内部运行机制，规范开展各项基础性的技术管理工作。在此基础上，水利工程管理应实现如下管理目标，也就是现代化发展目标。

（1）水利工程达到设计标准，安全、可靠、耐久、经济，有文化品位。这主要是由工程建设决定的，不管流域性、区域性，还是部管、省管、市县管工程，都要达到设计标准，具备一定的经济寿命，并保持良好的环境面貌，有一定的文化品位，是最基本的要求。至于采用何种最先进的控制技术和设备进行建设，与环境、投资等多种因素有关，与管理目标没有必然的因果关系。这与转型时期人们一切为了经济效益的"浮躁"思想有关：一方面追求"现代化"，技术确实先进了；另一方面追求经济效益，但制造质量降低了。这需要慎重对待，尤其对于新技术、新设备、新材料、新工艺的应用，切不可贪图技术先进，而给后期水利工程管理带来持续的"麻烦"。外表再漂亮，内部不安全、不耐久，这肯定不是管理现代化的发展目标。

（2）各类工程设备具备良好的安全性能，运用时安全高效，发挥应有的设计效益。各类工程设备必须具备良好的安全性能，以便运用时安全高效，同时发挥出应有的设计效益，这与管理水平密切相关，进行规范的检查观测、维修养护，可以保持设备良好的安全性能，能够灵活自如地运用，再加上规范的运行管理、安全管理，可以保证工程发挥防洪、灌溉、供水、发电等各项功能。这是水利工程管理现代化最重要的目标。

（3）坚持公平和效率原则，管理队伍思想稳定，人尽其职，个人能力得到充分发挥。管理人员是水利工程管理现代化实现的基本保证，强调人的全面发展是人类社会可持续发展的必然要求。传统的水利管理单位管理模式往往存在机构臃肿、人员冗余等问题，干事的、混事的相互影响，再加上缺乏必要的公平的分配、激励机制往往导致管理效率不高。管养分离后的水利管理单位多为事业单位，内部人员相对精干，管理效能相对较高，是符合历史进步的先进管理体制。

3）推行水利工程管理现代化目标管理的途径

（1）各级水行政主管部门围绕发展目标落实管理任务。明确水利工程管理现代化发展目标后，各级水行政主管部门可以将其落实到所管的水利工程管理单位的发展任务中。通过统筹规划、组织领导、考核奖惩等措施，可整体推进地区水利工程管理现代化建设，提高地方水利工程管理现代化水平。从经济、实用角度，可对新建的水利工程的现代化控制手段提出指导性意见，尽量使用性价比高的可靠实用的标准化技术，使水利工程管理所需的维修、管理经费足额到位，为水利工程管理现代化建设创造基础条件。

（2）水利工程管理单位围绕发展目标推进现代化建设。水利工程管理单位应采取科学的管理手段，建立务实高效的内部运行机制，调动管理人员的积极性，努力发挥其创造性。将水利工程管理现代化建设各项具体任务的目标要求落实到人，并进行目标管理考核与奖惩。要建立以应急预案为核心的安全组织管理体系，确保水利工程安全运用，充分发挥效益，提高管理水平，保持单位和谐稳定。

4）推行水利工程管理现代化目标管理的重要意义

（1）符合现代水利治水思路的要求。现代水利的内涵包括四个方面，安全水利、资源水利、生态水利、民生水利。这同样是从国家和社会对于水利行业的要求角度提出的，也就是水利现代化的发展目标。对于水利工程管理单位来讲，达到管理现代化发展目标，就能满足保障防洪安全、保护水资源、改善生态、服务民生的目的。因此，推行水利工程管理现代化目标管理，是贯彻落实新时期治水思路的基本要求。

（2）符合水利工程管理考核的要求。水利行业正在推行的水利工程管理考核工作，是对水利工程管理单位管理水平的重要评价方法。该考核涉及水闸、水库、河道、泵站等水利工程，采用千分制，包括组织管理、安全管理、运行管理三个方面，进行定量的评价其中管理现代化部分占5%。应该说，得分920分以上、各类别得分率不低于85%的通过水利部考核的国家级水利工程管理单位，代表全国水利工程管理最高水平，可以将其定性为实现了水利工程管理现代化，或者至少可以认定其水利工程管理现代化水平较高。而建立水利工程管理现代化发展目标，与水利工程管理考核的目标管理思路保持一致，也是来源于对水利工程管理考核标准的深入理解和实践检验。由此，水利工程管理考核标准可认为是水利工程管理现代化的评价标准之一；推行水利工程管理现代化目标管理，符合水利行业对于水利工程管理考核的要求。

（3）符合水利行业实际发展的要求。我国水利工程管理单位众多，如果以较为超前的自动监控、信息管理等技术要求，作为水利工程管理现代化评价指标，则可能形成大家过分追求水利工程设施、监控手段、人员素质的现代化的现象。国家不可能投入"达标"所需要的巨额资金，全国水利工程管理单位必然会拖国家及地方现代化的后腿，这不利于行业的发展与进步。而建立水利工程管理现代化发展目标，回避技术手段现代化问题，并实行实事求是的目标管理，则水利工程管理单位将会把工作重点放在内部规范化、制度化、科学化管理上，既有利于保障水利工程效益的最大限度发挥，也有利于上级主管部门对其实行的水利工程管理现代化考核。

从主管部门考核角度上讲，本书提出的水利工程管理现代化发展目标也属于现代化的评价指标，只是与传统的过程评价思路不同，而采用管理效果考核。这在一定程度上丰富了水利工程管理现代化的内涵，便于水利行业实际操作。

我国在21世纪中叶基本实现现代化，水利工程管理也需要跟上时代的步伐。除了要搞好水利工程的建设之外，还需要以健全的管理体制机制为保证，以"兼管并重，重在管理"方针为指导，做好水利工程全面建设的工作，保证管理体制运行正常，实现水利工程管理的科学化、规范化、法治化、社会化。因此，我们要做到水利工程管理现代化建设与国家现代化相呼应，抓好重点，突出难点，循序渐进。结合地方差异，要因地制宜城乡统筹，加快进程，分步实施。同时要坚持深化改革，注入活力，开创新蓝图的原则，去借鉴国外发达国家的成功经验，结合我国具体国情来施行具有现代化意义的科学管理模式。

2. 我国水利工程管理发展的主要任务

2022年6月10日，水利部召开的"加快水利基础设施建设有关情况"新闻发布会上介绍说：全国水利建设全面提速，取得了明显成效，新开工项目10644个，投资规模4144亿元。其中，投资规模超过 1 亿元的项目 609 个。重大水利工程建设提速，民生水利工程取得新进展；年度改革任务全面完成，在水利建设管理、运行管理、河湖管理改革创新方面取得积极进展；行业监管措施不断强化，水利建设与管理制度体系和督导检查机制进一步健全完善，水利建设市场秩序进一步规范；社会管理能力显著增强，水利建设市场监管、河湖水域岸线管理能力和手段不断增强。但新形势对水利建设与管理工作提出了新的要求和任务。

在现阶段，结合我国水利发展现状及发展目标，可以明确我国水利工程管理的主要任务如下：

1. 全力保障加快重大水利工程建设

深入理解和把握我国水安全形势，基于"节水优先、空间均衡系统治理、两手发力"的战略思想，按照"确有需要、生态安全、可以持续"的原则，当前水利工程管理应重点围绕影响国民经济的重大水利工程建设项目，集中力量进行科学论证和系统优化，着力保障我国水安全，促进国民经济协调稳步地发展。

2. 切实保障水利工程和项目运行的质量安全

要进一步明确参建各方的质量责任，建立责任追究制度，落实质量终身责任制，强化政府质量监督，组织开展好水利建设质量工作考核，全力保障水利工程建设质量。要加强监督检查，组织开展安全隐患大排查，落实各项安全度汛措施，保障水利工程建设安全。要继续推进大中型水管单位改革，积极推进小型水利工程管理体制改革，落实水库大坝安全管理责任制，加强应急管理和日常监管，严格控制运用，保障水利工程运行安全。

3. 推进水利工程建设管理体制改革

进一步完善相关法律法规，做到各项工作有法可依。明确中央和地方的职权机制，形成统筹规划、系统实施和责权明确的现代化管理机制。严格执行建设项目法人责任制、招标投标制、建设监理制、合同管理制，推行水利工程建设项目代建制。因地制宜推行水利工程项目法人招标、代建制、设计施工总承包等模式，实行专业化社会化建设管理，探索建立决策、执行和监督相制衡的建设管理体制。要继续加快行政管理职能转变，推进简政放权，强化放管结合，提升服务水平。要规范改进市场监管，积极构建统一开放、竞争有序、诚信守法、监管有力的水利建设市场体系。要加强河湖管理和保护，建立健全"源头严防、过程严管、后果严惩"的体制机制，推进生态文明建设。

4. 深化水利工程管理机制的创新模式

创新水利工程管理方式，鼓励水管单位承担新建项目管理职责，探索水利工程集中管理模式，探索水利工程物业化管理，探索水利债务的证券化途径，探索水利工程管理和运营的私营与政府合作经营（PPP）模式。积极推进水利工程管养分离，通过政府购买服务方式，由专业化队伍承担工程维修养护和河湖管护。健全水利工程运行维护和河湖管护经费保障机制，消除传统"重建轻管"和运营资金不可持续的无效管理模式。全面推进小型水利工程管理体制改革，明确工程所有权和使用权，落实管护主体、责任和经费，促进水利工程良性运行。

5. 着力加强建设与管理廉政风险防控

相关各级部门要在作风建设上下功夫、在完善制度上下功夫、在强化监管上下功夫，始终保持对水利建设管理领域腐败问题的高压态势。改进水行政审批和监管方式，简化审批程序，优化审批流程，加强行业指导和事中事后监管。推进投资项目涉水行政审批事项分类合并实施。建立健全水利行政审批在线监管平台，实现水利审批事项在线申报办理和信息发布共享，建立健全守信激励和失信惩戒机制，推进协同联动监管。

第二节　我国水利工程管理发展战略设计

一、我国水利工程管理总体思路和战略框架

作为水利现代化的重要构成，水利工程管理的总体发展思路可归纳为以下几个核心基点：

（1）针对我国水利事业发展需要，建设高标准、高质量的水利工程设施。

（2）根据我国水利工程设施，研究制定科学的、先进的，适应市场经济体制的水利工程管理体系。

（3）针对工程设施及各级工程管理单位，建立一套高精尖的监控调度手段。

（4）打造出一支高素质、高水平、具有现代思想意识的管理团队。

依据上述发展思路的核心基点，各级水利部门应紧紧把握水利改革发展战略机遇，推动中央决策部署落到实处，为经济社会长期平稳较快发展奠定更加坚实的水利基础。基于此，依据水利部现有战略框架和工作思路，水利工程管理应继续紧密围绕以下十个重点领域下足功夫着力开展工作，这就形成了水利工程管理的战略框架：

（1）立足推进科学发展，在搞好水利顶层设计上下功夫；

（2）不断完善治水思路，在转变水利发展方式上下功夫；

（3）践行以人为本理念，在保障和改善民生上下功夫；

（4）落实治水兴水政策，在健全水利投入机制上下功夫；

（5）围绕保障粮食安全，在强化农田水利建设上下功夫；

（6）着眼提升保障能力，在加快薄弱环节建设上下功夫；

（7）优化水资源配置，在推进河湖水系连通上下功夫；

（8）严格水资源管理，在全面建设节水型社会上下功夫；

（9）加强工程建设和运行管理，在构建良性机制上下功夫；

（10）强化行业能力建设，在夯实水利发展基础上下功夫。

二、我国水利工程管理发展战略设计详解

依据上述提出的我国水利工程管理的指导思路、基本原则、发展思路和战略框架，特别是党的十八大、十八届三中、四中全会，五中全会、六中全会的重要精神以及习近平总书记提出的"节水优先、空间均衡、系统治理、两手发力"水利发展总体战略思想，我们提出新时期中国水利工程管理发展战略的二十四字现代化方针："顶层规划、系统治理、安全为基、生态先行、绩效约束、智慧模式。"

1. 顶层规划，建立协调一致的现代化统筹战略

为适应新常态下我国社会经济发展的全新特征和未来趋势，水利工程管理必须首先建立统一的战略部署机制和平台系统，明确整个产业系统的置顶规划体系和行为准则，确保全行业具有明确化和一致性的战略发展目标，协调稳步地推进可持续发展路径。

在战略构架上要突出强调思想上统一认识，突出置顶性规划的重要性，高度重视系统性的规划工作，着眼于当前社会经济发展的新常态，放眼于未来"十四五"时期乃至更长远的发展阶段，立足于保障国民经济可持续发展和基础性民生需求，依托于整体与区位、资源与环境、平台与实体的多元化优势，建立具有长效性、前瞻性和可操作性的发展战略规划，通过科学制定的发展目标、规划路径和实施准则，推进水利工程管理的各项社会事业快速、健康、全面地发展。

在战略构架上要突出强调目标的明确性和一致性，建立统筹有序、协调一致的行业发展规划，配合国家宏观发展的战略决策以及水利系统发展的战略部署，明确水利工程管理的近期目标、中期目标、长期目标，突出不同阶段、不同区域的工作重点，确保未来的工作实施能够有的放矢、协同一致，高效管控和保障建设资金募集和使用的协调性和可持续性，最大限度发挥政策效应的合力，避免因目标不明确和行为不一致导致实际工作进程的曲折反复和输出效果的大起大落。

在战略布局上要突出强调多元化发展路径，为应对全球经济危机后续影响的持续发酵以及我国未来发展路径中可能的突发性问题，水利工程管理战略也应注重多元化发展目标和多业化发展模式，着力解决行业发展进程与国家宏观经济政策以及市场机制的双重协调性问题，顺应国家发展趋势，把握市场机遇，通过强化主营业务模式与拓展产业领域延伸的并举战略，提高行业防范和化解风险的能力。

在战略实施上要突出强调对重点问题的实施和管控方案，强调创新管理机制和人才发展战略，通过全行业的技术进步和效率提升，缓解和消除行业发展的"瓶颈"，彻底改变传统"重建轻管"的水利建设发展模式，同时，发展、引进和运用科学的管理模式和管理技术，协调企业内部管控机构，灵活应对市场变化。通过管理创新和规范化的管理，使企业的市场开拓和经营活动由被动变为更加主动。

2. 系统治理，侧重供给侧发力的现代化结构性战略

积极响应《中共中央关于制定国民经济和社会发展第十四个五年规划和二〇三五年远景目标的建议》中"全面建成小康社会，开启全面建设社会主义现代化国家新征程"的要求。加大水利工程管理重点领域和关键环节的改革攻坚力度，着力构建系统完备、科学规范、运行有效的管理体制和机制。坚持推广"以水定城、以水定地、以水定人、以水定产"的原则，树立"量水发展""安全发展"理念，科学合理规划水资源总量性约束指标，充分保障生态用水。把进一步深化改革放在首要位置，积极推进相关制度建设，全面落实各项改革举措，明晰管理权责，完善许可制度，推动平台建设，加强运行监管，创新投融资机制，完善建设基金管理制度，通过市场机制多渠道筹集资金，鼓励和引导社会资本参与水利工程建设运营。

按照"确有需要、生态安全、可以持续"的原则，在科学论证的前提下，加快推进重大水利工程的高质量管理进程，将先进的管理理念渗入水利基础设施、饮水安全工作、农田

水利建设、河塘整治等各个工程建设环节，进一步强化薄弱环节管控，构建适应时代发展和人民群众需求的水安全保障体系，努力保障基本公共服务产品的持续性供给，保障国家粮食安全、经济安全和居民饮水安全、社会安全，突出抓好民生水利工程管理。充分发挥市场在资源配置中的决定性作用，合理规划和有序引导民间资本与政府合作的经营管理模式，充分调动市场的积极性和创造力。同时注重创新的引领和辐射作用，推进相关政策的创新、试点和推广，稳步保障水利工程管理能力不断强化，积极促进水利工程管理体系再上新台阶。

3. 安全为基，支撑国民经济的现代化保障性战略

水是生命之源、生产之要、生态之基。水利是现代化建设不可或缺的首要条件，是经济社会发展不可替代的基础支撑，是生态环境保护不可分割的保障系统。水利工程管理战略应高度重视我国水安全形势，将"水安全"问题作为工程管理战略规划的基石，下大力气保障水资源需求的可持续供给，坚定不移地为国民经济的现代化提供切实保障。

水利工程应以资源利用为核心实行最严格水管理制度，全面推进节水型建设模式，着力促进经济社会发展与水资源承载能力相协调，以水资源开发利用控制、用水效率控制、水功能区限制纳污"三条红线"为基准建立定量化管理标准。将水安全的考量范围扩展到防洪安全、供水安全、粮食安全、经济安全、生态安全、国家安全等系统性安全层次，确保在我国全面深化改革的攻坚时期，全面落实中央水利工作方针、有效破解水资源紧缺问题、提升国家水安全保障能力、加快推进水利现代化，保障国家经济可持续发展。

4. 生态先行，倡导节能环保的现代化可持续战略

认真审视并高度重视水利工程对生态环境的重要甚至决定性影响，确保未来水利工程管理理念必须以生态环境作为优先考量的视角，加强水生态文明建设，坚持保护优先、停止破坏与治理修复相结合，积极推进水生态文明建设步伐。尽快建立、健全和完善相关的法律体系和行业管理制度，理顺监管体系、厘清职责权限，将水生态建设的一切事务纳入法治化轨道，组成"可持续发展"综合决策领导机构，讨论、研究和制订相应范围内的发展规划、战略决策，组织研制和实施中国水利生态现代化发展路径图。规划务必在深入调查的基础上，切实结合地域资源综合情况，量力而行，杜绝贪大求快，力求正确决策、系统规划、稳步和谐地健康发展。

努力协调完善机构机能，保证工程高质量运行。完善发展战略及重大建设项目立项、听证和审批程序。注重做好各方面、各领域环境动态调查监测、分析、预测，善于将科学、建设性的实施方案变为正确的和高效的管理决策，在实际工作中不仅仅以单纯的自然生态保护作为考量标准，而是努力建立和完善社会生态体系的和谐共进，不失时机地提高综合社会生态体系决策体系的机构和功能。

从源头入手解决发展与环境的冲突，努力完成现代化模式的生态转型，实现水环境管理从"应急反应型"向"预防创新型"的战略转变。控制和降低新增的环境污染。继续实施污染治理和传统工业改造工程，清除历史遗留的环境污染。积极促进生态城市、生态城区、生态园区和生态农村建设。努力打造水利生态产业、水利环保产业和水利循环经济产业。着力实现水利生态发展与城市生态体系、工业生态体系以及农业生态体系的融合。

5. 绩效约束，实现效益最大化的现代化管理战略

根据《中华人民共和国预算法》及财政部《中央级行政经费项目支出绩效考评管理办法(试行)》《中央部门预算支出绩效考评管理办法(试行)》以及国家有关财务规章制度，积极推进建立绩效约束机制，通过科学化、定量化的绩效目标和考核机制完善企业的现代化管理模式，以绩效目标为约束，以绩效指标为计量，确保行业和企业持续健康地沿效益最大化路径发展。

基于调查研究和科学论证，建立水利工程管理的绩效目标和相关指标，绩效目标突出对预算资金的预期产出和效果的综合反映，绩效指标强调对绩效目标的具体化和定量化，绩效目标和指标均能够符合客观实际，指向明确，具有合理性和可行性，且与实际任务和经费额度相匹配。绩效目标和绩效指标要综合考量财务、计划信息、人力资源部等多元绩效表现，并注重经济性、效率性和效益型的有机结合，组织编制预算，进行会计核算，按照预算目标进行支付；组织制定战略目标，对战略目标进行分解和过程控制，对经营结果进行分析和评判；设计绩效考核方案，组织绩效辅导，按照考核指标进行考核。

确保在"十四五"乃至未来更长的发展阶段实现绩效约束的管理战略的有序推进、深化拓展和不断完善，实现由从事后静态评估向事前的动态管理转换，由资金分配向企业发展转换，由主观判断向定量衡量转换，由单纯评价向价值创造转换，由个体评价向协同管理转换。倒逼责任到岗、权力归位，目标清晰、行动一致，以绩效约束的方式实现现代化治理体系和管理能力，推进企业经济效益、社会效益的最大化。

6. 智慧模式，促进跨越式发展的现代化创新战略

顺应世界发展大趋势，加速推进水利工程管理的智能化程度，打造水利工程的智慧发展模式，推动经济社会的重要变革。以"统筹规划、资源共享、面向应用、依托市场、深入创新，保障安全"为总目标，以深化改革为核心动力，在水利工程领域努力实现信息、网络、应用、技术和产业的良性互动，通过高效能的信息采集处理、大数据挖掘、互联网模式以及物联网融合技术，实现资源的优化配置和产业的智慧发展模式，最终实现水利工程高效地服务于国民经济，高效地惠及全体民众。

首先，加快建成水利工程管理的"信息高速公路"，以移动互联为主体，实现水利工程管理的全产业信息化途径，加快信息基础设施演进升级，实现宽带连接的大幅提速，探索下一代互联网技术革新和实际应用，建立水利工程管理的物联网体系，着力提升信息安全保障能力，促进"信息高速公路"搭载水利工程产业安全、高效地发展。其次，创建水利工程的大数据经济新业态，加快开发、建设和实现大数据相关软件、数据库和规则体系，结合云计算技术与服务，加快水利工程管理数据采集、汇总与分析，基于现实应用提供具有水利行业特色的系统集成解决方案和数据分析服务，面向市场经济，利用产业发展引导社会资金和技术流向，加速推进大数据示范应用。再次，打造水利工程管理的全新"互联网+"发展模式。促进网络经济模式与实体产业发展的协调融合，基于互联网新型思维模式，推进业务模式创新和管理模式创新，积极推进新型管理运营业态和模式。促进产业技术升级，增加产业的供给效率和供给能力，利用互联网的精准营销技术，开创惠民服务机制，构建优质高效的公共服务信息平台。最终，实现智能水利工程发展模式。基于信息技术革命、产业技术升级和管理理念创新，大力发展数据监测、处理、共享与分析，努力实现产业决策及行业解决方案的科学化和智能化。加快构建水利工程管理的智慧化体系，完善智能水利工程的发展环境，面向水利工程管理对象以及社会经济服务对象，实现全产业链的智能检测、规划、建设、管理和服务。

第三节　我国水利工程管理发展战略的保障

　　水利是国民经济和社会发展的重要基础设施，具有很强的公益性且投资规模大、建设周期长、盈利能力弱，长期以来，我国水利建设及管理主要以政府投资为主，社会资本参与程度较低，现阶段不足水利总投资的20%。近年来，为了加快水利改革发展，拓宽水利投融资渠道，促进经济持续健康发展，国家不断完善水利相关的法律法规及部门规章制度，在投资方面也出台了一些吸引社会资本参与水利建设的政策措施。2010年，国务院颁布《关于鼓励和引导民间投资健康发展的若干意见》，明确提出吸引民间资本投资建设农田水利、跨流域调水、水资源综合利用、水土保持等水利项目。2018年，水利部关于印发《深化农田水利改革的指导意见》提出，充分调动受益主体的积极性，充分尊重农民意愿和基层首创精神，强化财政投入的撬动作用，调动农民、农村集体经济组织、农民用水合作组织、新型农业经营主体等加大农田水利建设与管理的投入，支持其作为财政补助农田水利项目的建设和管护主体，也可采取"以奖代补、先建后补"等方式对其按照规划和标准开展工程建设与管护给予财政补助，鼓励和吸引社会资本投入。要创造条件和环境，激活主体、激活要素、激活市场，调动社会各方参与农田水利建设运营。通过招商引资、股权投资、政府和社会资本合作、合同节水管理等形式，引导和鼓励社会资本建设运营农田水利工程，采取投资补助、财政补贴、贴息贷款等政策措施保障投资方合理收益。社会资本享受政府补助建设与运营农田水利设施的，要充分保证农田水利设施服务范围内的原土地承包经营者的合法权益。鼓励社会资本吸收原农田水利设施受益户以入股或参与经营方式获取收益。2022年，《农业农村部关于下达2022年农田建设任务的通知》规定：各地要把高标准农田建设作为优先保障领域，多渠道增加高标准农田建设投入，提高建设标准和质量。地方各级农业农村部门要争取当地党委政府支持，协调相关部门落实好财政资金，稳定加大投入，稳住存量、积极争取增量。同时，继续用好多元化融资手段，抓紧打通政策堵点，完善工作机制，把高标准农田建设新增耕地指标调剂收益、土地出让收益切实用到提高建设投入中来。积极探索以奖代补、政府和社会资本合作等模式，金融资本、社会资本投入高标准农田建设。

　　基于此，我国对具备一定条件的重大水利工程，通过深化改革的方式向社会投资敞开大门，建立权利平等，机会平等，规则平等的投资环境和合理的投资收益机制。参与方式主要有以下三种：

　　（1）通过选择一批现有水利工程通过股权出让、委托运营、整合改制等方式吸引社会资本参与，筹得的资金用于新工程建设；

　　（2）对新建项目，建立健全政府和社会资本合作（PPP）机制；

　　（3）对公益性较强的水利工程建设项目，可通过与经营性较强的项目组合开发等方式，吸引社会资本参与。

一、我国水利工程管理发展战略的支撑条件和保障措施

水利工程是国民经济和社会发展的重要基础设施，国家对水利工程管理发展的重视促进了水利工程事业的发展。因而为了我国水利工程管理战略的发展，国家应该开放政策，对于具备一定条件的重大水利工程，通过深化改革向社会投资敞开大门，建立权利平等、机会平等、规则平等的投资环境和合理的投资收益机制，放开增量，盘活存量，加强试点示范。鼓励和引导社会资本参与工程建设和运营，有利于优化投资结构，建立健全水利投入资金多渠道筹措机制；有利于引入市场竞争机制，提高水利管理效率和服务水平；有利于转变政府职能，促进政府与市场有机结合、两手发力；有利于加快完善水安全保障体系，支撑经济社会可持续发展，从而为促进我国建立一套完备的水利工程管理发展战略措施提供支撑条件和保障措施。

国家应从以下几个方面为我国水利工程管理的发展提供支撑条件和保障措施：

一是改进组织发动方式。进一步落实行政首长负责制，强化部门协作联动，完善绩效考核和问责问效机制，充分发挥政府主导和推动作用。

二是拓展资金投入渠道。在进一步增加公共财政投资和强化规划统筹整合的同时，落实和完善土地出让收益计提、民办公助、以奖代补、财政贴息、开发性金融支持等政策措施，鼓励和吸引社会资本投入水利建设。

三是创新建设管护模式。因地制宜推行水利工程代建制、设计施工总承包等专业化、社会化建设管理，扶持和引导农户、农民用水合作组织、新型农业经营主体等参与农田水利建设、运营与管理。

四是强化监督检查考核。加强对各地的督导、稽查、审计，及时发现问题并督促整改落实，确保工程安全、资金安全、生产安全、干部安全。

五是加大宣传引导力度。充分利用广播、电视、报纸、网络等传统媒体和新媒体，大力宣传党中央、国务院兴水惠民政策举措，总结、推广基层经验，营造良好舆论氛围。

二、我国水利工程管理发展战略的相关政策

党的十八届三中全会以来，党中央、国务院对深化投资体制改革、鼓励社会资本发展做出新的部署，对吸引社会资本参与水利建设提出了新的要求。2014年3月，习近平总书记在中央财经领导小组第五次会议上就保障水安全发表重要讲话，提出"节水优先、空间均衡、系统治理、两手发力"的新时期水利工作方针，特别强调保障水安全要坚持政府作用和市场机制两只手协同发力。11月，国务院印发了《关于创新重点领域投融资机制鼓励社会投资的指导意见》，选择生态环保、农业水利、市政交通、能源、信息、社会事业等领域，重点就吸引社会资本特别是民间资本参与，提出了一系列改革措施。

按照党中央、国务院的部署和要求，2015年3月，国家发展改革委、财政部和水利部制定印发了《关于鼓励和引导社会资本参与重大水利工程建设运营的实施意见》(以下简称《意见》)。《意见》的印发实施，对于建立公平开放透明的市场规则，营造权利平等、机会平等、规则平等的投资环境，激发市场主体活力和潜力，建立健全水利投入资金多渠道筹

措机制，加快重大水利工程建设，提高水利管理效率和服务水平，加快完善水安全保障体系，支撑经济社会可持续发展具有重要意义。

一是敞开大门鼓励社会资本进入。《意见》明确提出，除法律、法规、规章特殊规定的情形外，重大水利工程建设运营一律向社会资本开放。只要是社会资本，包括符合条件的各类国有企业、民营企业、外商投资企业、混合所有制企业，以及其他投资、经营主体愿意投入的重大水利工程，原则上应优先考虑由社会资本参与建设和运营。

二是明确社会资本参与方式。《意见》提出，要放开增量、盘活存量，盘活现有重大水利工程国有资产，筹得的资金用于新工程建设；对新建项目，要建立健全政府和社会资本合作（PPP）机制，鼓励社会资本以特许经营、参股控股等多种形式参与重大水利工程建设运营。其中，综合水利枢纽、大城市供排水管网的建设经营需按规定由中方控股。

三是推动完善价格形成机制。《意见》提出，完善主要由市场决定价格的机制，对社会资本参与的重大水利工程供水、发电等产品价格，探索实行由项目投资经营主体与用户协商定价。鼓励通过招标、电力直接交易等市场竞争方式确定发电价格。

四是发挥政府投资的引导带动作用。《意见》明确，对同类项目，中央水利投资优先支持引入社会资本的项目。公益性部分政府投入形成的资产归政府所有，同时可按规定不参与生产经营收益分配。鼓励发展支持重大水利工程的投资基金。

五是完善项目财政补贴管理。对承担一定公益性任务、项目收入不能覆盖成本和收益，但社会效益较好的政府和社会资本合作（PPP）重大水利项目，政府可对工程维修养护和管护经费等给予适当补贴。

六是明确投资经营主体的权利义务。《意见》提出，社会资本投资建设或运营管理重大水利工程，与政府投资项目享有同等政策待遇，不另设附加条件。项目投资经营主体应严格执行基本建设程序，建立健全质量安全管理体系和工程维修养护机制，按照协议约定的期限数量、质量和标准提供产品或服务，依法承担防洪、抗旱、水资源节约保护等责任和义务，服从国家防汛抗旱、水资源统一调度，保障工程功能发挥和安全运行。

1. 明确参与范围和方式

1）拓宽社会资本进入领域

除法律、法规、规章特殊规定的情形外，重大水利工程建设运营一律向社会资本开放。只要是社会资本，包括符合条件的各类国有企业、民营企业、外商投资企业、混合所有制企业，以及其他投资、经营主体愿意投入的重大水利工程，原则上应优先考虑由社会资本参与建设和运营。鼓励统筹城乡供水，实行水源工程、供水排水、污水处理、中水回用等一体化建设运营。

2）合理确定项目参与方式

盘活现有重大水利工程国有资产，选择一批工程通过股权出让、委托运营、整合改制等方式，吸引社会资本参与，筹得的资金用于新工程建设。对新建项目，要建立健全政府和社会资本合作（PPP）机制，鼓励社会资本以特许经营、参股控股等多种形式参与重大水利工程建设运营。其中，综合水利枢纽、大城市供排水管网的建设经营需按规定由中方控股。对公益性较强、没有直接收益的河湖堤防整治等水利工程建设项目，可通过与经营性较强项目组合开发、按流域统一规划实施等方式，吸引社会资本参与。

3）规范项目建设程序

重大水利工程按照国家基本建设程序组织建设。要及时向社会发布鼓励社会资本参与的项目公告和项目信息，按照公开、公平、公正的原则通过招标等方式择优选择投资方，确定投资经营主体，由其组织编制前期工作文件，报有关部门审查审批后实施。实行核准制的项目，按程序编制核准项目申请报告；实行审批制的项目，按程序编制审批项目建议书、可行性研究报告、初步设计根据需要可适当合并简化审批环节。

4）签订投资运营协议

社会资本参与重大水利工程建设运营县级以上人民政府或其授权的有关部门应与投资经营主体通过签订同等形式，对工程建设运营中的资产产权关系、责权利关系、建设运营标准和监管要求、收入和回报、合同解除、违约处理、争议解决等内容予以明确。政府和投资者应对项目可能产生的政策风险、商业风险、环境风险、法律风险等进行充分论证，完善合同设计，健全纠纷解决和风险防范机制。

2. 完善优惠和扶持政策

1）保障社会资本合法权益

社会资本投资建设或运营管理重大水利工程，与政府投资项目享有同等政策待遇，不另设附加条件。社会资本投资建设或运营管理的重大水利工程，可按协议约定依法转让转租、抵押其相关权益；征收、征用或占用的，要按照国家有关规定或约定给予补偿或者赔偿。

2）充分发挥政府投资的引导带动作用

重大水利工程建设投入，原则上按功能、效益进行合理分摊和筹措，并按规定安排政府投资。对同类项目，中央水利投资优先支持引入社会资本的项目。政府投资安排使用方式和额度，应根据不同项目情况、社会资本投资合理回报率等因素综合确定。公益性部分政府投入形成的资产归政府所有，同时可按规定不参与生产经营收益分配。鼓励发展支持重大水利工程的投资基金，政府可以通过认购基金份额、直接注资等方式予以支持。

3）完善项目财政补贴管理

对承担一定公益性任务、项目收入不能覆盖成本和收益，但社会效益较好的政府和社会资本合作(PPP)重大水利项目，政府可对工程维修养护和管护经费等给予适当补贴。财政补贴的规模和方式要以项目运营绩效评价结果为依据，综合考虑产品或服务价格、建设成本、运营费用、实际收益率、财政中长期承受能力等因素合理确定、动态调整，并以适当方式向社会公示公开。

4）完善价格形成机制

完善主要由市场决定价格的机制，对社会资本参与的重大水利工程供水、发电等产品价格，探索实行由项目投资经营主体与用户协商定价。鼓励通过招标、电力直接交易等市场竞争方式确定发电价格。需要由政府制定价格的，既要考虑社会资本的合理回报，又要考虑用户承受能力、社会公众利益等因素；价格调整不到位时，地方政府可根据实际情况安排财政性资金，对运营单位进行合理补偿。

5）发挥政策性金融作用

加大重大水利工程信贷支持力度，完善贴息政策。允许水利建设贷款以项目自身收益、借款人其他经营性收入等作为还款来源，允许以水利、水电等资产作为合法抵押担保物，探索以水利项目收益相关的权利作为担保财产的可行性。积极拓展保险服务功能，探索形成"信贷+保险"合作模式，完善水利信贷风险分担机制以及融资担保体系。进一步研究制定支持从事水利工程建设项目的企业直接融资、债券融资的政策措施，鼓励符合条件的上述企业通过 IPO（首次公开发行股票并上市）、增发、企业债券、项目收益债券、公司债券、中期票据等多种方式筹措资金。

6）推进水权制度改革

开展水权确权登记试点，培育和规范水权交易市场，积极探索多种形式的水权交易流转方式，鼓励开展地区间、用水户间的水权交易，允许各地通过水权交易满足新增合理用水需求，通过水权制度改革吸引社会资本参与水资源开发利用和节约保护。依法取得取水权的单位或个人通过调整产品和产业结构、改革工艺、节水等措施节约水资源的，可在取水许可有效期和取水限额内，经原审批机关批准后，依法有偿转让其节约的水资源。在保障灌溉面积、灌溉保证率和农民利益的前提下，建立健全工农业用水水权转让机制。

7）实行税收优惠

社会资本参与的重大水利工程，符合《公共基础设施项目企业所得税优惠目录》《环境保护、节能节水项目企业所得税优惠目录》规定条件的，自项目取得第一笔生产经营收入所属纳税年度起，第一年至第三年免征企业所得税，第四年至第六年减半征收企业所得税。

8）落实建设用地指标

国家和各省（自治区、直辖市）土地利用年度计划要适度向重大水利工程建设倾斜，予以优先保障和安排。项目库区（淹没区）等不改变用地性质的用地，可不占用地计划指标，但要落实耕地占补平衡。重大水利工程建设的征地补偿、耕地占补平衡实行与铁路等国家重大基础设施建设项目同等政策。

3. 落实投资经营主体责任

1）完善法人治理结构

项目投资经营主体应依法完善企业法人治理结构，健全和规范企业运行管理、产品和服务质量控制、财务、用工等管理制度，不断提高企业经营管理和服务水平。改革完善项目国有资产管理和授权经营体制，以管资本为主加强国有资产监管，保障国有资产公益性、战略性功能的实现。

2）认真履行投资经营权利义务

项目投资经营主体应严格执行基本建设程序，落实项目法人责任制、招标投标制、建设监理制和合同管理制，对项目的质量、安全、进度和投资管理负总责。已通过招标方式选定的特许经营项目投资人依法能够自行建设、生产或者提供的，可以不进行招标。要建立健全质量安全管理体系和工程维修养护机制，按照协议约定的期限、数量、质量和标准提供产品或服务，依法承担防洪、抗旱、水资源节约保护等责任和义务，服从国家防汛抗旱、水资源统一调度。要严格执行工程建设运行管理的有关规章制度技术标准，加强日常检查检修和维修养护，保障工程功能发挥和安全运行。

4. 加强政府服务和监管

1）加强信息公开

发展改革、财政、水利等部门要及时向社会公开发布水利规划、行业政策、技术标准、建设项目等信息，保障社会资本投资主体及时享有相关信息。加强项目前期论证、征地移民、建设管理等方面的协调和指导，为工程建设和运营创造良好条件。积极培育和发展为社会投资提供咨询、技术、管理和市场信息等服务的市场中介组织。

2）加快项目审核审批

深化行政审批制度改革，建立健全重大水利项目审批部际协调机制，优化审核审批流程，创新审核审批方式，开辟绿色通道，加快审核审批进度。地方也要建立相应的协调机制和绿色通道。对于法律、法规没有明确规定作为项目审批前置条件的行政审批事项，一律放在审批后、开工前完成。

3）强化实施监管

水行政主管部门应依法加强对工程建设运营及相关活动的监督管理，维护公平竞争秩序，建立健全水利建设市场信用体系，强化质量、安全监督，依法开展检查、验收和责任追究，确保工程质量、安全和公益性效益的发挥。发展改革、财政、城乡规划、土地、环境等主管部门也要按职责依法加强投资、规划、用地、环保等监管。落实大中型水利水电工程移民安置工作责任，由移民区和移民安置区县级以上地方人民政府负责移民安置规划的组织实施。

4）落实应急预案

政府有关部门应加强对项目投资经营主体应对自然灾害等突发事件的指导，监督投资经营主体完善和落实各类应急预案。在发生危及或可能危及公共利益、公共安全等紧急情况时，政府可采取应急管制措施。

5）完善退出机制

政府有关部门应建立健全社会资本退出机制，在严格清产核资、落实项目资产处理和建设与运行后续方案的情况下，允许社会资本退出，妥善做好项目移交接管，确保水利工程的顺利实施和持续安全运行，维护社会资本的合法权益，保证公共利益不受侵害。

6）加强后评价和绩效评价

开展社会资本参与重大水利工程项目后评价和绩效评价，建立健全评价体系和方式方法，根据评价结果，依据合同约定对价格或补贴等进行调整，提高政府投资决策水平和投资效益，激励社会资本通过管理、技术创新提高公共服务质量和水平。

7）加强风险管理

各级财政部门要做好财政承受能力论证，根据本地区财力状况、债务负担水平等合理确定财政补贴、政府付费等财政支出规模，项目全生命周期内的财政支出总额应控制在本级政府财政支出的一定比例内，减少政府不必要的财政负担。各省级发展改革委要将符合条件的水利项目纳入PPP项目库，及时跟踪调度、梳理汇总项目实施进展，并按月报送情况。各省级财政部门要建立PPP项目名录管理制度和财政补贴支出统计监测制度，对不符合条件的项目，各级财政部门不得纳入名录，不得安排各类形式的财政补贴等财政支出。

5.做好组织实施

1）加强组织领导

各地要结合本地区实际情况，抓紧制订鼓励和引导社会资本参与重大水利工程建设运营的具体实施办法和配套政策措施。发展改革、财政、水利等部门要按照各自职责分工，认真做好落实工作。

2）开展试点示范

国家发展改革委、财政部、水利部选择一批项目作为国家层面联系的试点，加强跟踪指导，及时总结经验，推动完善相关政策，发挥示范带动作用，争取尽快探索形成可复制、可推广的经验。各省(区、市)和新疆生产建设兵团也要因地制宜选择一批项目开展试点。

3）搞好宣传引导

各地要大力宣传吸引社会资本参与重大水利工程建设的政策、方案和措施，宣传社会资本在促进水利发展，特别是在重大水利工程建设运营方面的积极作用，让社会资本了解参与方式、运营方式、盈利模式、投资回报等相关政策，稳定市场预期，为社会资本参与工程建设运营营造良好社会环境和舆论氛围。

2022年6月，《水利部关于推进水利基础设施政府和社会资本合作(PPP)模式发展的指导意见》规定合作方式：

（1）分类选择合作模式。针对水利项目公益性强、投资规模大、建设周期长、投资回报率低的特点，结合项目实际情况，通过特许经营、购买服务、股权合作等方式，灵活采用建设—运营—移交（BOT）、建设—拥有—运营—移交（BOOT）、建设—拥有—运营（BOO）、移交—运营—移交（TOT）等模式推进水利基础设施建设运营。

（2）综合利用水利枢纽。在确保项目完整性和公益性功能发挥的前提下，可结合项目实际情况，合理划分工程模块，根据各模块的主要功能和投资收益水平，采用适宜的合作方式。对水库大坝建设等涉及防洪的公益性模块，事关公共安全和公众利益，应以政府为主投资建设和运营管理；对水力发电、供水等经营性模块，可引入社会资本投资建设运营，落实水价、电价等政策，政府和社会资本按照出资比例依法享有权益。

（3）供水、灌溉类项目。对于重点水源和引调水工程，通过向下游水厂等产业链延伸、合理确定供水价格等措施，保证社会资本合理收益。对于城乡供水一体化项目，可以县域为基本单元，统一供水设施运行服务标准，推广城乡供水同城、同网、同质、同价、同管理；对于分散式中小型供水工程，探索以大带小、整体打包，引入专业化供水企业或规模较大的水厂建设运营管理。对于大中型灌区建设和节水改造，应合理划分骨干工程、田间工程和供水单元，完善计量设施，积极引入社会资本参与投资运营，鼓励农民用水合作组织等受益主体投资入股。水费收入能够完全覆盖投资成本的项目，应采用"使用者付费"模式；水费收入不足以完全覆盖投资成本的项目，可采用"使用者付费+可行性缺口补贴"模式；也可根据项目实际情况，在一定期限内采用"使用者付费+可行性缺口补贴"模式，逐步过渡到"使用者付费"模式，确保工程良性运行。

（4）防洪治理、水生态修复类项目。对于河道治理、蓄滞洪区建设、水库水闸除险加固等防洪治理项目和河湖生态治理保护、水土保持、小水电绿色改造等水生态修复项目，在加大政府投入的同时，充分利用水土资源条件，鼓励通过资产资源匹配、其他收益项目打捆、运行管护购买服务等方式，吸引社会资本参与建设运营，提高政府投资效率和工程管理水平，有效降低工程运行维护成本。对于智慧水利建设，可采取政府购买服务、政府授权企业投资运营等方式，调动社会资本参与建设运维的积极性。

第四节　我国水利工程管理体系的发展与完善

一、从流程分析水利工程管理体系

（一）水利工程决策、设计规划管理

规划是水利建设的基础。中央一号文件和其他相关政策都把加强水利建设放在非常重要的位置，要求"抓紧编制和完善县级水利建设规划，整体推进水利工程建设和管理"。各地结合自身实际，充分了解并尊重群众意愿，认真分析问题，仔细查找差距，找准目标定位，依托地区水利建设发展整体规划，从农民群众最关心、要求最迫切、最容易见效的事情抓起，以效益定工程，突出重点，从技术、管理等多个层面确保规划质量。水利规划思路清晰，任务明确，建设标准严格，有计划、有步骤，分阶段、分层次地推进水利建设工作，编制完成切实可行的水利规划并得到组织实施。在规划编制中应充分考虑水资源的承载能力，考虑水资源的节约、配置和保护之间的平衡；应把农村和农民的需要放在优先位置解决；应加强规划的权威性，规划的编制应尊重行业领导和专业意见，广泛征求各方面意见，按程序进行审批后加强规划执行的监管，提高规划权威性。

在水利建设前期，根据国家总体规划及流域的综合规划，提出项目建议书、可行性研究报告和初步设计，并进行科学决策。当建设项目的初步设计文件得到批准后，同时项目资金来源也基本落实，进行主体工程招标设计、组织招标工作及现场施工准备。项目法人向主管部门提出主体工程开工申请报告，经过审批后才能正式开工。提出申请报告前，须具备以下条件：前期工程各阶段文件已按规定批准，施工详图设计可以满足初期主体工程施工需要；建设项目已列入年度计划，年度建设资金来源已落实；主体工程招标已经决标，工程承包合同已经签订，并得到主管部门同意；现场施工准备和征地移民等建设外部条件能够满足主体工程开工需要。

根据水利工程建设项目性质和类别的不同，确定不同的项目法人组建模式和项目法人职责。经营性和具备自收自支条件的准公益性水利工程建设项目，按照现代企业制度的要求，组建企业性质的项目法人，对项目的策划、筹资、建设、运营、债务偿还及资产的保值增值全过程负责，自主经营，自负盈亏。公益性和不具备自收自支条件的准公益性水利工程建设项目，按照"建管合一"的要求，组建事业性质的项目法人，由项目法人负责工程建设和运行管理，或委托专业化建设管理单位，行使建设期项目法人职责，对项目建设的质量、安全、进度和资金管理负责，建成后移交运行管理单位。项目法人的组建应按规定履行审批和备案程序。水行政主管部门对项目法人进行考核，建立激励约束机制，加强对项目法人的监督管理。结合水利建设实际，积极创新建设管理模式，有条件的项目可实行代建制、设计施工总承包、BOT（建设—经营—移交）等模式。

（二）水利工程建设（施工）管理

2022 年 4 月 8 日，国新办举行国务院政策例行吹风会，介绍 2022 年水利工程建设情

况："水利工程具有较好的规划和前期工作基础，特别是重大水利工程吸纳投资大、产业链条长、创造就业机会多，在保障国家水安全、推动区域协调发展、拉动有效投资需求、促进经济稳定增长等方面具有重要作用，加快推进水利基础设施建设有需求、有条件、有基础"。近日，国务院常务会议提出，今年再开工一批已纳入规划、条件成熟的项目，包括南水北调后续工程等重大引调水、骨干防洪减灾、病险水库除险加固、灌区建设和改造等工程。这些工程加上其他水利项目，全年可完成投资约 8000 亿元。今年 1~3 月，全国完成水利投资 1077 亿元，跟去年同期相比，水利完成投资增加了 35%。为完成好今年水利建设任务，水利部将会同有关部门和地方，细化工作责任，抓好前期工作，落实建设资金，加快项目建设，加大监管力度。加快实施在建水利工程，对符合经济社会发展需要、前期技术论证基本成熟、省际间没有重大分歧、地方推动项目建设意愿较为强烈的重大水利项目，加快审查审批，推动工程尽早开工建设。推动新阶段水利高质量发展，增强国家水安全保障能力。

财政部农业农村司负责人介绍，在水利工程资金投入方面，近年来做到稳中有增。"从 2019 年到 2021 年，财政部通过一般公共预算累计安排超过 4400 亿元，其中安排水利发展资金 1700 亿元，重点支持防汛抗旱水利提升工程、地下水超采区综合治理，以及中型灌区节水改造等。通过相关政府性基金累计安排 1536 亿元，加大对库区移民帮扶力度，支持三峡后续工作、南水北调一期工程建设等。"2022 年，中央财政将加大支持力度、优化支出结构、提升政策效能。"今年我们通过一般公共预算安排 1507 亿元，其中水利发展资金达到 606 亿元；通过政府性基金安排 572 亿元，为今年扩大水利投资创造了有利条件。同时，地方政府债券也加大对水利项目的支持力度。在支持重点上，坚持目标导向、结果导向，聚焦短板弱项，聚焦重点领域，聚焦重点区域，在加大力度的同时，进一步完善激励约束机制，督促地方落实投入责任"。

在水利项目管理上，积极推行规划许可制、竞争立项制、专家评审制、绩效考核制，确保决策的科学性。在建设过程中，项目法人要充分发挥主导作用，协调设计、监理、施工单位及地方等多方的关系，实现目标管理。严格履行合同，具体包括：①项目建设单位建立了现场协调或调度制度。及时研究解决设计、施工的关键技术问题。从整体效益出发，认真履行合同，积极处理好工程建设各方的关系，为施工创造良好的外部条件。②监理单位受项目建设单位委托，按合同规定在现场从事组织、管理、协调、监督工作。同时，监理单位站在独立公正的立场上，协调建设单位与设计、施工等单位之间的关系。③设计单位应按合同及时提供施工详图，并确保设计质量。按工程规模，派出设计代表组进驻施工现场解决施工中出现的设计问题。施工详图经监理单位审核后交施工单位施工。设计单位对不涉及重大设计原则问题的合理意见应当采纳并修改设计。若有分歧意见，由建设单位决定。如涉及初步设计重大变更问题，应由原初步设计批准部门审定。④施工企业加强管理，认真履行承包合同。在施工过程中，要将所编制的施工计划、技术措施及组织管理情况汇报项目建设单位。湖北省除定期对建设项目进行抽检、巡检外，还采取"飞检"方式随时监控工程建设质量，发现问题及时通报整改。此外，湖北还充分发挥纪检监察、审计、媒体等部门的重要作用，形成了自上而下的资金督察工程稽查、审计检查、纪检监察四位一体的省、市、县三级监督体系。在资金管理上，严格实行国库集中支付和县级财政报账制，确保工程建设质量和资金使用安全。⑤项目建设单位组织验收，质量监督机构对工程质量提出评价意见。验收工作根据工程级别，由不同级别的主管部门负责验收，具体操作原则为：国家重点水利建设项目由原国家计委会同水利部主持验收；部属重点水利建设项目由水利部主持验收。部属其他水利建设项目由流域机构主持验收，水利部进行指导；中央参与投资的地方重点水利建设项目由省（自治区、直辖市）政府会同水利部或流域机构主持验收；地方水利建设项目由地方水利主管部门主持验收。其中，大型建设项目验收，水利部或流域机构派员参加重要中型建设项目验收，流域机构派员参加。工程竣工验收交付使用后，方可进行竣工决算。竣工验收后，工程将交给相关部门、单位进行使用，并负责日后的运营管理。四川省剑阁县坚持"两验一审"，即工程完工后，由乡镇组织用水户协会进行初验，县水务局、财政局组织复验，县审计局审计后兑现工程补助。坚持"三大制度"，即县级报账制、村民监督制、部门审核制。

为了配合纪检监察、审计等有关部门做好水利稽查审计，水利系统内部建立了省、市、县三级水利工程建设监督检查与考核联动机制，落实水利项目建设中主管部门、项目法人、设计单位、施工企业、监理等各方面的责任，形成一级抓一级、层层落实的工作格局。切实加强前期工作、投资计划、建设施工、质量安全等全过程监管，及时发现和纠正问题。加大对各地水利建设尤其是重点项目的监督检查，及时通报，督促各地进一步规范项目建设管理行为，确保资金安全、人员安全、质量安全。通过日常自查、接受检查、配合督察、验收核查等不同环节不断发现建设管理中的问题，对所有问题及时进行认真清理，建立整改工作台账；针对问题程度不同，采取现场督办整改、书面通知整改、通报政府整改等方式加强督办；为防止整改走过场，将每一个问题的责任主体、责任人、整改措施、整改到位时间全部落实。

为保证水利建设工作的顺利进行，在制度保障方面应积极出台相关建设管理办法，制定相应建设管理标准，使水利工程建设从立项审批、工程建设、资金管理、年度项目竣工验收等都有规可依、依规办事。组织保障方面，加强与各级部门沟通协调。与相关单位互相配合支持、各负其责、形成合力，确保各项水利建设工作健康发展。对水利建设组织领导、资金筹措、工程管理、矛盾协调、任务完成等情况进行严格的督察考核和评比，以此稳步推进农村水利建设工作的开展，确保取得实效。

（三）水利工程运行（运营）管理

水利工程管理体制改革的实质是理顺管理体制，建立良性管理运行机制，实现对水利工程的有效管理，使水利工程更好地担负起维护众利益、为社会提供基本公共服务的责任。

1. 建立职能清晰、权责明确的水利工程分级管理体制

准确界定水管单位性质，合理划分其公益性职能及经营性职能。承担公益性工程管理的水管单位，其管理职责要清晰、落实到位；同时要纳入公共财政支付，保证经费渠道畅通。

2. 建立管理科学、经营规范的水管单位运行机制

加大水管单位内部改革力度，建立精干高效的管理模式。核定管养经费，实行管养分离，定岗定编，竞聘上岗，逐步建立管理科学，运行规范，与市场经济相适应，符合水利

行业特点和发展规律的新型管理体制和运行机制，更好地保障公益性水利工程长期安全可靠地运行。

3. 建立严格的工程检查、观测工作制度

各水管单位应制定详细的工程检查与观测制度，并随时根据上级要求结合单位实际修订完善。工程检查工作，可分为经常检查、定期检查、特别检查和安全鉴定。

4. 推进水利工程运行管理规范化、科学化

要实现水利工程管理现代化，水利工程管理就必须实现规范化和科学化。如，水库工程须制定调度方案、调度规程和调度制度，调度原则及调度权限应清晰；每年制订水利调度运用计划并经主管部门批准；建立对执行计划进行年度总结的工作制度。水闸、泵站制定控制运用计划或调度方案；应按水闸(泵站)控制运用计划或上级主管部门的指令组织实施；按照泵站操作规程运行。河道(网、闸、站)工程管理机构制定供水计划；防洪、排涝实现联网调度。通过科学调度实现工程应有效益，是水利工程管理的一项重要内容。要把汛期调度与全年调度相结合，区域调度与流域调度相结合，洪水调度与资源调度相结合，水量调度与水质调度相结合，使调度在更长的时间、更大的空间、更多的要素、更高的目标上拓展，实现洪水资源化，实现对洪水、水资源和生态的有效调控，充分发挥工程应有作用和效益，确保防洪安全、供水安全、生态安全。

5. 立足国家互联网+战略，推进水利工程管理信息化

依托国家互联网+战略，加强水利工程管理信息化基础设施建设，包括信息采集与工程监控、通信与网络、数据库存储与服务等基础设施建设，全面提高水利工程管理工作的科技含量和管理水平。①建立大型水利枢纽信息自动采集体系。采集要素覆盖实时雨水情、工情、旱情等，其信息的要素类型、时效性应满足防汛抗旱管理、水资源管理、水利工程运行管理、水土保持监测管理的实际需要。建立水利工程监控系统，以提升水利工程运行管理的现代化水平，充分发挥水利工程的作用。②建立信息通信与网络设施体系。在信息化重点工程的推动下，建立和完善信息通信与网络设施体系。③建立信息存储与服务体系。提供信息服务的数据库，信息内容应覆盖实时雨水情、历史水文数据、水利工程基本信息、社会经济数据、水利空间数据、水资源数据、水利工程管理有关法规、规章和技术标准数据、水政监察执法管理基本信息等方面。水利工程管理信息化建设中，应注意：建立比较完善的信息化标准体系；提高信息资源采集、存储和整合的能力；提高应用信息化手段向公众提供服务的水平；大力推进信息资源的利用与共享；加强信息系统运行维护管理，定期检查，实时维护；建立、健全水利工程管理信息化的运行维护保障机制。在病险水库除险加固和堤防工程整治时，要将工程管理信息化纳入建设内容，列入工程概算。对于新的基建项目，要根据工程的性质和规模，确定信息化建设的任务和方案，做到同时设计，同期实施，同步运行。

6. 树立现代的水利工程管理理念

一是树立以人为本的意识。优质的工程建设和良好运行管理的根本目的是广大人民群众的切身利益，为人民提供可靠的防洪保障和供水保障。要尽最大努力保护生产者的人身安全，保护工程服务范围内人民群众的切身利益，保证江河资源开发利用不会损害流域内的社会公共利益。二是树立公共安全的意识。水利工程公益性功能突出，与社会公共安全密切相关。要把切实保障人民群众生命安全作为首要目标，重点解决关系人民群众切身利益的工程建设质量和工程运行安全问题。三是树立公平公正的意识。公平公正是和谐社会的基本要求，也是水利工程建设管理的基本要求。在市场监管、招标投标、稽查检查、行政执法等方面，要坚持公平公正的原则，保证水利建筑市场规范有序。四是树立环境保护的意识。人与自然和谐相处是构建和谐社会的重要内容，要高度重视水利建设与运行中的生态和环境问题，水利工程管理工作要高度关注经济效益、社会效益、生态效益的协调发挥。

（四）水利工程维修养护管理

1. 建立市场化、专业化和社会化的水利工程维修养护体系

水管体制改革，实施管养分离后，建立健全相关的规章制度，制定适合维修养护实际的管理办法，用制度和办法约束、规范维修养护行为，严格资金的使用与管理，实现维修养护工作的规范化管理。要规范建设各方的职责、规范维修养护项目合同管理、规范维修养护项目实施、规范维修养护项目验收和结算手续、建立质量管理体系和完善质量管理措施。

2. 在水管单位的具体改革中，稳步推进水利工程管养分离

具体可分 3 步走：第 1 步，在水管单位内部实行管理与维修养护人员以及经费分离，工程维修养护业务从所属单位剥离出来，维修养护人员的工资逐步过渡到按维修养护工作量和定额标准计算；第 2 步，将维修养护部门与水管单位分离，但仍以承担原单位的养护任务为主第 3 步，将工程维修养护业务从水管单位剥离出来，通过招标方式择优确定维修养护企业，水利工程维修养护走上社会化、规范化、标准化和专业化的道路。对管理运行人员全部落实岗位责任制，实行目标管理。

3. 建立、健全并不断完善各项管理规章制度

基层水管单位应建立、健全并不断完善各项管理规章制度，包括人事劳动制度、学习培训制度、岗位责任制度、请示报告制度、检查报告制度、事故处理报告制度、工作总结制度、工作大事记制度、安全管理制度、档案管理制度等，使工程管理有章可循、有规可依。管理处应按照档案主管部门的要求建有综合档案室，设施配套齐全，管理制度完备，档案分文书、工程技术、财务等三部分，由经档案部门专业培训合格的专职档案员负责档案的收集、整编、使用服务等综合管理工作。档案资料收集齐全，翔实可靠，分类清楚，排列有序，有严格的存档、查阅保密等相关管理制度，通过档案规范化管理验收。同时，抓好各项管理制度的落实工作，真正做到有章可循，规范有序。

二、从用途分的水利工程管理体系

（一）防洪安全工程

首先，河道管理工作是防洪安全工程管理的重要内容，也是水利社会管理的重要内容，事关防洪安全和经济可持续发展大局。当前河道管理相对薄弱，涉河资源无序开发，河道范围内违规建设，侵占河道行洪空间、水域、滩涂、岸线，这些都严重影响了行洪安全，危及人民生命财产安全。要按照相关条例法规，在加强水利枢纽工程管理的同时，着重加强河道治理、整治工作，依法加强对河道湖泊、水域、岸线及管理范围内的资源管理。

其次，建立遥测与视频图像监视系统。对河道工程，建立遥测与视频图像监视系统。可实时"遥视"河道、水库的水位、雨势、风势及水利工程的运行情况，网络化采集、传输、处理水情数据及现场视频图像，为防汛决策及时提供信息支撑。有条件时，建立移动水利通信系统。对大中型水库工程，建立大坝安全监测系统。用于大坝安全因子的自动观测、采集和分析计算，并对大坝异常状态进行报警。

最后，建立洪水预报模型和防洪调度自动化系统。该系统对各测站的水位、流量、雨量等洪水要素实行自动采集、处理并进行分析计算，按照给定的模型做出洪水预报和防洪调度方案。

（二）农田水利工程

首先，充分发挥各类管理主体的积极作用。在现行制度安排下，农户本应该成为农田水利设施供给的主体，但单户农民难以承担高额的农田水利工程建设投入，这就需要有效的组织。但家庭联产承包责任制降低了农民的组织化程度，农田水利建设的公共品性质与土地承包经营的个体存在矛盾，农户对农田水利建设缺乏凝聚力和主动性。因此，就造成了农田水利建设主体事实上的缺位。需要各级政府、各方力量通力合作，采取综合措施，遵循经济规律，分类型明确管理主体，切实负起建设管理责任。地方政府是经济社会的领导者和管理者，掌握着巨大的政治资源和财政资金，有农村基础设施建设的领导权、决策权、审批权和各种权力，在农田水利工程建设中应担当四种角色：①制度供给者。建立和完善农村公共产品市场化和社会化的规则，建立起公共财政体制框架，解决其中的财政"越位"和"缺位"问题。②主要投资者角色。应该发挥政府公共产品供给上的优势和主导作用。③多元供给主体的服务者与多元化供给方式的引入角色。鼓励和推动企业和社会组织积极参与农村公共产品的供给，营建政府与企业、社会组织的合作伙伴关系。④监督者角色。建立标准并进行检查和监督以及构建投诉或对话参与渠道等，建立公共产品市场准入制度，实现公共产品供给的社会化监督。农田水利建设属于公共品，地方政府在农田水利建设中应承担主导作用。因此在农田水利建设管理中，各级政府要转变角色，由从前的直接用行政手段组织农民搞农田水利的传统方式，转变到重点抓权属管理、规划管理、宣传发动、资金扶持等，从单纯的行政命令转变到行政、法律、科技、民主、教育相结合，由过去的组织推动转变为政策引导、典型示范、优质服务。

面对农村经济社会结构正在发生的深刻变化，要充分发挥农民专业合作社、家庭农场、用水协会等新型主体在小型农田水利建设中的作用，推动农民用水合作组织进行小型农田水利工程自主建设管理。按照"依法建制，以制治村，民主管理，民主监督"的原则，组建农民用水合作组织法人实体，推进土地连片整合，成片开发，规模化建设农田水利工程，突破一家一户小块土地对农田水利建设的制约，通过农田水利建设将县、乡、村、农户的利益捆绑起来，可以用好用活"一事一议"，充分尊重群众意愿，充分发挥农民的主体作用和发挥农民对小型农田水利建设的积极性。

其次，提高农田水利工程规划立项的科学性。以科学的态度和先进的理念指导工作，要做到科学规划、科学决策，把农田水利建设规划作为国民经济发展总体规划的组成部分，结合农业产业化、农村城镇化和农业结构调整，统筹考虑农田水利建设，使之具有较强的宏观指导性和现实操作性。农田水利建设项目的规划设计要具有前瞻性，着眼新农村建设，以促进城乡一体化和现代农业建设为突破口，体现社会、自然、人文发展新貌，既要尊重客观规律，又要从实际出发。从整体、长远角度对农田水利工程进行统一规划，大中小水利工程统筹考虑，水库塘坝、水窖等相互补充，建设"旱能灌、涝能排""有水存得住、没雨用得上"的农田水利工程体系，重点加强对农民直接受益的中小型农田水利的建设，支持灌溉、储水、排水等农田水利设施的改扩、新建项目，做到主支衔接，引水、蓄水、灌溉并重，大小水利并进。

要因地制宜，建立村申请、乡申报、县审批的立项程序，进行科学论证和理性预测，综合分析农田水利工程项目建设的可行性和必要性，择优选择能拉动农村经济发展、放大财政政策效应的可持续发展项目，建立县级财政农田水利建设项目库，实行项目立项公告制和意见征询制，把农民最关心、受益最大、迫切需要建设的惠民工程纳入建设范畴，形成完备的项目立项体系，解决项目申报重复无序的问题。积极推广"竞争立项，招标建设，以奖代补"的建设模式，将竞争机制引入小型农田水利工程建设，让群众全过程参与，群众积极性高项目合理优先支持。推行定工程质量标准、定工程补助标准，将政府补助资金直接补助到工程的"两定一补"制度。同时，加快明晰工程权属。适应深入推进农村集体产权制度改革的要求，加快农田水利工程清产核资、确权领证，及时验收登记造册。大中型灌区斗渠及以下田间工程可由水管单位代行所有权，也可由农民、农村集体经济组织、农民用水合作组织、新型农业经营主体等持有和管护。社会资本参与或受益主体自主建设的，按照"谁投资、谁所有"的原则落实工程所有权和使用权，依法享有继承、转让（租）、抵押等权益。积极探索农田水利设施股权量化、农民公平受益等改革，增加农民和农村集体经济组织的资产性收益，促进资源变资产、资金变股金、农民变股东。完善资产评估制度，建立农田水利工程产权交易、转让、质押和退出机制。支持农田水利工程所有权和使用权、工程建成后的供水收入等收费权作为抵质押物，吸纳金融资本投入农田水利建设。通过农村集体产权交易平台等实现农田水利工程所有权、使用权有偿交易转让，让资产在流动中增值。

（三）取供用水工程

首先，建立水利枢纽及闸站自动化监控系统。建立水利枢纽及闸站自动化监控系统，对全枢纽的机电设备、泵站机组、水闸船闸启闭机、水文数据及水工建筑物进行实时监测、数据采集、控制和管理。运行操作人员通过计算机网络实时监视水利工程的运行状况，包括闸站上下游水位、闸门开度、泵站开启状况、闸站电机工作状态、监控设备的工作状态等信息。并且可依靠遥控命令信号控制闸站闸门的启闭。为确保遥控系统安全可靠，采用光纤信道，光纤网络将所有监测数据传输到控制中心的服务器上，通过相应系统对各种运行数据进行统计和分析，对工程调度提供及时准确的实时信息支撑。

其次，建立供水调度自动化系统。该系统对供水工程设施（水库蓄泄建筑物、引水枢纽、抽水泵站等）和水源进行自动测量、计算和调节、控制，一般设有监控中心站和端站。监控中心站可以观测远方和各个端站的闸门开启状况、上下游水位，并可按照计划自动调节控制闸门启闭和开度。

三、完善我国水利工程管理体系的措施

我国在水利专业工程体系改革中做出有效努力，加大改革和创新力度，并取得巨大的成就，初步实现了工程管理的制度化、规范化、科学化、法治化，初步建立了现代的治水理念、先进的科学技术、完善的基础设施、科学的管理制度，确保了水利工程设施完好，保证水利工程实现各项功能，长期安全运行，持续并充分发挥效益。由于开展水利工程建设属于一个循序渐进的过程，并且和现实的生活状态也息息相关，所以，我们要把涉及建立水利工程机制的一系列工作都做好，以解决水利工程所面临的问题。

（一）强化水利工程管理意识

水利工程管理水平的提升，需要有效地转变工程管理人员的观念，强化现代的水利工程管理意识。从传统的水利管理淡薄，转变为重视水利工程管理工作。要从思想入手从根本上解决问题，切实提高认识，改变"重建设轻管理"的观念，把工程工作的重心转移到工程管理上来，从而促进工程管理的发展。要树立可持续发展的水利工程管理，保证水资源的可持续发展，从而实现经济和社会的可持续发展的新思路。很大一部分水利工程管理人员在思想上还将水利工程认为是单纯性的公益事业和福利事业，对水利工程是国民经济的基础设施和基础产业的事实缺乏认识度，所以需要加快观念上的改变；而且在观念上还存在着无偿供水的想法，这就需要树立水是商品的观念，通过计收水费，实现以水养水，自我维持；对水利事业的认识存在片面性，觉得只是为农业服务，对水利工程服务于国民经济和社会全面发展，可以依靠水利工程来进行多种经营的开展的认识不足；在水利工程管理工作中，存在着等、靠、要的观念，安于现状，不求改变，缺乏赢利观念，所以需要加快思想观念的转变，在水利工程管理工作中，管理者应该有效益管理的观念，在保证经济效益的同时要实现环境、社会和生态效益。在加强对水利资源保护的基础上，注意对水利资源进行合理开发和优化配置。要树立以人为本，服务人们的意识。水利工程建设及管理是为了人民群众的切实利益，保证人民群众的财产安全，提供安全可靠的防洪以及供水保障，并且水利管理者应该具备全面服务人民群众的思想，重视生态环境问题，实现人与自然和谐相处，最终实现水利工程经济、环境和社会效益的协调发展。

（二）强化水利工程管理体系的创新策略

在科技和产业革命的推动下，水利工程也由传统向现代全方位多层次的发展变化。水利工程建设行业自身是资本和技术密集型行业，科技和产业的创新始终贯穿于行业发展的全过程。强化水利工程管理体系创新策略不仅要求在水利工程建设过程中的科技和行业创新，而且还要求在管理方式中，要树立创新意识，始终将先进的、创新的管理理念贯穿在管理的全过程中。既要求科技和行业的创新推动管理的创新，又要管理主动创新推动行业创新。

（三）强化水利工程的标准化、精细化目标管理

认真贯彻落实水利部《水利工程管理考核办法》，通过对水管单位全面系统的考核，促进管理法规与技术标准的贯彻落实，强化安全管理、运行管理、经营管理和组织管理，并

初步提高规范化管理的水平。水利工程管理体系的基本目标就是在保证水利设施完好无损的条件下，保证水利工程可以长期安全地作业，确保长期实现水利工程的效益。结合水利管理的情况，为了推进水利管理进程，实现水利管理的具体目标可以从以下方面做起：改革和健全水利工程管理，实现工程管理模式的创新，努力完善与市场经济要求相适应、符合水利工程管理特征以及发展规律的水利工程标准及其考核办法。

（四）强化公共服务、社会管理职能

水利工程肩负着我国涉水公共服务和社会管理的职能。在水利工程管理过程中，要强化公共服务和社会管理的责任，特别是要进一步加强河湖工程与资源管理，以及工程管理范围内的涉水事务管理，维护河湖水系的引排调蓄能力，充分发挥河湖水系的水安全、水资源、水环境功能，并为水生态修复创造条件。

（五）强化高素质人才队伍的培养

水管单位普遍存在技术人员偏少，学历层次偏低，技术力量薄弱，队伍整体素质不高等问题，难以适应工程管理现代化的需要。随着水利事业的发展和科学技术的进步，水利工程管理队伍结构不合理、管理水平不高问题更为突出，迫切需要打造一支高素质、结构合理、适应工程管理现代化要求的水利工程管理队伍。制定人才培养规划；制定人才培养机制及科技创新激励机制；加大培训力度，大力培养和引进既掌握技术又懂管理的复合型人才；采取多种形式，培养一批能够掌握信息系统开发技术、精通信息系统管理、熟悉水利工程专业知识的多层次、高素质的信息化建设人才。

第五章

节水灌溉基本知识

节水灌溉一词近年来在我国已十分流行，其含义甚广，方法措施也很多。灌溉水从水源到田间要经过几个环节，每个环节中都存在水量无益损耗。凡是在这些环节中能够减少水量损失、提高灌溉水使用效率和经济效益的各种措施，均属于节水灌溉范畴。

第一节 节水灌溉的内涵及意义

一、节水灌溉的内涵及其范畴

节水灌溉是根据作物需水规律及当地供水条件，为了有效地利用降水和灌溉水，获取农业的最佳经济效益、社会效益、生态环境效益而采取的多种措施的总称，在我国，人们习惯用"节水"这一提法，更确切的提法应当是"高效节水"，国外多用后者。节水是相对的概念，不同的水源条件，不同的自然条件和社会经济发展水平，对节水灌溉有不同的要求。因此，不同国家、不同地区、不同历史发展阶段，有不同的节水标准。节水灌溉，主要是对符合一定技术要求的灌溉而言。由于灌溉是补充天然降水的不足，从而促使作物高产高效，节省灌溉用水，当然首先要提高天然降水的利用率。因此，把"节水灌溉"仅仅理解为节约灌溉用水是不全面的，应当在考虑灌溉的同时，还要把各种可以用于农业生产的水源，如地面水、地下水、天然降水、灌溉回归水、经过处理以后的污水、"废水"以及土壤水等都充分、合理地利用起来，并采用各种节水措施提高水的有效利用率。节水灌溉不仅包括灌溉过程中的节水措施，还包括与灌溉密切相关、提高农业用水效率的其他措施，如雨水蓄集、土壤保墒、渠井结合、渠系水优化调配、农业节水措施、用水管理措施等。广义的节水灌溉包含了农业高效用水的大部分内容。

灌溉通过给农田补充水分来满足作物需水要求，创造作物生长的良好环境条件，以获得较高的产量，从水源到形成作物产量要经过以下四个环节：

（1）通过渠道或管道将水从水源输送至田间；

（2）将引至田间的灌溉水尽可能均匀地分配到所指定的面积上转化为土壤水；

（3）作物吸收、利用土壤水，以维持它的生理活动；

（4）通过作物复杂的生理过程，形成经济产量。

前两个环节主要决定于工程技术条件和管理水平。从水源引水至田间，需修建渠道（或管道)和必要的水利工程建筑物;同时还需要一定的管理组织和管理技术。由于自然的、管理的和工程技术等原因,有一部分甚至一半以上的水在沿途损失了。这种水量损失程度可用渠系水利用系数来反映。渠系水利用系数一般根据流量计算,为了反映水量损失情况,在管理上也有以水量计算的,即从灌区的末级固定渠道供给田间的毛水量和与同一时期"渠首"引进水量(不含非灌溉用水量)之比。因此,灌溉水从水源输送至田间沿程水量损失越大,渠系水利用系数越低。实践证明,通过工程和管理措施可以显著地减少这一环节中的水量损失,提高渠系水利用系数。引入田间的灌溉水在转化为土壤水过程中也有水量损失,如深层渗漏和地面径流等损失。以水量计算的田间水利用系数可以反映田间灌溉水的损失程度,它是指同一时期内田间实际灌水面积计划湿润层内土壤中得到净水量与灌区末级固定渠道供给田间毛水量的比值。田间灌溉水损失越大,田间水利用系数越小,田间灌溉水有效利用程度与田间工程、土地平整以及所采用的灌水方法和技术有密切关系。例如,根据陕西省洛惠渠管理局的统计,实行小畦灌溉比大水漫灌可降低灌溉定额17%~35%;又据文献报道,在半干旱地区用塑料软管代替水沟进行长畦分段灌溉,比一般的长畦灌溉可省水40%~60%,微灌时水的利用率更高,一般要比地面灌溉省水30%~50%,也比喷灌省水15%~25%。由水源引水到田间灌水,都不与农作物吸收和消耗水分的过程直接发生关系。但是,这两个环节的节水潜力比较大,措施比较明确,是当前节水灌溉的重要方面。

在后两个环节中进行节水,一是靠减少作物棵间蒸发量,二是靠减少作物蒸腾量。作物全生育期棵间蒸发量约占作物总需水量的40%~60%。这部分水量对改善作物生长环境有一定作用,不完全属于浪费水量。但从现有试验资料看,适当减少棵间蒸发量并不一定会影响作物产量,如覆盖保墒和局部灌溉技术均可大幅度减少棵间蒸发量,但对产量不产生影响。至于减少作物蒸腾量会不会影响作物生产发育和产量,目前尚存在一些理论问题有待解决。近年来的许多节水灌溉或非充分灌溉试验研究表明,在一定条件下,适当减少作物植株蒸腾量,也不会导致减产。

综上所述,节水灌溉应从整个灌溉过程上着手,凡能减少灌溉水损失、提高灌溉水使用效率的措施、技术和方法均属节水灌溉范畴。事实上,从水源引水到形成作物产量的每一环节中,都存在着节水潜力。一般情况下,节水应是减少灌溉水的无益消耗,不减少作物正常的需水量,不使作物减产;有些情况下,为了解决供需矛盾,也采用低于作物正常需水量标准进行供水,即采用非充分灌溉,这时不再追求单位面积上产量最高,而是以有限的水资源量,使整个区域上获得最高总产量的经济效益为目标。

二、发展节水灌溉的必要性

在人类所有的生产活动中农业灌溉用水量占至80%的比例,但传统的灌溉模式中使得水的实际利用率仅为30%~40%,大水漫灌不仅导致生产效率低下,而且造成了水资源的浪费。水资源是保证农业可持续发展的决定性因素,传统农业生产模式中多采用大水漫灌的灌溉模式,造成了严重的水资源浪费,因此发展农田节水灌溉技术十分必要。

节水灌溉可以节约水资源。农田灌溉在水资源利用中占据相当大的比例,实行节水灌溉技术可减少无效耗水,提高水资源的利用率,从而缓解水资源供应紧张的问题,改善生态环境,促进农业的可持续发展。

节水灌溉可提高农业生产效率。节水灌溉技术可以根据不同农作物不同时期的实际需求量调节灌溉量，并结合先进的设备、技术为农作物创造一个更加适宜的水分条件，使得自然环境、相关因子对农作物的生长起到良性的促进作用，从而提高农作物的产量及品质。

节水灌溉可以减少灌溉中的劳动力。节水灌溉技术利用先进的设备、技术，提高了劳动效率，减轻了农业灌溉中的人工投入，为农村的经济发展节省更多劳动力，有利于农村劳动力的优化配置，促进农村产业结构的完善。

第二节　节水灌溉技术的主要内容

一、水源开发与优化利用技术

（一）雨水集流技术

在我国北方干旱缺水的地区，采取各种措施把有限的降雨汇集存储起来，供农村饮水和农作物灌溉用。其主要做法如下。

完善各种集水面雨水收集系统，如采取源头截污措施，初期雨水弃流或分流；合理设置调蓄池（塘），有条件时尽量减少多功能调蓄设施；各种渗透装置及其配水系统；合理选择处理净化工艺和措施，有条件时重点选用雨水湿地，雨水生态塘、自然生态处理措施；发展和建设人工水体自净和水质保障系统，大力推广植被浅沟技术；考虑雨水回用与景观园林相结合（喷灌、绿化、喷泉等）；考虑雨水循环利用的可行性，并合理设置相应的提升系统和安全溢流系统等。

（二）劣质水利用技术

在水源十分紧缺的地区，对一些劣质水源，如微咸水、污水等，在搞清水质的基础上，可根据土壤积盐状况、农作物不同生育期耐盐能力，直接利用微咸水进行灌溉，或者咸淡水掺混后使用。利用微咸水灌溉时，特别要注意掌握灌水时间、灌水量、灌水次数，同时与耕作栽培技术措施密切配合，防止土壤盐碱化。城市或工矿企业排放的废水含有各种重金属元素、有害无机物或有机化合物、病原生物等，必须经过严格净化处理达到灌溉水质标准后，才能用于灌溉非直接食用的农作物。污水处理需要专门的技术与设施。我国有些地区直接引用污水进行灌溉，或处理后的污水未达标准即用来灌溉蔬菜等食用作物，不仅引起农业环境的污染，而且危害人体健康，应当引起重视。

（三）灌溉回归水利用技术

一些灌区渠系和田间产生的渗漏水、退水、跑水可收集起来作为下游地区的灌溉水源。使用回归水之前，要化验确认其水质是否符合灌溉水质标准。

（四）井渠结合——地表水、地下水互补技术

有些自流灌区在干旱季节地表来水少，轮灌周期长，供水不足，可采用井渠结合，打一部分机电井，提取地下水补充地表水的不足。而抽取地下水以后，地下水位降低，又能起到"腾空"地下库容，增加雨季降水及灌溉水入渗补给地下水的作用。地表水、地下水两

者互为补充，提高了水资源的有效利用率。

（五）储水灌溉技术

把河流冬季多余的闲水引到田间灌溉，存储到土层中，供春季作物吸收利用，以缓解春季河流来水不足与供水紧张的矛盾。在南方地区也可将冬季的雨水、灌溉水存蓄于水田中，称为冬水田，以供次年春耕之用。

二、节水灌溉工程技术

（一）喷灌技术

喷灌是把由水泵加压或自然落差形成的有压水通过压力管道送到田间，再经喷头喷射到空中，形成细小水滴，均匀地洒落在农田，达到灌溉的目的。喷灌几乎适用于除水稻外的所有大田作物，以及蔬菜、果树等。它对地形、土壤等条件适应性强。但在多风的情况下，会出现喷洒不均匀、蒸发损失增大的问题。与地面灌溉相比，大田作物喷灌一般可省水 30%~50%，增产 10%~30%。最大优点是使农田灌溉从传统的人工作业变成半机械化、机械化，甚至自动化作业，加快了农业现代化的进程。

（二）微灌技术

微灌是通过管理系统与安装在地面管道上的灌水器，如滴头或微喷头等，将有压水按作物实际耗水量适时、适量、准确地补充到作物根部附近土壤进行灌溉，它可以把灌溉水在输送过程中以及到了田间以后的深层渗漏和蒸发损失减少到最低限度，使传统的"浇地"变成为"浇作物"。由于它只向作物根区土壤供水，故也称其为局部灌溉。微灌可分为微喷灌、滴灌等。微灌是用水效率最高的节水技术之一。它的另一特点是可以把作物所需养分掺混在灌溉水中。在灌水的同时进行施肥，既减少用工又提高肥效，促使作物增产。以色列、美国等国家的微灌技术达到了很高的水平，基本实现了灌溉过程自动化，但是造价昂贵，因此主要用于大棚和温室的蔬菜、花卉以及果树等高产值经济作物的灌溉。我国在学习、引进、消化吸收国外先进技术的基础上，初步形成了自己的微灌产品生产能力。

（三）渠道防渗技术。

我国各类灌区渠道总长度达数百万公里，大多数为土渠，水的渗漏损失很大。为了减少输水过程中的这部分损失，采用建立不易透水的防护层，如混凝土护面、浆砌石衬砌、塑料薄膜防渗等多种方法，进行防渗处理，既减少了水的渗漏损失，又加快了输水速度，提高了浇地效率，深受群众欢迎，成为我国目前应用最广泛的节水技术之一。与土渠相比，混凝土护面可减少渗漏损失 80%~90%，浆砌石衬砌减少渗漏损失 60%~70%，塑料薄膜防渗减少渗漏损失在 90%以上。

（四）低压管道输水技术

用塑料或混凝土等管道输水代替土渠输水，可大大减少输水过程中的渗漏和蒸发损失，水的利用率可达 95%。另外，还可减少渠道占地，提高输水速度，加快浇地进度。由于缩短了轮灌周期，有利于控制灌水量，因而也有一定的增产效果。管道输水系统通常由地下管道和地面移动管道（闸管）组成。如果不考虑将来发展喷灌的要求，通常采用低压管材。

井灌区利用井泵余压可以解决输水所需压力问题，在我国北方井灌区低压管道输水技术推广较快。大型自流灌区如何以管道代替土渠输水，尚有若干技术问题有待研究解决。

（五）膜上灌水技术

膜上灌水，俗称膜上灌，是在地膜覆盖栽培的基础上，把过去的地膜旁侧灌水改为膜上流水，水沿放苗孔和地膜旁侧渗水或通过膜上的渗水孔，对作物进行灌水。通过调整膜畦首尾的渗水孔数及孔的大小，来调整沟畦首尾的灌水量，可得到较常规地面灌水方法相对高的灌水均匀度。膜上灌投资少，操作简便，便于控制灌水量，加快输水速度，可减少土壤的深层渗漏和蒸发损失，因此，可以显著提高水的利用率。这种技术在新疆已大面积推广，与常规的玉米、棉花沟灌相比，省水 40%~60%，并有明显增产效果。

（六）抗旱点浇技术

在我国东北和西南部分地区，一般年份降雨基本可以满足作物生长对水分的需要。但在春季播种期常遇干旱出苗率低而减产。为解决播种期土壤墒情不足的问题，群众在实践中创造了抗旱点浇(俗称"坐水种")的方法，即在土穴内浇少量水，下种，覆土。过去多靠人力作业，近年来已在很多地方向机械化、半机械化发展，将开沟、注水、播种、施肥、覆土等多道工序一次完成，大大提高了效率。

（七）沟畦灌水技术

渠道防渗和低压管道输水两项技术只解决减少输水损失问题，田间灌水过程中还有很大节水潜力。沟畦灌已有漫长的历史，在当代科技发展日新月异的新形势下，一些新技术与之结合，使其重新焕发出生命力。例如，国外采用激光扫描仪控制平地机刀铲的吃土深度，可使地面高低差别控制在 1cm 以内。另外缩短灌水沟沟长，采用涌流间歇灌水等都可使田间灌水有效利用率大幅度提高。这些先进技术在我国正在研究试验。目前生产上普遍推广的沟畦灌水技术是以人力为主，在精细平整土地基础上大畦改小畦，长沟改短沟，使沟畦规格合理化，可使灌水定额减少 20%~25%，这种技术充分发挥了我国劳动力资源丰富的优势，花钱很少，技术简单易行。

（八）土壤墒情监测与灌水预报技术

用先进的科学技术手段，如张力计、中子仪、电阻法等监测土壤墒情，数据经分析处理后配合天气预报，预报适宜灌水时间、灌水量，做到适时适量灌溉，有效地控制土壤水分含量，达到既节水又增产的目的。这种技术要与其他节水技术措施配套使用。

（九）灌区输配水系统水的量测与自动监控技术

真正实现优化配水、合理调度、高效用水，还必须及时准确地掌握灌区水情，如水库、河流、渠道的水位、流量、含沙量乃至抽水灌区的水泵运行情况等技术参数，对几十万亩、几百万亩的大型灌区尤其必要。这是实施节水灌溉的基础技术工作。高标准的节水灌溉工程应在数据采集、数据计算机处理的基础上实现自动监测控制。

三、农业保墒节水技术

（一）耕作保墒技术

采用深耕松土，疏松保墒，中耕除草，增施有机肥，改良土壤结构等耕作方法，可以疏松土壤，增大活土层，增强雨水入渗速度和入渗量，减少降雨径流流失，切断毛细管，减少土壤水分蒸发，既提高天然降水的蓄集能力，又可减少土壤水分蒸发，保持土壤墒情，是一项行之有效的节水技术措施。

（二）覆盖保墒技术

在耕地表面覆盖地膜、秸秆等材料可以抑制土壤水分蒸发，减少降雨地表径流，起到蓄水保墒，提高水的利用率，促使作物增产的效果。这种技术除了保墒以外，还有提高地温、培肥地力、改善土壤物理性状的作用。覆盖的材料可以就地取材，例如，用作物的残茬、秸秆、草肥等，甘肃等地也有用沙石覆盖的，叫作"沙田"。随着近代高分子材料工业的发展，塑料薄膜覆盖保墒栽培技术已广泛应用，成为保墒省水增产效果非常显著的新技术。据观测，地膜覆盖可增加耕作层土壤水分 1%～4%，在干旱地区全生育期可节水 1500～2250m^3/hm^2，并可增产 40%以上。还有的施用特制的高分子化学物质，如合成酸渣制剂等，在土壤表面形成一层覆盖膜，起到既阻隔土壤水分蒸发又不影响降水入渗土壤的效果。

四、节水管理技术

用科学方法进行用水管理也可挖掘很大的节水潜力。只有在重视工程节水技术，耕作栽培节水技术的同时，重视和加强节水管理，才能收到事半功倍的效果。

（1）改进和完善灌溉制度，用节水型的灌溉制度指导灌水。如广西、江苏等省（自治区）推广的水稻"浅、湿、薄、晒"灌水技术，为水稻生长创造良好的水、肥、气、热环境，既节水，又促进增产，比常规灌溉省水 10%～20%，节水 1500m/hm^2以上，增产 5%～10%。

（2）制定适合不同地区自然和社会经济条件的农业节水技术政策，使干部和广大群众都明确在一定条件下应当优先采用哪些技术。

（3）制定和完善有利于节水的政策、法规。例如，确定合理水价，促使人们珍惜水、节约用水；制定鼓励和奖励政策，使为节水付出的代价得到合理补偿，奖励对节水做出贡献的单位和个人。

（4）建立健全节水管理组织和节水技术推广服务体系，完善节水管理规章制度，把节水管理责任落实到每项工程、每个干部职工、每个农民。总结交流推广先进经验，举办不同层次的节水技术培训班，普及节水科技知识，加强节水宣传，使节水观念深入人心，成为人们的共识和自觉行动。特别要重视对农民的培训教育，农民是直接用水者，应通过各种形式让农民参与灌溉用水管理，使其在节水灌溉工作中发挥更大的作用。

第三节　我国节水灌溉发展及前景

一、节水灌溉的发展概况

我国节水农业发展的历史源远流长，而且与灌溉农业的发展密切相连。在距今 4000 多年以前就有了临河挖渠、凿井汲水的灌溉农业，在漫长的历史岁月中，灌溉农业的建设绵延不断，对促进当时的农业生产和社会经济发展起到了十分重要的作用。灌溉农业的发展主要受水资源的制约，古代的劳动人民在与旱灾进行的长期斗争中，已懂得采用一些简单的节水农业技术，如夯实输水土渠的渠床减少输水渗漏损失；在蒸发量大的西北农田上铺上石子以减少农田土壤水分的蒸发损失等，对节约农业用水起到了一定作用。但是，由于社会和技术等原因，到1949年我国节水农业的基础十分薄弱，除了在少数灌区建设有少量渠道防渗外，基本上仍是空白。中华人民共和国成立后随着我国灌溉农业的大规模发展，农业水资源的供需矛盾逐渐呈现，节水农业技术开始受到有关部门的重视。20世纪五六十年代，水利部门就开展了节水灌溉技术研究，到70年代初某些技术已大面积在农业生产中推广应用。如在自流灌区大力推广渠道防渗衬砌减少输水渗漏损失，田间开展平整土地、划小畦块，推行短沟或细流沟灌，建立健全用水组织，实行计划用水，按方收费。70年代中期在机电泵站和机井灌区进行节水节能技术改造。70年代中到80年代初，在丘陵山区、土壤透水性强、水源奇缺以及实行抗旱灌溉的北方地区和南方经济作物区，推广喷灌、微灌等先进输水技术。80年代初到90年代初，在北方井灌区大面积发展低压管道输水灌溉技术。从90年代开始，进一步将节水灌溉工程技术、农业技术和管理技术有机结合，形成配套技术，并大面积推广田间灌溉、科学用水技术，如小麦优化灌溉、水稻浅湿灌溉、膜上灌等。与此同时，以提高降水利用率为目标的旱地农业增产技术也得到大面积推广应用。这些技术的大范围推广应用，使我国节水农业的发展提高到一个新水平。

目前，对于雨水、污水、微咸水等水资源的利用和开发成为缓解水资源紧缺的重要形成，各个国家都加强了对这些非传统水资源的开发和利用，开展相应的科研工作。例如，在美国、以色列、墨西哥等国家对于污水灌溉进行了着重研究。我国对于污水灌溉技术也进行了科学研究，成立了以浙江大学为首的污水灌溉研究机构。在以色列已经实现了使用微咸水对西瓜和西红柿等农作物进行农业灌溉，我国也开始尝试微咸水灌溉技术的研究和试验。雨水做为重要的降水资源，可以有效地利用起来，对雨水资源的利用是各个国家的科研重点。在日本和以色列国家，利用GIS技术研究对雨水资源的合理利用。随着水资源紧缺趋势的增加，对非传统水资源的开发和利用显得尤为重要，会成为节水灌溉技术的新的突破点。同时，在农业节水灌溉中，以信息化和智能化为核心的现代化水平不断地提升，例如计算机技术、GIS技术、传感器技术等在节水灌溉系统中的运用也越来越广泛。智能化节水灌溉系统成为节水灌溉技术的发展趋势，将节水灌溉技术同现代化智能技术融合，成为当前各国的研究重点。我国现代化节水灌溉技术也得到一定发展，但是同发达国家依旧存在一定差距，而且推广力度不足，因此，需要加大对节水灌溉技术方面的投资。另外，随着科技的不断进步，节水灌溉技术也出现同其他新技术融合的情况，节水灌溉技术的集成性和综合性得到不断的提升。例如，在当前，将土壤监测技术、水分动态监测技术、数据通信技术等进行融合，将其运用到节水灌溉系统中，可以提升节水灌溉的科学化水平。生物节水技术、用水管理技术、节水灌溉技术、农艺节水技术等进行融合，更好地实现节水和灌溉。

二、节水灌溉取得的成就

我国政府非常重视节水灌溉技术在农业领域的应用，在政策和资金上大力扶持节水灌溉行业的发展，每年均投入大量资金用于节水灌溉工程的建设以及灌区节水工程的改造，农业灌溉面积和节水灌溉面积逐年大幅增加，农业灌溉用水利用效率也在不断提高，2020《中国水资源公报》发布，全国农业灌溉水利用系数为 0.559，节水灌溉取得了很大的成就。

（一）"九五"期间取得的成就

党的十五届三中全会提出，要把推广节水灌溉作为一项革命性措施来抓。经国务院批准成立了全国节约用水办公室，加强节水工作，全社会节水意识增强。根据《水利发展十五规划》，"九五"期间，全国用于节水灌溉工程建设的投资达 430 亿元，重点组织实施了 300个节水增产示范县建设和 200 多个大型灌区以节水为中心的续建配套和技术改造。全国发展工程节水灌溉面积近 1.2 亿亩，累计达 2.5 亿亩，灌溉用水效率明显提高，全国亩均灌溉用水量从 1995 年的 476m³减少到 2000 年的 439m³。各地相继出台了一些节约用水的政策措施，有力地加强了需水管理，城市及工业节水力度加大，全国城市累计节约用水量 100多亿 m³。

（二）"十五"期间取得的成就

根据《水利发展十一五规划》，"十五"期间，全国对 306 个大型灌区，99 个中型灌区进行节水改造，建设了 1100 多个节水增效示范项目，全国新增工程节水灌溉面积 7420 万亩，新增有效灌溉面积 2323 万亩，农业节水灌溉年节水 60 亿 m³，形成 120 亿 m³的节水能力。

（三）"十一五"期间取得的成就

根据《水利发展十二五规划》，"十一五"期间，全国对 434 处大型灌区和 216 处中型灌区进行续建配套节水改造，其中 80 处大型灌区基本完成规划骨干工程建设任务，开工建设了一批新灌区，对 200 多处大型灌排泵站进行更新改造，节水灌溉增效示范和牧区水利试点初见成效。新增高效节水灌溉面积 4660 万亩，农田灌溉水有效利用系数提高到 0.50。

（四）"十二五"期间取得的成就

根据《水利改革发展"十三五"规划》，"十二五"期间，推进大中型灌区、大型灌排泵站改造与建设，加快东北节水增粮、华北节水压采、西北节水增效、南方节水减排等区域规模化高效节水灌溉，开展小型农田水利重点县建设，基本覆盖农业大县。继续推进牧区水利建设。实施水电新农村电气化县和小水电代燃料、农村水电增效扩容改造建设。新增农田有效灌溉面积 7500 万亩，新增高效节水灌溉面积 12000 万亩。

（五）"十三五"期间取得的成就

根据《"十四五"节水型社会建设规划》，"十三五"期间，实施 434 处大型灌区续建配套和节水改造，新增高效节水灌溉面积超过 1 亿亩。支持 687 个重点中型灌区实施节水配套改造，年节水能力达到 98 亿立方米。农田灌溉水有效利用系数提高到 0.565。

三、节水灌溉发展前景

随着我国经济社会的进一步发展，水资源的战略性地位日渐重要，发展节水灌溉已经成为缓解我国水资源紧缺矛盾的战略选择。发展节水灌溉，不但是保证国家供水安全、粮食安全和经济社会可持续发展的需要，也是恢复和建设良好生态系统的需要，并有利于调整农业和农村产业结构、增加农民收入、发展现代农业、促进农业机械化和农村水利现代化，提高农业生产率、解放农村劳动力。可以从以下几个方面阐述节水灌溉良好的发展前景。

（1）目前我国先进灌溉技术占比较低，未来发展空间广阔。全国有一半以上的耕地面积没有灌溉设施，属于"靠天吃饭田"；60%的有效灌溉面积还在沿用传统落后的灌溉方法。在工程节水灌溉面积中，采用喷滴灌等现代先进节水灌溉技术的比例很低，绝大部分只是按低标准初步进行了节水改造，输水渠道的防渗衬砌率较低。

相比国外而言，美国的有效灌溉面积为3.83亿亩，不足我国的一半，但喷灌和滴灌面积却占87%左右。以色列80%以上的灌溉面积采用了先进的滴灌技术，瑞典、英国、奥地利、德国、法国、丹麦、匈牙利、捷克、罗马尼亚等国家，喷灌和滴灌面积占灌溉面积的比例都达到了80%以上。因此，不管是相对于国外，还是相对于我国严峻的缺水形势，滴灌等先进、高效灌溉技术在我国的应用比例还很低，有着巨大的发展空间和市场潜力。

（2）我国北方地区尤其是西北地区，绝大部分土地干旱缺水，具有发展滴灌等先进节水灌溉技术的良好市场前景。以色列沙漠农业的成功经验证明，环境是可以改变的，滴灌技术是最适合干旱、半干旱及沙漠地区推广使用的节水灌溉技术。我国北方大部分地区干旱缺水，尤其是西北地区缺水更为严重，同时面临土地盐碱化和荒漠化的威胁，西北地区大片的土地正被风沙所侵蚀，形势极其严峻。滴灌等先进灌溉技术在北方地区的大面积推广应用，可以有效缓解水资源危机，提高农作物产量，改善生态环境，遏制西北地区的荒漠化进程。因此，在北方地区滴灌技术具有良好的市场发展前景。

（3）近年来由于全球气候变暖，干旱灾害频发使农作物减产，对加大节水灌溉投入力度、大力发展滴灌等节水灌溉技术提出了现实的和迫切的需求。

（4）水利发展规划的制定，保证了节水灌溉行业持续、稳定地发展。根据《"十四五"节水型社会建设规划》，"十四五"期间，将持续推进骨干灌排设施提档升级，提高工程输配水利用效率。分区域规模化推广喷灌、微灌、低压管灌、水肥一体化等高效节水灌溉技术。加强灌溉试验和农田土壤墒情监测，推进农业节水技术、产品、设备使用示范基地建设。加快选育推广抗旱抗逆等节水品种，发展旱作农业，推行旱作节水灌溉，大力推广蓄水保墒、集雨补灌、测墒节灌、土壤深松、新型保水剂、全生物降解地膜等旱作农业节水技术。摸清机井底数，建立台账，严格地下水取水计量管理。"十四五"新增高效节水灌溉面积0.6亿亩，创建200个节水型灌区，到2025年，全国建成高标准农田10.75亿亩。

（5）我国的节水灌溉技术发展呈现以下趋势。

① 因地制宜，继续普及与推广先进的喷、微灌技术。目前，我国节水灌溉工程中，喷、微灌技术所占的比重还比较低，与发达国家相比较还有大的差距。目前，国内外喷、微灌技术正朝着低压、节能、多目标利用、产品标准化和系列化及运行管理自动化方向发展。任何一项节水灌溉技术都有其适用的自然条件和经济条件，普及与推广喷、微灌技术必须坚持因地制宜的原则。在有条件的地区，应大力发展地下滴灌技术，就是在灌

溉过程中，水通过地里毛管上的灌水器缓慢渗入附近土壤，再借助毛细管作用或重力扩散到整个作物根层的灌溉技术。由于在灌溉过程中几乎没有水分蒸发损失，而且对土壤结构的破坏轻，因此在各项节水灌溉技术中，该项技术的节水增产效果最为明显，而且便于农田作业和管理，特别适合于在我国西北地区干旱、高温、风大的自然条件下推广应用。

② 实现灌溉渠系管道化。我国已基本普及了井灌区低压管道输水技术，今后的发展方向是大型渠灌区渠系管道化，并加快相应大口径塑料管材的开发生产。此举可推动生产制造业的发展，并且可以减少水在运输过程中的损耗。

③ 发展现代精细地面灌溉技术。土地平整是改进地面灌溉的基础和关键，由于我国地面灌溉量大、面广，急需推广应用激光控制平地技术、水平畦田灌溉技术、田间闸管灌溉系统以及土壤墒情自动监测技术等一切改进地面灌溉措施，逐步实现田间灌溉水的有效控制和适时适量的精细灌溉。

④ 研究和推广非充分灌溉技术。非充分灌溉理论源于传统的充分灌溉理论，但不是传统的充分灌溉理论简单的延伸，它将与生物技术、信息技术及"四水"转化理论等高新节水技术和理论相结合，创建新的灌溉理论及技术体系，它将对现有灌溉工程的规划设计及灌溉管理模式等生产巨大的冲击和影响。我国北方一些地区已经实行了减少灌溉次数等非充分灌溉方式，一些科研单位和灌溉试验站也开始了一些非充分灌溉的实验研究。

⑤ "3S"技术在农业节水灌溉中的应用。3S技术是遥感技术（Remote SensIng，RS）、地理信息系统（Geography InformatIon Systems，GIS）和全球定位系统（Global PosItIonIng Systems，GPS）的统称，是空间技术、传感器技术、卫星定位与导航技术和计算机技术、通信技术相结合，多学科高度集成地对空间信息进行采集、处理、管理、分析、表达、传播和应用的现代信息技术。

进入21世纪，空间遥感得到了大力发展，更多的卫星被送上太空，从而使"3S"技术在农业节水领域中应用成为可能。使农业灌溉管理更加科学、精确。我国农业结构和水土资源分布具有很强的区域性，各地区发展不平衡，应当根据不同地区的自然经济状况、气候条件、农业生产经营方式、作物种类、经济发展水平等，科学确定不同地区，不同阶段的节水灌溉发展模式，加快研究开发先进，适用的农业高效用水技术与设备。

⑥ 其他的节水灌溉新技术。

a. 污水喷灌技巧。利用污水喷灌是将污水与农业用水连接起来的一种污水解决方法，同时又是一种开源节流的灌溉方法。喷灌净化污水，就是将污水喷洒在田里，利用泥土、微生物和作物来分解污水中的一些成分，并使部分水蒸气散到大气中，部分水经泥土净化后浸透泄出再利用。

b. 咸水灌溉技巧。咸水灌溉技巧主要包括不同水质的水混灌和轮灌，此外，还有依据电浸透作用原理利用地下咸水灌溉的技巧。

混灌是将两种不同的灌溉水混杂使用，包括咸淡混灌、咸碱（低矿化碱性水）混灌和两种不同盐渍度的咸水混灌。轮灌是依据水资源散布、作物品种及其耐盐性和作物生育阶段等交替使用咸淡水进行灌溉的一种方法。

奥地利研究人员利用电浸透作用原理研制出一种灌溉系统，该系统使地下水经泥土毛细管及各种孔隙上升到地表层，同时从汇集于电极周围的某些盐类中游离出净水，上升到地表层供作物利用。这种灌溉系统适用于地下水较丰盛的干旱区果园、草坪及固沙植物等。

c. 利用空气中的水分进行灌溉。利用空气中的水分进行灌溉就是经过一定的设施来收集空气中的水分，直接供给植物利用或汇集到蓄水池中以供灌溉之用。对于沙漠地区和缺少淡水的沿海地区，利用空气中的水分进行灌溉是一种可取的方法，但如何降低成本、提高效率和适用性是今后应着重解决的问题。

d. 光伏提水技术。微灌、喷灌、滴灌等先进的节水灌溉技术，结合光伏提水系统可以更好地组成真正意义上的节水灌溉系统。

光伏提水技术主要由太阳能电池板、控制室、水泵等组成。可以在偏远的无电地区提水灌溉，真正意义上从节水灌溉的出发点进行灌溉，可以达到节电、节水、节能源以及节约人力、物力的效果。

第六章

水资源的开发利用

　　水资源是一种特殊的资源，它对于人类的生存和发展是一种不可替代的物质，例如植物栽培，可有无土栽培但不可无水栽培。所以，对水资源的开发利用，一定要注意其综合性和永续性，也就是人们常说的：水资源综合利用和水资源的可持续利用。

第一节　水资源开发利用概述

一、水资源开发利用的原则

　　水资源开发利用的基本原则是综合利用、合理配置，具体来说，就是要体现如下 5 个方面的原则。

　　1. 兴利除害并举

　　兴利除害是开发利用水资源的最终目的。所以，兴利除害并举是开发利用水资源的基本原则。水多了有洪涝灾害，水少了会造成缺水和旱灾。开发利用水资源过程中，始终本着兴利除害的原则，努力做到人和自然的和谐相处。在山区修建蓄水工程，既减轻了洪水灾害，又增加了供水水源，是兴利除害的结合。在平原地区，没有修建水库的条件，可利用天然湖泊来调蓄洪水，而对天然湖泊的开发利用，就不能只顾兴利，不管蓄洪。有的地方围湖垦殖过度，就是兴利除害处理不当的例子。对只有靠修堤防来抵御洪水的地方，堤防也不仅仅只为了除害，修堤也可和兴利结合起来，如结合堤防可修建道路、其他市政工程或景观设施。对于城市市区，为了防止内涝，就要修建排水系统，随着不透水地面的增加，排涝工程越做越大，最近国内外兴起的城区雨洪利用工程，即把不透水地面，甚至屋面产生的径流有计划地引向埋在地下的蓄水池，以备浇灌绿地、冲厕等用，既减少排水又增加了水源，就是城市水利贯彻兴利除害并举原则的典型。

　　2. 开源节流并重

　　开发新的水源，包括地面水、地下水、可用的回归水、沿海地区的海水等，很容易得到重视。谈到节流，即节约用水，往往重视程度就不如开源。随着需用水量的增加和水资源开发程度的提高以及科学技术的进步，要做到水资源的可持续利用，人类社会的可持续发展，节约所有资源，特别是节约水资源，应该越来越受到重视。节约用水的潜力到处都有，不可忽视，在水资源开发利用中必须坚持开源节流并重的原则。

3. 利用保护兼顾

水资源的利用不言自明，水资源的保护则有多层含义：一是水质的保护；二是水量的保护；三是指水生态环境的保护等。在人口规模较小、工业不发达的情况下，水资源开发程度低，水体又有一定的自净能力，这时，水资源保护问题不突出。随着人口的增加、工业的发展，必然带来用水量的增加和污水、废水量的增加，这时水资源保护就是治本之举了。近年来的调查表明，我国不少河流和湖泊污染严重，水质在Ⅳ类以上，不能饮用，水生物绝迹，出现了守着江河湖泊都无水喝的现象。所以，开发利用水资源要坚持利用与保护兼顾的原则，水环境已受到严重破坏的地区，甚至要治污为本，保护优先。

4. 配置调控结合

配置是指水资源的合理配置，调控是指为达到合理配置所采取的调控手段。水资源开发利用中的供需平衡分析，以需定供，按需分配是很难做到的。从可持续利用讲，这样，也未必是合理的。所以，必须强调水资源的合理配置。要进行合理配置，就必须有相应的硬、软件措施来进行调控，例如，水资源相对短缺的地方需用水多，而需用水少的地方其水资源又多，这就需要有调水工程作为硬件措施进行调控。又如，有必要对需水进行调控时，就要有经济的、行政的管理措施进行配合。所以，配置和调控相结合，是合理开发利用水资源的必需手段。

5. 正负效益并提

水资源的开发利用必然会带来正面的效益，但同时也会带来负面效应。因此，在开发利用水资源指导思想中强调正负效益的分析，做到正面效益讲够，负面效说透，使开发利用措施尽量减少或避免负面影响，以达到利大于弊的目的。

二、水资源开发利用规划

要搞好水资源的开发利用，必须有个总体安排，也就是规划，通称水利规划。水利规划是水资源开发利用宏观决策的依据，又是工程建设必不可少的前期工作。按照规划的范围、内容和阶段的不同，水利规划有不同的类型。

按照规划对象的不同，有流域规划、区域水利规划和水利工程规划。

1. 流域规划

统筹安排一条河流流域范围内水资源开发、利用的规划称为流域规划。一条河流的上、中、下游，干、支流之间有着密切的水力联系，流域内任何一个局部的开发都会对流域内的其他部分带来影响。另外，水资源的开发利用，又只能分期分批地实施。所谓统筹安排，就是定出流域内什么地方什么时候需要做什么的安排。实践证明，只有在一个好的流域规划指导下进行的开发，才能达到综合利用的目的。一个流域，特别是大流域，情况非常复杂，对有些问题一时还认识不清楚，所以，流域规划也不是一次性的，而是分阶段滚动式进行的。即有了第一次规划，经过一定时期的实施，有了新的情况，则在第一次规划的基础上进行第二次规划，依此类推，滚动下去。

大江大河的流域规划，是国家和地区制定水资源开发计划的依据，是主要工程可行性研究的基础，是处理流域内矛盾，如水量分配、水事纠纷的主要依据。所以，我国水法中，明确了流域规划的法律地位，有利于水资源的开发和利用。至于较小的流域或只涉及一个行政区域的河流，也应以流域为单元进行规划，不过这些流域规划往往纳入到区域性水资源规划。

2. 区域水利规划

一个区域的水资源开发利用规划或称区域水利规划，是指以某一行政单元(省、市)、某自然地理单元(如某河段)或某一经济单元为规划范围的水利规划。其方法、内容和流域规划类似，但也有其特点：①规划是在上一级流域规划基础上进行的，必须在流域规划总体安排下，与之相协调；②在工作深度和精度上需有较大的提高，因区域性规划范围较小，问题也比较清楚，为使规划更具指导意义，所以需要做得比较深入和具体；③重点更突出，操作更灵活。

3. 水利工程规划

水利工程规划是指以某一工程项目为对象的水利规划。此类规划是在流域规划和区域规划的基础上，为实现某项工程而做的规划。其主要任务是：明确工程的任务，拟定工程总体布置，选择工程形式、工程规模和主要参数；研究施工程序和运行方式；估算工程费用和效益，并进行经济和环境影响的评价。

在河流上兴建水库枢纽工程进行径流调节是改造自然水资源的重要措施。要实现这一措施必须对河流的水文情况，用水部门的要求，径流调节的方案和效果以及技术经济论证等有关问题进行分析和计算，以便提出在各种方案下经济合理的水利设备大小、位置及其工作情况的设计。这就是水利计算的主要内容。而在广大的流域范围内或大行政区划内，配合国民经济的发展需要，根据综合利用水资源和整体效益最佳的原则，研究各地段水资源情况和特定的兴利避害要求，拟定出开发治理河流的若干方案，包括各项水利工程(特别是水库群)的整体布置，它们的规模、尺寸、功能和效益的计算分析，最后从经济、社会和环境三方面效益影响的综合比较和权衡，来选出最佳(或满意)的开发利用方案，这就是水资源规划的主要内容。

水利计算和水资源规划，即水资源开发利用规划，是为水利工程的兴建，对其在政治、经济、技术上进行可行性的综合论证，或进行几个方案间的优劣比较，所不可缺少的。水资源的开发利用愈发展，对径流调节和综合利用的要求愈高，则水资源开发利用规划这一环节的作用也就愈显著。

水资源开发利用规划是各项水利工程建设在规划时的一个经常需要的重要环节。水资源开发利用规划的成果，一方面是水工建筑物设计的依据，对决定坝高、溢洪道和渠道尺寸、水电站容量以及这些建筑物和设备的运行规则，起着重要的作用；另一方面又为工程的经济评价(效益)和环境影响分析等的综合论证，提供以定量为主的基本数据(如投资和效益大小、保证程度、工程影响和后果，等等)。具体地说，就水资源开发利用规划而言，其基本任务一般包括下列四个方面。

(1) 根据国民经济当前或一定发展阶段(常以某某水平年表示)对本流域(或本河段)开发任务的要求，经过各种计算和包括经济、社会、政治、环境等多方面的综合分析、比较，配合其他专业部门，拟定适当的开发方式，确定骨干工程的规模或主要参数。这些参数随开发任务（或用途）不同而有所不同。常见的有坝高、库容及各特征蓄水位，溢洪道形式及尺寸，引水渠道断面大小，水电站装机容量，抽水机的马力等。

（2）确定或阐明能由水利措施获得的水利效益。例如，供给各用水部门的水量和能量的多寡及其质量（保证程度），包括水电站的保证出力和年发电量、灌溉水量，保证的航深以及防洪治涝的解决程度或能达到的防治标准，等等。

（3）编制水利枢纽的控制运用规则和水库调度图表，以保证在选定的建筑物参数的基础上，在实际运行时能获得最大可能的水利经济效益。有时，还需提供水库未来多年工作情况的一些总的统计数字和图表。例如，多年中各年供给用户的水量、弃水，水库上下游水位的变动过程等等。这些通常是根据历史水文资料作为模拟未来的系列而计算和得出的。

（4）水库建造所引起的对环境影响和后果的估算、预测。水库的建造，除能达到预期的经济目的外，同时也引起开发河段及附近地区自然情况和生态的变化。例如：①引起库区的淹没和库边土地的浸没。②引起库内泥沙淤积，风浪增大和坝下游的河床冲刷。③由于水电站日调节，引起下游水流波动，影响航运及取水建筑物的工作；在回水变动区，可能引起库尾浅滩形态的变化；洪水时库区整个汇流情况亦改变。④建造水库使蒸发渗漏增加，使水质状况、水温情势发生变化，并可能影响库内外附近的生态平衡和局部气候。这些派生的现象对环境和社会可能造成的影响，在水利计算中根据具体情况需要亦应做适当的考虑和阐述。

三、水资源供需平衡和合理配置

水资源供需平衡分析，是指对一定范围内（行政、经济区域或流域）不同时期（现状和不同规划水平年）的可供水量和需水量的平衡分析。其目的：①了解不同时期水资源的供需情况，包括不同地区不同部门的供需情况；②为开源节流措施规划明确方向；③为制定社会经济发展和生态环境保护计划提供基础资料；④为水工程项目建设和制定有关政策法规提供依据。此项工作是水资源开发利用过程中非常重要的量化成果，由于水资源本身的特点和社会经济发展的复杂性，水资源供需平衡分析中有许多不确定的因素，特别是需水量的预测，所以水资源供需平衡分析，是一个要不断修正的动态平衡分析。为了水资源的可持续利用，特别是水资源短缺地区，要进行不同节水、治污情况下以及水资源合理配置情况下的平衡分析。

要达到以水资源的可持续利用来支持社会、经济、环境的可持续发展目标，水资源优化配置是一个重要的方面。水资源的供需平衡分析，一般情况下有两种思路：一是以需定供，二是以供定需。前者是需要多少给多少，后者是有多少水办多少事。不搞优化配置，这两种思路都很难做出令人满意的平衡。我们提倡可按以需定供或以供定需先做第一次平衡，然后，再按水资源优化配置的原则进行第二次平衡，或多种方案的再平衡。

水资源优化配置的含义：一是从水源供给方面来说，应从上、中、下游的合理分配甚至跨地区跨流域调水，从对水源类型搞联合调度等方面进行优化调度；二是从需水方面来说，要进行产业结构调整，提高用水效率，加强节约保护，在加强需水管理基础上进行水资源优化配置。

第二节 地面水和地下水的利用

一、地表水资源的开发利用

地表水资源量通常指河流、湖泊、水库、冰川等地表水体的动态水量。广义地讲，即是以液态或固态形式覆盖在地球表面上的自然水体，它包括海洋水、湖泊(水库)水、冰川水、河流水和沼泽水。在我国，人们通常说的地表水并不包括海洋水，属于狭义的地表水的概念，主要包括河流水、湖泊水、冰川水和沼泽水，并把大气降水视为地表水体主要补给源。我国幅员辽阔，因而地表水资源的合理开发利用，随地理及气象条件差别甚大，各地利用地表水资源进行灌溉的形式就多种多样，各具特色，有单一的水库灌区，又有多种水源蓄、引、提相结合。如：山丘区长藤结瓜式系统；地表水和地下水联合运用；南方水网圩垸系统；滨海的潮灌、潮排；西北内陆河融雪灌溉；高含沙水源的灌溉；引黄补源，跨流域调水；灌溉渠系优化设计及优化配水等。

水库灌区是指以水库作为主要水源的已成灌区或规划灌区。这类灌区的灌溉系统一般由渠首水库(或水库群)、各级渠道、一片或多片灌溉面积以及灌区内的中小型水库与塘堤等组成，有时还包括一些提灌站和结合灌溉用水进行发电的中小型水电站等。

解决水库灌区的最优化决策问题，一般采用系统工程分析的方法。如对于规划的水库灌区而言，为了获得最大的灌区开发效益或最经济的投资费用，如何确定水库或库群的规模、灌区灌溉面积大小、灌区土地的利用方式、渠系的规划设计以及灌区内水电站的装机等，可采用优化决策。对于已建的水库灌区，则存在水库来水和灌区内当地径流的优化调度、灌区的优化配水、灌区工程更新改造及扩建配套的优化规划等问题。

二、地下水资源的合理开发利用

(一) 开发利用地下水的途径与方法

1. 地下水取水建筑物

根据不同的开采条件，地下水取水建筑物大致可分为：

(1) 垂直系统。即各种类型的井，如筒井、管井(机井)、筒管井、自流井等，其适用条件最为广泛。从当前的生产实际发展的情况来看，绝大多数属于这种系统。

(2) 水平系统。如坎儿井和截潜流工程等。坎儿井多集中在新疆维吾尔自治区一带，而截潜流工程在北方各省(区)的山区和平原区均有。

(3) 联合系统。主要为垂直与水平系统相结合的形式，也包括几种建筑物的联合使用，如筒管井、井群、辐射井、水柜等结合。

(4) 引泉工程。根据泉水出露的特点，予以扩充、收集、调节与保护等的引取泉水的建筑物。

以上四种系统，除引泉工程必须具有特殊的天然露头条件外，其他各系统采用哪种，在一般情况下，均要按地下水的埋藏条件、开采条件和当地的经济技术条件合理确定。

2. 开发利用地下水的途径

地下水开发利用，涉及水利、地质环境以及社会经济等学科，而且由于地下水的形成、运移和分布比较复杂，因而开发利用地下水的形式、途径也多种多样。

（1）农田地下水调控。是指开采浅层地下水进行灌溉，汛前降低地下水位，腾出足够的蓄水空间，增加汛期降雨的自然入渗量，并通过坑塘、沟渠拦蓄降雨径流回补地下水，使地下水达到当年或多年采补平衡。

（2）平原浅层地下咸水利用与改造。咸水潜伏地下，占据地下库容，影响蓄纳降雨入渗，不利于防涝抗旱，又是土地盐碱的根源。因此利用与改造咸水，扩大可利用的水资源，对综合治理旱、涝、碱、咸，克服干旱威胁，保障农业生产具有重大意义。如河北水科所，经过试验研究，取得了咸水灌溉抗旱增产、咸水灌溉的水管理、咸水灌溉土壤水盐动态调控、排咸用咸补淡改造浅层地下水的研究成果。使试验区比治理前盐碱地减少了57%，粮食总产及人均收入翻了两番，取得了显著的经济和社会效益。

（3）利用组合井开发河道潜流。基本做法是在河床内布设多眼机井，在岸边适当位置建设泵站，泵站与各井用管道连接，实现井站联合开发潜流。

（4）地下水人工补给。地下水人工补给形式很多，如在平原地区建立地下蓄水库（即通过地下水位的升降，来调节和储存地下水资源），不仅可以防治平原地区的旱、涝、碱，而且还具有保护生态环境，改善用水条件，控制地下水位，消除潜水蒸发，减少无效消耗等优点。在井渠结合灌区，可以通过渠灌来补给地下水，即灌中有补。还有的地区利用管井、大口井、浅机井、辐射井把水直接灌入地下蓄水层中，效率更高。

（二）地下水开发利用中存在的问题

1. 地下水位持续下降

一些地区长期过量开采地下水，导致地下水位持续下降，不仅恶化了开采条件，还引发了地面沉降，海水入侵等一系列灾害性恶果。因而加强地下水管理，采取相应的措施，扭转地下水严重超采的局面，使地下水位得到控制和恢复非常迫切。

2. 成井质量差，报废率高

机井报废主要原因，一是打井不注意施工质量，井内涌砂或水质变咸而报废；二是地下水位下降，井水枯竭或抽不上水而报废；三是管理不善，遭人为破坏。为此，对农用机井应严格按《农用机井技术规范》要求打井，同时对打井队伍进行技术培训和严格考核，对机井管理人员推行责、权、利相结合的责任制，减少机井的报废率。

3. 地下水污染，水质恶化

这主要是针对灌溉、排水、矿山开采、农业活动、污水和污物排放、不合理的地下水开采、海水入侵等。在这些地区应按期对地下水水质进行监测，同时制定出防止地下水污染的具体措施，进行污染水的改良和利用的研究，减少或减轻地下水污染，防止水质恶化。

4. 南北方开发利用地下水不平衡

我国北方干旱，地面水十分缺乏，因此长期以来，地下水作为有力的抗旱水源，在我国北方得到相当规模的开发和利用，也带动了北方地下水科学的发展。在我国南方，人们长期利用溪涧、泉水或坑塘取水饮用。随着河流和浅层地下水遭受污染以及水位下降，南方人民也要求打井取水，因此针对南方的地质和自然条件，加速地下水贮存运移规律及其开发利用技术的研究也势在必行。

综上所述，加强地下水开发利用的科学研究，建立健全地下水运行管理机制，建立节水灌溉技术体系，限制地下水的不合理开发使用，是合理利用地下水的有效途径。

三、土壤水资源的开发利用

（一）土壤水在农业生产中的作用

土壤水分是农业用水中非常重要的水资源，这主要是由于无论是自然降水或是人工灌水都必须转化成土壤水才能被作物吸收利用。同时土壤水还具有一定的调蓄能力，即当降水超过作物耗水量时，多余的水量以土壤水的形态储存在土壤之中，当降水量不足，满足不了作物耗水时，储存于土壤之中的土壤水就可以源源不断地供给作物吸收和利用。借用土壤水的调蓄能力还能有效地解决降水量的间断性和作物需水的连续性这个矛盾。不同土壤对水分的调蓄能力也不同，一般来说，壤质土调蓄能力较强，沙性土调蓄能力较差。另外，土壤中的储水量，在任何水文年份也不可能全部被作物吸收和利用，也就是说，在最早的年份和最干旱的季节，土体的土壤水也不可能全部下降到凋萎湿度。如在冬春季，冬小麦耗水，使土壤水造成亏损，到汛期又由降水对土壤进行补充恢复；夏播作物生长在雨季，多数年份降水量基本满足作物对水分的需求。但自然降水是间断地进行的，作物耗水是连续发生，所以必须依靠土壤对水分的调节才能适应作物对水分的需求。

由于降水分布不均，土壤水满足不了作物对水分的需求，靠人工灌水来调节土壤水状况，此时，由于土壤水状况发生了变化，作物耗水情况也发生变化，一般情况，水浇作物耗水量要大于旱地。

综上所述，土壤水在农作物生长中起到调蓄、转化外界水的作用，从而使作物更好地生长，因而是重要的农业水资源之一。

（二）土壤水的调节与利用

调节土壤水，提高土壤水的有效利用率，关键在于建立和完善一个良性循环的土壤内外水分循环体系。首先采取促进降水入渗的措施，使天然降水尽可能多地渗入土壤之中，充分发挥土壤水库的蓄水作用，减少水土流失，做到蓄水于土；其次，对土壤水分，采取有效保护措施，尽量减少非生产性无效消耗。

1. 抑制蒸发，保蓄土壤水技术

1）秸秆覆盖技术对土壤水的调节

秸秆覆盖系指利用农业副产物（如茎秆、落叶、糠皮等）或绿肥为材料进行的地面覆盖。

（1）作用与效果：第一，调节地温。由于覆盖层对太阳直接辐射和地面有效辐射的拦截作用，使覆盖地冬季温度偏高，生长季节温度偏低，据测定，麦田 5cm 地温，冬季覆盖地偏高 0.5~1.9℃，冻土层厚度浅 5cm 左右，解冻日期提前 10 天左右。第二，改善农田水分状况。据测定，麦田休闲期覆盖，麦播前 0~100cm，0~200cm 土层的含水量分别提高 1.7% 和 2.5%，储水量分别增加 15.0mm 和 21.0mm。第三，培肥地力。秸秆覆盖地面可使土壤免受雨滴的直接冲击，保护表层土壤结构，减少土壤中细小颗粒充填孔隙，防止土壤板结。据试验，连续覆盖秸秆两年以上的处理，耕层土壤容重降低 $0.07 \sim 0.12 g/cm^3$，土壤孔隙度增加 2%~8%，有机质、全氮和速效磷的含量均有明显的增加。第四，提高水分利用效率。由于生育期覆盖对棵间土壤蒸发有抑制作用，因此农田生理生态需水与对照有显著的差异。据田间试验资料计算，覆盖麦田全生育期蒸腾量比对照增加 15%，春玉米田覆盖的比对照增加 10%。覆盖地小麦增产 $867 kg/hm^2$，覆盖地玉米增产 $2008.5 kg/hm^2$，水分利用效率分别提高 $0.30 kg/m^3$、$0.46 kg/m^3$。

上述表明，秸秆覆盖技术具有明显的抑制蒸发、蓄水保墒、改土培肥、节水增产的作用。

与地膜覆盖相比，其优点是覆盖材料充足，成本低，效益高，不污染土壤，是解决北方旱农地区"旱"与"薄"的有效途径之一。因此，研究、推广秸秆覆盖技术，是农业节水增产的重要措施。

（2）适用范围：从作物看，不仅冬小麦田适用，春、夏播作物田也适用；从地区看，在干旱、半干旱和半湿润地区，无论是平原还是丘陵坡地，都可推广应用。

2）保水剂在农业上的应用技术

保水剂即吸水性树脂，是一种人工合成的高分子材料，它与水分接触时，能够吸收和保持相当于自身重量几百倍甚至几千倍的水分。

（1）作用与效果：国内外大量试验研究表明，保水剂能提高土壤保水保肥能力，节约农田用水，改良土壤结构，防止土壤侵蚀，提高种子出苗率，促进植物生长发育，增加产量。在干旱地区，其效果尤为显著。

（2）适用范围：适用于我国北方干旱、半干旱地区，旱地作物及保苗困难的灌溉地作物，提高作物出苗率，节约种子用量，节省补种用工、用水。

3）水分蒸发抑制技术

水分蒸发抑制剂有不同剂型，分别用于水面、叶面和土面。其技术原理是，在土壤表面形成分子膜，改变原来土壤直接裸露于空气中的状态，就像在土表面涂有一层油状保护膜一样，可以抑制水分自由地向空气中逸散，但其形成的网状薄膜却可使氧气或二氧化碳气体分子自由出入，从而不影响作物根部的正常呼吸。

（1）作用与效果：有效地抑制土壤中水分蒸发，减少了土壤内的热量损失，增强了对太阳辐射能吸收率及热导率，改变了地表热量的收支状况，使地温增高，同时还减少了由于水分蒸发通过毛细管作用带到地表的盐分积累，有利于农作物的根系生长发育，特别对浅根系作物的生长极为有利。

（2）适用范围：水分蒸发抑制剂无毒、无污染，对人畜安全，并能生物降解，且技术简单，无须增添专用设备，易于农民掌握，适合于我国北方广大地区。

2. 深松耕对土壤水的调节作用

棉花等宽行距作物苗期隔行深松土具有促进降水入渗、增加深层蓄水、增强土壤对降水的调蓄能力以及保水、提高降水利用率等作用。

具体做法为：第一步，打破犁底层，播种前采用机械深松；第二步，采用牲畜套耕（一耕一松）；第三步，行间深松土。

3. 免耕法对土壤水的调节

免耕法是指对土壤不进行耕作，主要利用除草剂来消灭杂草的方法。因此免耕法对保蓄土壤水分、减少水土流失、增加养分的积累，提高土壤肥力等都有较明显的作用。

四、灌区地面水与地下水联合优化运行

随着人口的增长及国民经济的发展，水资源的供需矛盾愈来愈尖锐，因此，联合运用地面水和地下水资源的重要性逐渐为更多的人所认识。实践表明：地面水和地下水的联合运用不仅可以增加水资源的利用量，同时还可以使其他农业生产条件得以改善。合理开发利用地下水，可以有效地调节控制地下水位，防止在纯渠灌区地下水位恶性上升，造成涝渍或土壤次生盐碱化，防止在纯井灌区地下水超采，地下水位急剧下降，形成大面积的地下水降落漏斗。井渠结合一方面可以为农业提供灌溉水源能扩大灌溉面积，提高灌溉保证率；另一方面可以兼起排水作用。在许多干旱、半干旱地区，利用地下含水层调蓄地表水，极大地调节了水资源在时间分布上的不均匀性，有利于提高供水保证率，甚至还能减轻下游地区的洪涝灾害。即使在水资源较为充沛的地区，从经济、环境角度讲，也存在着地面水、地下水的合理开发利用问题。总之，地面水、地下水联合开发的最优规划以及最优调度，现在已得到了各级水利部门的重视。

地面水和地下水资源联合调度的研究对象是一种多水源、多用户的复杂系统，它除了涉及复杂的气象、水文、地形地貌以及水文地质等因素外，同时还受到各种社会和环境因素的影响。地面水与地下水联合运行是根据地下水和地表水的动态特征，利用含水层空间的调蓄能力进行的。

地面水与地下水联合运用系统的组成在不同地区不尽相同，但都包括以下各部分：

（1）地面水供水系统。主要包括地面水源工程和地面水输配水渠道及建筑物等，其中地面水源工程可以是拦蓄调节地面水的河流水库，也可以是无调节措施的河流引水或扬水工程。有些情况下还包括防洪、排沙等辅助工程。

（2）地下水供水系统。主要包括地下水含水层（又称地下水库）和大量分散的管井建筑和抽水设备。

（3）灌区田间灌水系统。该系统是将地面水或地下水输送分配到田间的灌溉沟渠及渠系上的建筑物和设备。

（4）灌区排水系统。排泄暴雨径流或多余的引水量。

（5）其余组成部分。如回灌地下水的设施等。

地面水与地下水联合运用系统的形式在我国大致可分为两类：一类是以一个地区或一个较大的地下含水结构为研究对象，区内包括若干个小的地面水供水系统；另一类是以一个地面供水系统所控制的范围即地面水灌区为研究范围，其中包含一个或若干个地下含水层。无论哪种类型，当灌区情况复杂，其不同部位的联合运用方式有比较大的差别时，一般需要根据灌区的地形地貌、水文地质条件和地面水的供水特点，将其分成若干子区分别进行研究。这些子区按其主要组成来分，不外有下述三种类型：

（1）井渠结合区。这类子区既有地面水供水系统，也有井灌系统，供水比较可靠，但是工程投资大，年运行费用高。有些井渠结合区采取井渠插花布局，井灌区既可利用本区

的地下水，同时也可利用周围渠灌区的地下水（包括渠灌区的回归水）。井渠结合不仅提高了灌区的供水保证程度，还能起到降低地下水位的作用，有利于除渍和防治次生盐碱化。但是这种交叉布置的形式中，井灌和渠灌的投资及管理费用不同，井灌的土建费用小而机电维修费用大，渠灌则相反。因此，在管理策略上要使井灌区和渠灌区的投资负担和管理费用相近，否则很难调度两种资源的合理使用，以至导致偏向其中一种水资源的开发。

（2）渠灌区。这类子区一般没有适合于开发的地下含水层，其农业用水全部由地面水系统供水。由于这类灌区的渗漏水量难于使用，故防渗是渠灌区节水的重要措施。

（3）井灌区。也称纯井灌区，一般建设在地下水丰富或地面水引取十分困难的地方，是完全依靠地下水供水的灌区。

第三节　集雨利用技术

一、雨水利用

雨水资源的利用有广义和狭义之分。从广义上讲，凡是利用雨水的活动都可以称为雨水利用。如兴建水库、塘坝和灌溉系统等开发利用地表水的活动，打井开采地下水的活动以及人工增雨措施等活动。而狭义的雨水利用是指直接利用雨水的活动，如利用一定的集雨面收集雨水用于生活、农业生产和城市环境卫生等。本节所述及的雨水利用是指狭义上的利用。

根据供水的目的不同，目前我国雨水利用可分为如下三类。

（1）为解决生活用水和庭院经济用水的雨水利用工程。主要分布在干旱的西北黄土高原地区、地表漏水性极强的西南石灰岩山区，淡水资源缺乏的海岛地区以及缺乏优质饮用水的滨海地区（如高氟病区）。

（2）为农业生产需要而修建的雨水利用工程。主要分布在北方的黄土高原和华北平原地区的旱作农业区。如修筑梯田、挖掘鱼鳞坑、深耕、覆盖、粮草轮作、窑窖蓄水灌溉等工程措施、农业措施和生物措施。

（3）为缓解城市及周围地区的水环境问题而修建的雨洪利用工程。主要是利用城市雨洪弃水回灌地下水或用于卫生、环境绿化、消防和维持水体景观等。

我国水资源面临先天不足和后天污染的双重困境，主要特点为：首先，我国的水资源总体偏少；第二，我国水资源空间分布十分不均匀；第三，我们的问题是资源性缺水及水污染严重；第四，我们的地下水过度取用；第五，水生态环境破坏严重。面对水资源的紧缺局面，主要解决的办法是开源节流。首先要保护现有的水源，采取行之有效的措施节约水资源。如农业上实施灌溉技术，工业上治理水污染并利用废水，国家调节供水政策，提高水价等。在开源方面实施南水北调工程，但工程量大、工期长、耗资大。而充分开发雨水资源则是切实可行的办法。我国降水量在250mm以上的地区很广，且降雨集中在6～9月，荒坡山地、路面、场院和屋顶等设施为聚集雨水创造了有利条件，这些地方都可以进行雨水的开发利用。

二、雨水集蓄工程的组成

雨水集蓄工程是指对降雨进行收集、汇流、存储和进行灌溉的一套系统。一般由集雨系统、输水系统、蓄水系统和灌溉系统组成。

1. 集雨系统

集雨系统主要是指收集雨水的集雨场地。首先应考虑具有一定产流面积的地方作为集雨场。没有天然条件的地方，则需人工修建集雨场。为了提高集流效率，减少渗漏损失，要用不透水物质或防渗材料对集雨场表面进行防渗处理。

2. 输水系统

输水系统是指输水沟（渠）和截流沟。其作用是将集雨场上的来水汇集起来，引入沉沙池，而后流入蓄水系统。要根据各地的地形条件、防渗材料的种类以及经济条件等，因地制宜地进行规划布置。

3. 蓄水系统

蓄水系统包括储水体及其附属设施。其作用是存储雨水。

1) 储水体

各地群众在实践中创造出不同的存储形式，西北、华北黄土高原一带，主要是建水窖（窑）和蓄水池。用于生活用水和用于农业灌溉的形式基本一样。一般用于生活和庭院灌溉的，为了取水方便，多建于家庭和场院附近，蓄水容积相对较小，提水设备是以人力为主（手压泵）。用于农田灌溉的多建于田边和地头，容积相对较大，提水设备有用动力的（微型电泵），也有人工的（手压泵）。窖（窑）和蓄水池按使用的建筑材料可分为土窖、砖石窖、混凝土薄壳窖和水窖等。土窖施工方便，造价低，但容量小，对土质要求较高。砖石窖较坚固耐用，容量也较大，但造价较高，施工难度较大。混凝土薄壳窖防渗性能好，寿命长，容量大，但造价较高。水窖为卧式全封闭的结构类型，容量大（$80\sim200\,m^3$），长度不受限制，施工较方便，但窖底防渗处理要求高。各地应根据地形地貌特征、经济条件、施工技术和当地材料来选型。

2) 主要附属设施

（1）沉沙池。其作用是沉降进窖（窑）水流中的泥沙含量。一般建于水窖（窑）进口处 $2\sim3m$ 远的地方，以防渗水造成窖壁坍塌，池深 $0.6\sim1.0m$，长宽比可考虑 $2:1$，具体尺寸由进窖水量和水中含沙量而定。

（2）拦污栅与进水暗管（渠）。拦污栅作用是拦截水流中的杂物，如树叶、杂草等漂浮物和砖石块等，设在沉沙池的进口。进水暗管（渠）作用是将沉沙池与窖体（蓄水池）连通，使沉淀后的水流顺利流入窖（池）中，其过水断面应根据最大进流量来确定。

（3）消力设施。为了减轻进窖（窑）水流对窖底的冲刷，要在进水暗管（渠）的下方窖（窑）底上设置消力设施，根据进窖流量的大小，选用消力池或消力筐或设石板（混凝土板块）。

（4）窖口井台。其作用是保证取水口不致坍塌损坏，同时防止污物进窖。窖台一般高出地面 $0.3\sim0.6m$，平时要加盖封闭，取水时可安装提水设备。

4．灌溉系统

灌溉系统包括首部提水设备、输水管道和田间的灌水器等灌溉设备，是实现雨水高效利用的最终措施。由于各地地形条件、雨水资源量、灌溉的作物和经济条件的不同，可选择适宜的灌溉形式。常见的形式有滴灌、渗灌、注射灌、膜下穴灌与细流沟灌等技术。

三、雨水集蓄工程规划

规划是雨水集蓄工程系统设计的前提，它关系到该工程的兴建技术上是否可行，经济上是否合理，特别是对面积较大且又集中的雨水集蓄系统，更应给予充分的重视。

（一）雨水集蓄工程规划的任务和原则

1．雨水集蓄工程规划的主要任务

（1）搜集基本资料。

（2）根据当地的自然条件和社会经济状况，论证兴建雨水集蓄工程的必要性与可行性。

（3）根据当地雨水资源状况和生产、生活用水需要进行来用水分析计算，进而确定工程的规模。

（4）根据地形、作物种植和集雨材料等情况合理布置集雨场、蓄水设施和输配水网系统，并绘出平面布置图，提出工程概算。

2．雨水集蓄工程规划的主要原则

（1）综合考虑。尽量将农田灌溉、水土保持、庭院经济和生活供水统一考虑，达到充分利用雨水资源和节省投资的目的。

（2）重视效益发挥。在温饱问题已经解决了的较贫困地区，发展雨水集蓄应向"两高一优"农业方面发展，以获得最大的经济、社会和生态效益。

（3）考虑农村生产体制。根据当地情况，一家一套独立的雨水集蓄系统和数家联合的系统相结合。对大的集雨场和灌溉系统，实行统一规划和管理，以节省投资。

（4）远近结合。雨水集蓄是水资源可持续利用的一个重要方面，因此，既要照顾当前的利益，又要考虑长远的发展，要统一规划，分期实施。

（二）基本资料的搜集

为了做好雨水集蓄工程规划设计与施工，首先应做好基本资料的搜集。主要包括：地理地形，水文气象，集流面性质与面积，灌溉作物种类与面积，已建集雨、蓄水设施，动力设备情况和发展规划等。若兼有生活供水任务，还应搜集人口、牲畜等资料。

1．地理地形资料

地理地形资料包括雨水集蓄工程所处的位置、高程、地形高差。一般面积较小的工程不需要地形图，对面积大、地形较复杂的集雨场和灌溉地段，要有地形图，一般要求1/500。

2．水文气象资料

降雨资料是搜集当地的多年平均降雨量以及保证率为50%、75%、95%的降雨量，一般从当地或附近的气象站（或雨量站）搜集，资料年限不少于10年。当地资料不具备时可按有关公式进行估算。

气象资料包括多年平均蒸发、温度、湿度、风速、日照、无霜期及冻土深度等。

3. 集流设施资料

对当地适宜作集流面的庭院、场院、公路、乡村道路、屋顶面及天然坡地等的面积进行测量。对工程控制范围内已建的集雨和蓄水设施进行调查。

4. 作物资料

对灌溉的作物种类、面积及当地灌溉情况等资料进行调查搜集。

5. 土壤资料

对工程控制范围内的土壤质地、容重、田间最大持水量、渗透系数、酸碱度及有机质含量等资料进行搜集，以便更好地进行集雨场和灌溉技术设计。

6. 其他资料

对当地的社会经济状况、建筑材料、道路交通、能源供应以及农业发展规划等资料尽量调查搜集。

（三）来用水分析计算

来用水分析计算的任务是根据当地可供雨水资源量和农田灌溉及生活用水的要求，进行分析和平衡计算，进而确定雨水集蓄工程的规模。

（四）集流场规划

广大农村都有公路或乡间道路通过，不少农村，特别是山区农村房前屋后一般都有场院或一些山坡地等，应充分利用这些现有的条件，作为集流面，进行集雨场规划。若现有集雨场面积小等条件不具备时，应规划修建人工防渗集流面。当规划结合小流域治理，利用荒山坡作为集流面时，要按一定的间距规划截流沟和输水沟，把水引入蓄水设施或就地修建谷坊塘坝拦蓄雨洪。用于解决庭院种植灌溉和生活用水的集雨场，首先利用现有的瓦屋面作集雨场，若屋面为草泥时，考虑改建为瓦屋面（如混凝土瓦），若屋面面积不足，则规划在院内修建集雨场作为补充。有条件的地方，尽量将集雨场规划于高处，以便能自压灌溉。

（五）蓄水系统规划

蓄水设施可分为蓄水窖、蓄水池和塘坝等类型，要根据当地的地形、土质、集流方式及用途进行规划布置。用于大田灌溉的蓄水设施要根据地形条件确定位置，一般应选择在比灌溉地块高10m左右的地方，以便实行自压灌溉。用于解决庭院经济和生活用水相结合的蓄水设施，一般应选择在庭院内地形较低的地方，以取水方便。为安全起见，所有的蓄水设施位置必须避开填方或易滑坡的地段，设施的外壁距崖坎或根系发达的树木的距离不小于5m，根据计算的总容积规划一个或数个蓄水设施，两个蓄水设施的距离应不少于4m。公路两旁的蓄水设施应符合公路部门的排水、绿化、养护等有关规定。蓄水设施的主要附属设施如沉沙池、输水渠（管）等，应统一规划考虑。

现列举常见的一些地形地貌条件下如何合理布局窖群。

1. 梁峁地形布窖

（1）地形特点。梁峁起伏，地处水土侵蚀源头，地面较平整，植被较好，鞍部地形处常是乡村道路交会点。梁峁多修成水平梯田或为天然草地，冲沟较少。

（2）适宜窖点。沿梁顶多为交通道路，路面是收集雨水的理想场地。窖点应根据地形和农田在道路两侧合理布局。宁夏海原县冯川村利用梁顶公路（沥青路面）鞍部处的集水沟收集路面径流，在半山坡打窖蓄水，自流灌溉坡脚下的农田。

2. 山前壕掌地带

（1）地形特点。后山为山丘地形，坡面冲沟较多，多为荒坡草地，坡面大，为扇形汇流；在沟口汇流后又随地形扩散，形成山前台地（或为壕掌地），汇流低洼处多为田间路或牧羊道，路壕两侧为农田。

（2）窖群布局。该地形径流条件好，沟壕汇流量大，一般含沙量较大。窖群应沿路壕两侧布置，分段建引洪渠收集径流入窖，同时建好引水入窖前的沉沙设施，水窖蓄满后及时封堵进水口。宁夏固原市七营乡倪壕村节水灌溉示范点就是利用山前沟壕集水，实行窖水节灌。

3. 缓坡地带

（1）地形特点。多为山前坡脚台地、塬地、壕墒地，地势较平坦。黄土丘陵区多被沟壑切割，下切侵蚀严重，沟道宽深。缓坡地为农业耕作区，农草间作。

（2）窖群布置。本地域多为蓄满产流，田间路面为主要集水场所。窖群宜布设在田间路两侧的农田内，水窖数量的多少要根据路面产流、田面蓄满产流的水量多少合理布局，避免过密布置。

4. 沿路地带

各地农村均有省、地、县以及乡村各级道路经过，沿途有各种地形地貌，如梁、峁、坡、川等，要充分利用路面的集水条件结合地形情况，因地制宜布设窖群。水窖的位置应选在路界外的农田内，修建好引水渠、沉沙池等配套设施。

5. 庭院附近

山区农户多分散居住，房舍为平台地，旁边建有麦场，房前多有菜地、农地。可充分利用庭院地面、麦场、屋顶作为集水场地，在院内打窖解决吃水的同时发展庭院经济，也可在庭院外打窖灌溉附近的农田。

（六）灌溉系统规划

雨水集蓄系统规划的任务是确定灌溉地段具体范围，选择灌溉方法和类型，系统的首部枢纽和田间管网布置等。

1. 确定灌溉范围

根据水量平衡计算结果规划的集雨场和蓄水设施，确定单个或整个系统控制的范围，并在平面图上标出界线，以便进行管网布置。

2. 灌溉方法的选定

雨水集蓄应采用适宜的节水灌溉方法。如滴灌、渗灌、注水灌和坐水种等。具体采用哪一种方法，要根据当地的灌溉水源、作物、地形和经济条件等来确定。

3. 灌溉类型的选定

为了节省投资，有条件的地方，首先应考虑自压灌溉方式，没有自压条件的地方，才考虑人工手压泵或微型电泵提水。对于滴灌，根据所控制的面积和作物种类等选用固定式、半固定式和移动式的类型。在灌水期间整套系统(包括首部枢纽、管网和灌水器)都固定于地表或部分固定于地表下的系统为固定式。这种类型安装施工方便，灌水效率高，也便于实现自动化，但其投资较大。灌水期间首部枢纽、主管道固定不动，只有支毛管(或毛管)和灌水器(滴头)移动的系统为半固定式类型。与固定式相比降低了投资，但增加了移动工作量。在灌水期间，整套系统不固定或首部枢纽固定，管网和灌水器移动的系统为移动式系统，此种系统投资最省，但移动劳动强度大，特别是密植的高秆作物在缺乏移动机具时，移动更困难。就目前经济状况，普遍采用的是移动式和半固定式。

4. 首部枢纽布置

对于面积较大的雨水集蓄系统，其首部枢纽应包括提水设备、动力设备、过滤设备、控制和量测设备等。一般集中布置在水源附近的房子中，对于面积较小的系统，特别是移动式系统，可不建房。在规划时应将机泵、施肥器、过滤器、闸阀、进排气阀等部件按运行要求布置好。

5. 田间管网布置

对滴灌等节水灌溉方法，田间管网的布置影响到投资大小、施工难易和管理方便与否，因此较大的灌溉系统往往有 2~3 种管网布置方案进行技术经济比较后确定，并在平面图或地形图上绘出管网。对选用的灌水器类型及其布置方式都应加以说明。

第四节　低质水利用技术

一、概述

低质水通常是指水质不能满足农业用水的要求但加以处理后可以利用的水，如城镇工业及生活污水、微咸水等。利用污水灌溉农田的经济效益和环境效益是十分明显的。它能够充分利用污水中的水肥资源，有利于农业生产；能够取得污水中的腐殖质，有利于改良土壤；能够减轻水体的污染负荷，有利于保持良好的生态平衡。但是，如果污水灌溉使用不当，反而会导致作物减产、恶化土壤、传染疾病、破坏生态平衡，危害国家经济发展和人民的身体健康等。

鉴于污水灌溉农田会产生两种不同的后果，因此必须根据我国国情，努力探索经济有效、技术可行、节省能源的污水处理与利用系统，这对于防止环境污染、保护人民健康、改善生态系统、发展农业生产等具有十分重要的意义。

(一) 污水的排放与利用

对现代城市而言，在其生存与发展的过程中存在着许多问题，如人口的膨胀、财政的紧张、拥挤的交通、污浊的空气甚至棘手的民族与宗教问题等，但是对城市的生存影响最大的问题有两个：一个是如何获得足够的水量供应城市使用；另一个问题是如何处理使用过的水。污水的排放和利用是城市的健康发展所面临的重大问题，也是现代化社会可持续发展所面临的重大问题。

1. 污水的产生

水被用于人类的各种生活和生产活动中，水的资源特性和水的使用方式存在着很大的差别，产生的污水也就存在着不同的物质特性和资源化性状。依水的用途可分为生活用水和工业用水两大类。生活用水又可分为饮食用水和清洁用水两大类；工业用水又可分为原料用水、工艺用水、生产过程用水、锅炉用水和冷却用水。

1) 生活用水

生活用水与人体健康直接相关，其水质要求较高，对感官性状、一般化学指标、毒理性指标、细菌学指标和放射性指标均提出明确标准。在水资源紧缺但经济实力较强的一些国家和地区的生活用水采用分质供水时，饮食用水要求高而清洁用水水质要求可相对较低，如日本的某些城市已将城市径流蓄存并用于生活及城市清洁用水。生活用水中饮食用水产生的污水以人粪尿为主要污染物质，在中国农村历来以农家肥的土粪或水粪形式蓄存并直接用于农作物施肥，除地面径流以面源方式进入水体产生有机污染外，一般不直接形成污水污染物；而城市和集中给排水生活区的生活用水则以生活污水形式与家庭生活清洁用水一起排放；清洁用水中使用了大量的各类清洁剂，大多属于有机合成洗涤剂类污染物、油及苯类等有机物。

2) 工业用水

工业用水的使用方式不同，工业性质多样，从生产过程中进入水的废弃物和淋失物种类繁多，性质各异，污染负荷和污水水质差异较大。对于原料用水，如食品、医药及化工等许多行业用水，水被作为工业原料广泛参与生产的内在过程并构成最终产品的组成或介质，原料水的水质要求通常相当于或优于饮用水质标准，医药产品的某些用水要求则更高。因水的溶解性能可使绝大多数种类的生产原料及其变相物质进入污水中，产生生产原料的损失和浪费而形成污染物。工艺用水在生产过程中不要求进入最终产品，但水作为介质或广泛参与同生产原料的相互作用，水质对产品质量影响很大，水中的杂质可进入产品形成残留物，而原料物质也不可避免地残留于污水中形成污染物，如造纸、纺织品、印染、人造化纤工业及有机合成和制糖等轻工业和化工工业用水。

生产过程用水主要是生产过程中的洗涤和清洁用水，如原料、中间产品、产品及生产设施和场地的清洁和洗涤用水；输送用水，如原料及废料的送配和输排过程用水。生产过程用水除特殊工艺外对用水水质要求不高，但原料物质及废料物质在生产过程中可大量进入水中形成污染物。

锅炉用水的要求因锅炉的类型和使用安全要求对硬度、碱度、溶解氧、侵蚀性及皂化物质要求较高，而锅炉用水除成垢作用加药处理和除垢过程改变水质外，其出水一般不产生污水污染物。

冷却用水是以降低生产过程中各种系统的设备、物料及工作环境的温度为主要目的，冷却用水的水质要求低温、硬度及溶解盐量小、侵蚀性气体及悬浮物少、热环境下不滋生生物和微生物等。冷却过程除分散物料淋水冷却时可能产生污染物外，一般只改变冷却水本身物化性状而不产生新的污染物质。

2. 污水的排放

人类生活污水的传统排放方式就是水粪坑，至今这种水粪坑仍然是广大农村和分散居民生活污水的主要排放方式，并且作为农用有机粪肥的积肥方式。出于环境卫生和能源利用的考虑，有些地方的水粪坑逐渐归并成较大的化粪池、污水池或沼气池，从分散蓄存过渡为一定规模的污水排放汇集蓄存方式。对于城市的生活污水排放，在公元前6世纪的古罗马城，已建成了最早的城市污水排放渠道系统，并采用了岩石衬砌防渗和城市径流冲污的集中排废方式，最终排入台伯河；这种早期的城市污水排放系统，在公元初的维也纳和雅典也被使用，最终的排放场所都是附近的河流。而在更多的古老城市中缺乏这种污水排放系统，仅采用粪挑和粪车外运城中的生活污水，直至清末的紫禁城还是如此。

工业革命和城市的快速发展产生的大量污水要求建立大规模的供水和排水设施，真正的工业污水大量产生并与生活污水混合排放，工业发达的许多城市的排水系统相继建成并不断扩建以适应集中排废的需要。直到20世纪初，发达城市及经济区附近的水域和地下水普遍遭到严重污染而危及城市供水安全以及许多城市因供水不洁和水污染造成疾病困扰，始建城市污水处理厂和完善排污系统。新德里在1938年建立了第一座污水处理厂，维也纳至1951年才建立城市污水处理厂，并使陆续后建的污水处理厂肩负着使"褐色的多瑙河"重现"蓝色的多瑙河"的责任。此前城市污水虽然通过有效的城市排水系统进行排放，但污水水质未被彻底改善，并直接排向天然水体，应属于自然排放方式，水生流行性疾病的发生和城市环境的污染及附近水体水质的恶化是这种自然排放方式的严重危害。伦敦、新德里、巴黎及维也纳等大城市都曾经历过这种自然排放方式的严重危害。

根据住建部披露的数据，从2010到2020年，我国城市污水年排放量由379亿 m^3 增加到571亿 m^3；城市污水处理量由312亿 m^3 增加到557亿 m^3，年均复合增长率达5.98%；城市污水处理能力由1.04亿 m^3/日增加1.93亿 m^3/日，年均复合增长率达到6.38%。我国的污水处理事业迅速发展的同时也面临着许多问题和挑战，具体体现在以下几个方面：①建设资金缺乏。建设污水处理厂需要很大的资金投入，因此资金的缺乏就成了限制污水治理的一大障碍。随着我国经济的发展及人们环保意识的提高，会有越来越多的资金投入到城市污水处理厂的建设当中。②污水处理厂运行费用高，导致污水处理厂的很多设备成为摆设。针对这一问题，政府除加大对污水处理厂的资金投入外，还相应地改革了运行机制，多元化的管理模式，如：TOT模式、托管运行模式、BOT模式等，将是我国城市污水处理厂未来发展趋势。③污水处理厂处理后的水直接排放，一方面造成下游河道污染，另一方面浪费了可再次利用的水资源，对于再生水的利用我国还需要不断引进国外先进技术，开发多种途径。④早期建设的城市污水处理厂虽然去除有机物、悬浮物的效果较好，但对氮、磷的去除效果不明显，已经达不到目前我国对于城市污水的排放标准——《城镇污水处理厂污染物排放标准》(GB 18918—2002)。目前我国大部分的污水处理厂面临提标改造的问题，如何提高氨、磷营养物的去除率成为城市污水厂运行和控制的热点问题。

3. 污水的利用

污水灌溉是迄今为止最主要的污水利用方式，其主要目的是解决缺水地区的农田需水，直接利用污水中的植物营养成分和利用土地处理污水中的大量污染物。我国近几年因土壤、农作物和地下水污染等负效应增加，污水土地利用率并不高。而在美国加利福尼亚的许多农灌区，经过严格处理的城市污水，通过有效的贮存和配水系统灌溉粮食作物、牧草、园林及其他经济作物，图奥卢米(Tuolumme)地区处理的污水还可用于牲畜饮用；德国的布伦瑞克(BraunschweIg)和美国加州的圣劳莎(Santa Rosa)还成功地利用喷灌系统进行污水灌溉，弗雷斯诺(Fresno)还将所有的处理污水渗补地下水，这些都取得了良好的经济效益和环境效益。

中国是水资源短缺的国家，尤其是北方地区，缺水已成为国民经济发展的主要制约因素。一方面在各地区各部门缺水严重，另一方面大量的污水自然排放使本已短缺的水资源又遭受严重的污染，进一步加剧了水资源紧张。要解决水资源严重不足和水环境污染加剧的问题，污水的农业资源化利用无疑是一条有效而前景广阔的途径，它既能满足农业水肥要求，又有效地减少排污，防止污染，保护水资源、水环境与生态环境。

(二) 污水的物质特征

1. 污水的分类

因水的使用功能不同，所以水在使用过程中所产生的水质变革差异很大，污水的物质特征和资源化性状也不尽相同。按水的用途通常将污水分为生活污水、工业污水和城市污水。

(1)生活污水。是指单纯的生活用水产生的污水，如居民区和生活社区排放的污水。

(2)工业污水。是指各生产部门、各工业行业生产过程中形成的污水，因生产过程和产品种类不同水质差别很大，可分为化工污水、造纸污水、采矿污水、冶金污水等相应的工业行业类型。

(3)城市污水。通常是指生活污水、市政污水、工业污水和城市径流混合排放的污水，因城市的经济结构、规模、城市排水系统的分区、分质汇流特征的不同，其水质和复杂性也不同。

依污水的特质主要污染物类别不同可划分如下：①耗氧有机物污水；②无机毒物污水；③有机毒物污水；④含重金属污水；⑤植物营养质污水；⑥病原微生物污水；⑦放射性污水；⑧含油污水；⑨高温污水；⑩侵蚀性污水；⑪染色污水；⑫混浊污水；⑬挥发性致臭污水。

在污水的资源化利用和水污染控制中，污水的物质组成是最主要的水质特征，其资源化利用价值及其对排放环境的污染危害都取决于污水的物质组成。污水的物质种类繁多，性质各异，通称为污染物，其在污水中的含量及性状可用相应的水质指标来表征，如 COD、BOD_5(生物化学需氧量)、菌度、pH 及各种污染物浓度等。

污水中的各种污染物质来源于不同类型的污水产生过程中，生活污水中主要含有大量的悬浮物、有机物及氮、磷、钾等植物营养物质，同时也滋生大量的细菌，生活用化学品中的有害有毒物质还有酚、砷、氰化物、汞、镉等。

2. 污水的水质特征

污水的污染物种类繁多，尤其是工业污水的水质特征相当复杂，其污染物负荷和成分复杂性远大于生活污水，我国工业污水与生活污水的总排放量比约为 5∶1，其污染负荷比可达几十至几千比一。

生活污水主要产生于人口高度集中的城镇，其污水的来源主要为生活清洁用水，其中固体物质含量不足1%，主要为各种无机盐类、耗氧有机物、病原微生物和洗涤剂类物质。因含有大量的氮、磷、硫等成分，在厌氧条件下分解可产生硫化氢、硫醇、粪臭素及各种发臭基因等恶臭物质。新鲜的生活污水呈灰色，固体有机物质未分解时几乎没有臭味，并有溶解氧存在。随着水中有机物质的腐解变质，溶解氧耗尽消失并产生厌氧分解，释放出硫化氢等各类还原性挥发性恶臭物质，形成深色或黑色的腐化污水。

工业污水具有成分复杂、排放量大、分布面广、毒性大、净化和处理较难的基本特征，其物质特征与生活污水明显不同。主要污染物中悬浮物含量可达 $100\sim3000mg/L$，生化需氧量 BOD_5 变化于 $200\sim50000mg/L$，COD 更高，可达 $120000mg/L$ 以上，pH 变化范围更大，最高可达 13，味精厂污水酸度最低可达 $0.5\sim1.5$，总氮可达 $2030mg/L$。工业污水中常含有低沸点的挥发性物质，如汽油、苯类、丙酮、乙醇、甲醇、石油类等，在大量排放时可形成"燃烧的河流"；工业污水中常含有多种有毒物和有害物质，如酚、氰、农药、染料、重金属及放射性物质等。

（三）污水资源化的重要性

污水中大量的污染物质不加控制地排向水体、田野和环境，已对水环境、土壤环境和生态环境产生了普遍而严重的污染效应。同时，污水中的各种污染物质主要是工业生产和生活中浪费和损失的原料和资料物质或本身仍具有资源利用价值的物质和能量资源，污水本身就蕴涵着巨大的水分资源。一方面大量宝贵的水分和物质资源被浪费，另一方面又造成严重的环境污染和天然优质资源的毁损。水资源和工业物质资源的浪费和环境与天然资源的毁损都将大幅度地提高资源开发的成本和难度，也显著地增加工业生产的边际成本，并造成人类生存环境质量的下降。

在工业发展和物质文明的道路上，人类为了追求短期的局部的直接经济利益，不自觉地甚至是主动地经历着先污染环境后被迫治理的经济发展过程，即末端治理模式。发达国家和地区走过的这种传统的发展模式，应该为欠发达和发展中国家和地区提供借鉴。污水的污染问题应该以源头治理和综合治理为正确方向，即通过节约用水、清洁生产、污染物控制、污水资源化利用和目标排放五个方面进行综合治理，有效地解决污水问题，为经济发展和环境保护提供一种科学的环境与发展模式，已成为全社会的普遍共识。污水资源化利用就是这一科学发展模式的主要内容之一。

1. 面对水资源短缺的挑战

在人类生活和城市及工业供水中优质水资源短缺的同时，农业用水却耗用着大量的优质水资源，因此在水资源不足和社会经济活动受到严重影响的同时，还存在着水资源的极大浪费。

在水资源严重不足的情况下，污水排放却使大量的优质淡水资源遭受严重污染而成为弃水，甚至使城市和生活用水水源中断或毁弃。

面对水资源短缺的挑战，人们通常倾向于正向思维，于是水资源的短缺引起规模和投资越来越大的水资源开发工程的兴建，科罗拉多河调水系统穿过沙漠越过群山为 500km 以外的洛杉矶供水，世界上最高的阿斯旺大坝建成了，它们在增加供水和水资源调配方面的确功不可没，但还是无法满足不断增长的需水要求，并产生了更多的污水、更高的用水成本和更多更严重的环境问题。如何处置用过的水成为人们必须正确认识并加以有效解决的问题。

水资源短缺和污染的双重效应和压力使人们想到了污水的资源化利用。水资源贫乏的以色列在节水和污水资源化利用方面具有卓越的成效，以色列全国的需水量已超过了其水资源拥有总量，其中7%用于工业，25%用于生活和城市供水，68%用于农业。以色列被公认是水资源严重短缺而经济能保持高速增长的极少数发达国家，其农业节水和污水农业资源化利用是其国策性的资源利用政策。以色列有计划地利用了几乎所有的污水，主要用于农业灌溉、地下水回灌和排入河道调节利用，只有1.7%的陆地污水最终排入海洋。

事实证明，面对水资源短缺的挑战，水资源的可持续开发利用模式和污水的资源化利用是解决水资源问题的基本方略和有效途径。

2. 污水的资源特征

污水中含有的各类物质，主要来源于工业生产和生活中有用的生产资料和生活资料的损耗和流失，如果不加控制地排向水体和环境，它们就是祸害资源和环境的污染物，如果加以有效地控制和利用，它们就能回归其原有的物质资源特性，这也是污水资源化利用的基本条件。污水主要的资源特性有水分资源、工业原料、植物营养资源和能量资源几个方面。

(1)污水的水分资源。污水的主体是水分，绝大部分污水的水分含量都在95%以上，造纸产生的黑液及医药等特殊工业废液污染物总固形物含量较高。对于许多水资源相对不足的地区，其污水总量仍远大于其缺水量。即使在极其缺水的以色列，其污水资源化利用量相当于总取水量的90%，几乎增加了一倍的供水能力，并以此支持发达的工业和节水高效的农业生产。污水的资源化利用领域非常广泛，几乎可以被用于一切可能的用水功能，所有的农业用水和工业用水都可利用相应深度处理的污水，纳米比亚甚至利用城市污水深度处理后再用于城市供水。

中国的污水资源化利用率至今还非常低，充分利用污水的水分资源，缓解水资源不足的状况和环境污染日趋严重对经济资源利用和环境保护的压力，应作为经济可持续发展和水资源可持续利用的战略方针之一。

(2)污水的原料资源。工业污水中的几乎所有污染物质都是生产原料、中间产品及其衍生物的流失和损弃，有些工业原料还是极其昂贵的稀有物料或者远涉重洋的进口原料，其使用成本相当高。许多工业产品，其原料消耗量高得惊人，而最终绝大部分原料及其中间产品都随水流弃。

(3)污水的植物营养资源。污水中含有大量有机和无机形态的植物营养物质，其中主要是有机质、氮、磷和钾等，尤其是生活污水及有机化工工业污水，其植物营养物的含量更高。

3. 污水资源化利用对环境保护的意义

污水的资源化利用通过各种途径将污水的水分、生产原料、植物营养物质及有机碳资源加以有效利用，不仅可以提供大量的农业灌溉水源和工业用水，回收宝贵的工业生产原料，降低工业成本和提高生产效益，为农业生产提供有效而廉价的植物营养物质和有机肥料，还可为工业、农业和人民生活提供清洁的有机碳燃料。更重要的意义是将污水中大量的污染物质加以去除，防止了污染物进入水体和环境对水资源、生态环境和人类健康的严重危害，彻底改变水环境污染日益严重的趋势，使污染已相当严重的水资源质量得到恢复和提高，促进污染物达标排放和环境保护体系的建立和完善，使中国逐步走上水资源可持续利用和经济可持续发展的道路，可以产生巨大的经济、环境和社会效益。

（四）污水农业资源化利用的主要途径

工业用水、生活用水及城市综合用水产生的大量污水，因其流体动力介质、物理化学介质和洗涤等主要功用，使其中含有大量的有机物质、工业原料物质、植物营养物质、生物毒性物质或微生物等成分，如果将它们不加控制地排向水体和环境，它们都变成了有害无益的污染物质，必然造成水体资源和生态环境的严重破坏，产生严重的污染危害，中国和世界日益严峻的水资源污染和环境恶化状况充分地说明了这一点。然而，如果对污水加以有效地控制和变革，除病原微生物以外的所有成分都可化为有用的资源物质，并可净化出数量巨大的再生水资源，这就是污水的资源化利用。

污水的资源化利用在许多缺水的国家和地区已开展得相当广泛，污水几乎可以资源化利用于所有的用水功能。在各种不同安全程度的污水用途中，安全程度较高、利用量较大并得到普遍应用的利用途径，主要有农业灌溉、水产养殖、补给地下水和农业堆肥等农业用途。将污水资源化利用时，必须将其中的有害成分加以处理或变革使其无害化，以满足用水和环境质量要求，其主要措施是生产原料和有用资源物质的回收利用以及污水的无害化处理。

1. 污水农业资源化利用的基本原则

污水因其现实的环境危害性与潜在的再生资源性的矛盾统一特征，在兴利除害的资源化利用过程中，必须有效地控制其环境危害性，综合开发利用其可再生资源，根据污水的水质特征和用水途径以及农业环境质量的要求，选择最佳的资源化方式加以利用，应遵循以下基本原则。

（1）资源化原则。要求尽可能有效地利用污水应有的潜在物能资源，在污水排放之前，将其中蓄存的物质和能量资源加以充分地开发和利用，使其应有的综合利用方式系统化，通过原料回收、毒物去除、有机物分离、水质变革后重复利用或低功能使用、生物营养利用及天然水资源回补等资源化利用途径的最佳组合加以利用，并使其环境危害最小化。

（2）环境质量控制原则。对污水的任何资源化利用方式都必须严格控制环境整体质量不得恶化或得以改善，利用或排放都必须满足区域或局部环境目标的要求，如不得使水体、土壤和食品等遭受污染及危害人体健康等。

（3）经济合理原则。在资源化利用的过程中应遵守经济效益最优化原则，不得产生负效益，以保障污水资源化利用的持续深入开展，在资源化开发利用的某些环节可能只产生负效益，但综合利用效益必须保证其经济合理性，其中包括政府或社会的效益补偿。

（4）技术先进性原则。在资源利用和环境保护方面的技术方法发展很快，新的先进技术可以为污水资源化利用的环境最优化、经济效益最大化和资源利用的合理化提供良好的技术保障。

2. 污水的农业资源化利用途径

在工业生产和生活用水的过程中，每一个环节使用过的水都具有污水的特性，但是在用水过程中可以继续使用或改善后还可用于相关功能的污水一般称为中水，即过程中间污水，在生活用水和工业生产过程中的中水通常被广泛地循环使用、低功能利用或改善重复利用，中水的使用问题属于系统内的节约用水问题，而工业或生活用水系统的最终污水一般要排出该用水系统，并进入外部环境系统称为尾水，也就是通常所说的污水。污水由于丧失了用水系统的优先使用功能并对环境造成了严重的威胁，也就成为资源利用的主要对象。

污水在农业方面的资源化利用主要有以下几种途径。

（1）农业灌溉。污水用于农业灌溉农田、牧场及林地是污水农业资源化利用的最主要的途径，其主要作用是通过灌溉为植物提供水分和营养，利用土壤环境容量消化污染物质，使污水得以净化，并使地下水得到净化水的水量补给，这些都是污水灌溉的正效益。同时，由于污水的成分非常复杂，当污水水质控制不当时可能产生空气污染、土壤毒化、农产品品质下降和地下水质污染等不良后果，因此在污水灌溉时必须进行适当的水质处理以消除其环境影响。

（2）污水用于水产养殖。污水中的生物营养可以被用于养鱼、蟹等水生动物，水面栽培养殖农作物，如蔬菜、牧草等饲料作物、芦苇等商品植物及养殖水草用于肥和沼气制备等，并有效地去除污水中的大量污染物质达到净化水质的作用。在养鱼、栽培蔬菜及饲料作物等用途中应严格控制水质要求以防止污水利用的生物危害。

（3）污水污泥用于有机肥料。污水中存在的大量固体物质、有机物和植物营养物质在资源化利用和排放之前进行的处理过程中会被基本分离，产生大量的有机污泥，在好氧微生物作用下发酵熟化为腐殖质类物质，具有很好的有机肥效，一般称为有机堆肥，既可处理污水污泥又可产生农业效益。高温堆肥还可杀灭污泥中的各种病原体，减少其健康危害。

（4）污水污泥用于农业能源。污水中大量的有机物质还可厌氧分解，制取沼气用于农村燃气，也可采用焚化处理直接提供热源用于发电、供热水和采暖等，既可彻底处理有机污水和有机污泥，又可为农村提供清洁的能源。

（5）污水用于人工回补地下水。在地下水缺乏或过量开采的地区，污水经过必要的处理可用于回补地下水，在缺水的地区可以有效地增加地下水资源量和调节利用量，还具有防止地面沉降、控制海水倒灌、维持湿地生态环境、净化污水、蓄冷等多种资源和环境功能。此外，在缺水的地区，经过相应深度处理的污水还可用于畜牧及野生动物水源、农产品加工业用水、娱乐用水、景观水体用水、地表水环境用水及动力小水电等许多方面。污水的资源化利用过程应包括污水中有用原料的回收、污染物质的无害化处理、净化水的利用及分离废物的利用处置、利用效益评估、污水的利用方法及环境管理等诸多方面。本节仅就工业污水和生活污水在农业灌溉方面的主要资源化利用途径及相关问题加以介绍。

二、工业污水的农业资源化利用

各个工业部门在生产过程中产生的污水水质完全不同，即使同一生产部门的各个生产工序所产生的污水水质也差别很大。工业污水一般都具有生态危害性，因此，只有当工业污水经过了适当的处理并达到相应的用水标准时，才能作为农业用水的资源加以利用。农业用水的目的不同，对水质的要求也不同。

（一）工业污水的水质

1. 工业污水的分类与特征

工业污水是指在工业生产过程中产生的污水。包括工艺过程排水，机械设备冷却水，设备和场地洗涤水等。它含有各种各样的成分，主要决定于在生产过程中所用的原材料。不同的工业，产生不同性质的污水，同类工业如果采用不同的生产工艺，产生的污水也不同。一般可把工业污水分为两大类。一类是工业冷却水。它与原料或产品不直接接触，杂质较少，只要回收热量或稍加处理，就能循环利用。例如，火力发电厂的冷却水，大都经过冷却塔降温后可以循环利用。另一类是工艺污水。它与原料或产品直接接触，多半具有危害性。因行业、原料、工艺不同，工艺污水的水质、水量也各不相同。按其污水中所含成分可分为 3 种。

（1）主要是含无机物的污水。如冶金、机械、建材等工业排出的工艺污水和无机酸制造、漂白粉制造等部分化工污水，大都是含无机物的污水。

（2）主要是含有机物的污水。如食品、塑料、炼油、石油化工、皮革等排出的工艺污水，大都是含有机物的污水。

（3）含有机物和无机物混合的污水。如焦化、煤气、氮肥、合成橡胶、制药、毛纺、印染、人造纤维等工艺污水。

工业污水的特征是污水中所含成分比较复杂，瞬时变化多，一般具有危害性，各种工业污水水质、水量差别很大。我们常以污水中含量较多或危害较大的某一种成分或毒物来命名这种污水。例如，焦化厂排出污水中，含酚、氨、氰化物、硫化物等，其中含酚量最多，危害较大，所以把这种污水称为含酚污水。

2. 工业污水的水质指标

工业污水污染程度水质指标可从下列 4 个方面表示。

（1）物理指标。主要有浊度、色度、温度、蒸发残留物、悬浮物、电导率、放射性等。

① 浊度。水中含有大量泥沙、粉煤灰、尾矿等就不能满足工业用水的要求。

② 色度。带有颜色的水使人厌恶，因此是一项重要污染指标。

③ 温度。水温，往往是确定污水在回收或处理前是否需要冷却或加热的一项重要指标。

④ 悬浮物。一般指能截留在滤纸上的固体物质，是造成水质混浊的来源。它会阻塞土壤空隙，形成江河淤泥等。能在沉淀设备中沉淀下来的物质，如果主要是有机物质叫污泥；如果主要是无机物质就叫沉渣。

⑤ 放射性。污水中含有放射性物质，会引起放射性疾病，还会遗传。通常辐射剂量率单位为毫拉德/年。

（2）化学指标。主要有 pH、有机物（生化需氧量，常用符号 BOD_5 表示；化学需氧量，常用符号 COD 表示；耗氧量，常用符号 OD 表示；溶解氧，常用符号 DO 表示）、有机毒物（有机汞、多氯联苯、多环芳烃、合成洗涤剂等）、无机毒物（重金属如汞、锅、砷、铬、铅等及其化合物）。

（3）生物指标。主要有大肠菌数、细菌总数、病原菌及病毒等。大肠菌数，是指 1L 水中所含大肠菌个数。因大肠菌在外环境中生存条件与肠道传染病的细菌和寄生虫卵相似，同时大肠菌数量多，较易检验，所以作为生物污染指标。细菌总数，指 1mL 水中所含各种细菌总数（在普通琼脂培养基，于 37℃经 24h 培养后）。各种病原菌对人体健康都有危害，有的细菌如制革污水中的炭疽菌极难杀灭，应该加以特殊处理。

（4）生理指标。是指嗅、味、外观、透明度等。嗅是指水质对人的嗅觉器官的不良刺激。味是指水质对味觉器官的刺激。清洁的水不具任何臭气，而且适口无味。受污染的水就会有异臭异味。

（二）对工业污水的无害化处理工艺设计

1. 污水处理的基本方法和系统

工业污水中常含有各种类型的污染物质，污水处理工艺和系统的任务在于从污水中去除这些污染物质，使排放的污水无害化，以达到保护水资源和环境的目的。

污水处理方法和系统的选择取决于许多因素，主要的是污水性质、对出水水质的要求、需用的场地、未来发展以及该系统在技术上的可行性和经济上的适宜性。

1）污染物质及其处理方法

根据污水中所含污染物质可选定需采用的处理方法。表 6-1 列举了不同类型的污染物质及与其相适应的单元操作或处理方法。

表 6-1　污水中的污染物质及处理方法

污 染 物 质	单元操作或处理方法
悬浮物	格栅、磨碎、筛网、筛滤、沉淀、上浮、过滤、离心、投药(混凝剂、聚合电解质)、混凝土沉淀、土地处理系统
可生物降解有机污染物	各种类型活性污泥法(悬浮生长型生物处理系统)、生物膜法(固着生长型生物处理系统，如生物滤池、转盘等)、土地处理系统
难降解有机污染物	物理-化学处理系统、活性炭吸附、臭氧氧化、土地处理系统
病原体	加氯消毒、臭氧消毒、二氧化氯消毒、紫外线消毒、加热消毒、溴和碘消毒、超声波-紫外-臭氧系统消毒
氮	生物硝化和脱氮(悬浮生长型、固着生长型)、氨解析(氨吹脱)离子交换法、土地处理系统
磷	投加金属盐、石灰混凝沉淀、生物-化学除磷、土地处理系统
重金属	化学沉淀-化学上浮、离子浮选、离子交换法、电渗析、反渗透、活性炭吸附
溶解性无机固体	离子交换法、反渗透、电渗析、蒸法
油	隔油池、上浮法、混凝过滤、粗粒化、过滤、电解、絮凝-上浮
热	冷却池、冷却塔
酸、碱	中和、渗析分离、结晶、热力法(浸没燃烧)
放射性污染物	化学沉淀、离子交换法、蒸发、贮存等

从表 6-1 可知，污水处理方法基本上可归结为物理法、化学法和生物法 3 种。

物理法根据物理学原理来分离污水中的污染物质。属物理法的单元操作有格栅、筛网、筛滤、均化、混合、凝聚、沉淀、上浮、过滤、离心、电磁分离、蒸发、结晶等。

属化学法单元操作的有化学沉淀、气相传输、吸附、氧化等。此外，还有一些化工工艺用于污水处理的有萃取、汽提、吹脱、氧化还原、中和、离子交换以及膜技术（反渗透、超滤、电渗析等），它们有的属物理法单元过程，有的属于化学法单元过程，有的属于物理化学法单元过程，而物理化学是化学的一个分支学科，所以它仍可归结为化学法。

属生物法的单元操作有好氧性悬浮生长型处理过程，如活性污泥法及其各种改进方法、曝气塘、生物稳定塘、好氧污泥消化等；好氧性固着生长型处理过程，如生物滤池、生物转盘、生物转筒、生物接触氧化床、生物流化床等；还有缺氧性悬浮生长型和固着生长型处理过程以及厌氧性与兼氧性悬浮生长型及固着生长型处理过程等。

由于污水中含有组分复杂的污染物质，所以往往需要采用多种单元操作组合成为处理系统，才能完成净化污水的任务。

2）处理程度的分级

污水处理所需的程度应根据污水中所含污染物质的种类、性质和对出水水质的要求等因素来确定，通常可分为：预备处理或初步处理、一级处理、二级处理和三级处理等四个等级。若把前两者合并，通称一级处理，则划分为三个等级。三级处理也可称为高级处理。

2. 工业污水无害化处理工艺选择

根据国家污水综合排放标准，将排放污水中的污染物按其性质及控制方式分为两类。

对于第一类污染物和第二类污染物应分别满足《污水综合排放标准》（GB 8978—1996）的要求。

工业污水处理工艺流程选定的主要影响因素如下。

1）污染物质的特性

（1）酸碱性。处理时需要中和。

（2）氧化还原性。投加氧化剂、还原剂处理。

（3）溶解性。可生成微溶沉淀的污染物，加入沉淀剂处理。

（4）生物降解性。可生物降解的污染物，生物处理法处理。

（5）无以上特性者。选用适宜的物理、化学方法处理。

2）污水处理程度

（1）按水体的水质标准确定，即根据地方政府或国家生态环境部对受纳水体规定的水质标准进行确定。

（2）按处理工艺所能达到的处理程度确定，一般以二级处理能达到的处理程度作为依据。

（3）考虑受纳水体的稀释自净能力，这样可能在一定程度上降低对水处理水质的要求，降低处理程度，但对此应采取慎重态度，取得当地环保部门的同意。

3）工程造价与运行费用

以处理水应达到的水质标准为前提，以处理系统最低造价和运行费用为目标函数，建立三者之间的相互关系，选择技术可靠、经济合理的处理工艺流程。

4）污水量和水质变化情况

污水量的大小也是选定工艺需要考虑的因素，水质、水量变化较大的污水，应考虑设置调节池或事故贮水池，或选用承受冲击负荷能力较强的处理工艺，或间歇式处理工艺。

5）当地的其他条件

当地的地形、气候、地质等自然条件，也对污水处理工艺流程的选定具有一定的影响。可利用洼地、沼泽地等，设置稳定塘、土地处理等污水自然处理系统；寒冷地区应当采用适合于低温季节运行的或在采取适当的技术措施后也能在低温季节运行的处理工艺；地下水位高、地质条件差的地方不宜选用深度大、施工难度高的处理构筑物。总之，污水处理工艺流程的选定是一项比较复杂的系统工程，必须对上述各因素加以综合考虑，进行多种方案的经济技术比较，还应进行深入的调研及试验研究工作，才可能选定技术先进可行、经济合理的处理工艺流程。

（三）工业污水用于农田灌溉

工业污水的特点是污染物种类繁多，成分复杂，往往具有危害性，因此，工业污水不能用于直接灌溉农田。考虑工业污水对农作物生长、土壤、地下水、农产品食用者、农产品生产者、被灌溉农田周围的人群的影响，使灌溉既有益于农作物的生长，又不对人体和环境造成危害，用于农田灌溉的工业污水必须进行无害化处理，并且满足农田灌溉水质标准。对于含有致病微生物的工业污水，还要辅以必要的消毒处理。

1. 农田灌溉对水质的要求

农田灌溉用水的水质必须有以下几方面的要求：①应无病原菌；②不破坏土壤的结构和性能，不使土壤盐碱化；③土壤中重金属和有害物质的积累不超过有害水平；④不危害农作物，影响产品的产量和质量；⑤不污染地下水等。我国《农田灌溉水质标准》（GB 5084—2021）对灌溉水质做了具体要求。

灌溉用水的重要水质参数有：含盐量、钠吸附比（SAR）、硼、有毒重金属、有机污染物、悬浮固体、营养素以及致病微生物等。

污水的含盐量是确定该水质是否适宜灌溉的一个十分重要的参数。盐对作物的有害作用表现在它能阻止水分进入作物（物理影响、渗透压等），并由于化学反应而对作物有毒，能改变土壤的结构，使土壤性质恶化。盐在土壤中的积累取决于土壤性质、排水状况、气候等因素。作物对盐分的忍耐能力各不相同，并随土壤性质的不同而互异。因此，很难确定含盐量的容许浓度。有的作物在排水情况良好而水中盐分高的情况下生长良好；而有的作物在排水不良而水中含盐量不高的情况下生长不佳。采用高含盐量的水灌溉作物会使土壤溶液的渗透压增高，降低作物从土壤中吸收水分的能力。有些作物在土壤水渗透压增高情况下比其他作物吸水性更好些，而大部分作物对此有一极限值，超过该极限值其吸水性能将减弱；当作物灌以含溶解固体高的水时，由于蒸发作用和作物只能吸收水分，于是盐分就留在土壤中，促使土壤含盐量越积越高，结果必须予以淋洗排走，以防止土壤盐碱化并减少其对作物的危害作用。

硼在水中的存在形式为硼砂、硼酸盐及各种硼硅化合物。植物生长需要微量硼，但硼浓度过高对作物有毒害作用，能使叶子枯焦，患缺绿病。

重金属元素是作物生长不可缺少的营养素，量少时对作物生长有好处。但是，浓度过高会污染土壤，并能积累在作物的某些组成部分中，降低食用质量，甚至不能食用；同时重金属还可能淋滤而进入地下水，从而污染地下水源。

此外，还必须严格控制污灌水中的杀虫剂、致畸物、致癌物、致突变物和各种病原菌、病毒和寄生虫（和卵），它们都会给农灌区环境、地下水、农作物和人畜健康带来潜在危害，在考虑灌溉水质时也应予以严格控制。

2. 农田对污水的净化特点

（1）物理过滤

土壤颗粒间的孔隙能截留、滤除悬浮颗粒。土壤颗粒的大小、颗粒间孔隙的形状和大小、孔隙的分布、水流流动通道的性质等都影响土壤的物理过滤的净化效率。土壤堵塞的控制：悬浮颗粒太大过多、溶解性有机物被微生物代谢生成产物以及有机物厌氧分解等都能引起堵塞。加强管理，掌握好湿期与干期的交替轮换周期，能消除堵塞、恢复土壤截污过滤能力。

（2）物理吸附和物理沉积

土壤中黏土矿物等能吸附土壤中的中性分子——由于非极性分子之间的范德华力所致。污水中的部分重金属离子在土壤胶体表面因阳离子交换作用而被置换吸附并生成难溶态物质被固定于矿物的晶格中。

（3）物理化学吸附。金属离子与土壤中的无机胶体和有机胶体由于反应形成螯合化合物；有机物与无机物的复合化而生成复合物；重金属离子与土壤进行阳离子交换而被置换吸附；某些有机物与土壤中重金属生成可吸性螯合物而固定于土壤矿物的晶格中。

（4）化学反应与沉淀。重金属离子与土壤的某些组分进行化学反应生成难溶性化合物而沉淀。如调节、改变土壤的氧化还原电位能生成难溶性硫化物；改变 pH 能生成金属氢氧化物；另外经过一些化学反应能生成金属磷酸盐和有机重金属等而沉积在土壤中。

（5）微生物的代谢和有机物的分解。土壤中含有大量厌养性微生物能对土壤颗粒中悬浮有机固体和溶解性有机物进行生物降解。厌氧状态时厌氧菌能对有机物进行发酵分解，对亚硝酸盐和硝酸盐进行反硝化脱氮。

3. 工业污水灌溉的特点

利用工业污水灌溉农田有利于植物营养素的循环；能获得腐殖质从而改良土壤结构，使土壤松软，土色增深，提高地温，增加肥力；可减少污泥，美化、绿化环境；减轻水生生态系统的污染负荷，保持良好的生态平衡；避免能源的浪费，节省能源；有利于污水中水肥资源的充分利用，获得显著的增产效益，同时节省劳力、化肥，减少农业经营费用等。因此，利用污水灌溉农田具有很大的优越性，经济效益十分显著，长期以来一直受到人们的重视。

多年实践证明，工业污水灌溉农田如果使用恰当，能改善土壤理化性质，提高土壤肥力，能增加作物产量并再生污水，从而带来巨大的经济和环境效益。但是，若使用不当，用未经处理或不符合灌溉水质要求的工业污水灌溉，会造成农田减产歉收甚至颗粒无收，恶化土壤结构，使作物遭受严重污染，品质下降，严重的还能传播传染病，致癌促癌，增加发病率和死亡率，危害国家经济建设和人民身体健康，破坏环境和自然生态系统的平衡。因此，必须充分认识污水灌溉可能带来的两种截然不同的后果——巨大的环境和经济效益及潜在的危害，从而采取有效技术措施，扬长避害。

工业污水灌溉关键在于妥善控制用于灌溉农田的工业污水的水质，使之符合农作物正常生长、保护农田土壤与地下水源和保证产品质量的要求，从而达到保持农业生态平衡和人体健康、促进农业发展、合理使用水肥资源等多方面综合目标。

4. 灌溉用水的协调与管理

污水灌溉中必须严格水质管理，建立合理的灌溉制度，采用科学的灌水技术才能把污水处理、发展农业生产和保护环境三者结合起来。

生活污水中杂质多、浓度较大时，必须经过适当预处理，才能用于灌溉，必要时采用清水和污水轮灌。污水的 pH、溶解性固体、钠吸附比、氯化物、硫酸盐以及一些毒物浓度均应符合国家《农田灌溉水质标准》(GB 5084—2021)。污水经沉淀处理后能去除悬浮固体杂质及寄生虫卵，以免杂质堵塞土壤、寄生虫卵传染疾病。由于沉淀后污水中含有大部分溶解性有机肥分，可使肥力均匀分布农田，有利作物的吸收利用。沉淀污泥可采用堆肥发酵法处理，以杀死寄生虫卵，并使有机氮转化为易被植物吸收的速效氮，促进作物吸收、利用。工业污水应经无害化处理后方可灌溉农田。工业污水中有害物质浓度超过规定时应严格禁止灌溉农田。应先在车间或厂内通过改革工艺、压缩排污、阻止跑冒滴漏以及采取回收或其他有效预处理措施使污水控制在生产过程中或工厂内部，不排或少排污水，排出污水应经无害化处理。特别应对含重金属、难降解有机物(如多环芳烃、多氯联苯、有机卤素化合物等致癌、促癌、致畸、致突变物质)以及含致病菌、病毒的污水进行严格控制，在达到无害化以前严禁灌溉农作物。对于含放射性物质的污水，也应遵循专门规定，先进行无害化处理。制订、贯彻科学的灌溉制度和采用科学的灌溉技术是管好污水、用好污水的关键。灌溉制度是指在一定农业耕作条件下，为满足农作物对水肥的要求，以达到增产目的而制订的各种作物的灌水时间、灌水次数及每次灌水量。灌溉制度是设计灌溉系统的基础，也是灌溉系统管理的主要依据。正确的灌溉制度可以提高作物产量，充分发挥污水的水肥功效，同时还可以防止污染地下水和改变土壤性质。在制定灌溉制度时应充分考虑各种因素，如不同作物在不同生长期对水肥的要求，灌水技术、灌水方式与劳动组织，污水性质、污水量，清水水源情况等，此外，还需考虑气候条件。

不同地区、不同土壤、不同季节的灌水定额不同，应根据当地具体条件所作的科学实验和耕作经验确定。

5. 污水灌区环境质量控制

1) 灌溉水质标准控制

为了加强对污水灌溉的管理，控制污水灌溉对环境的污染，我国颁布了《城市污水再生利用农田灌溉用水水质》(GB 20922—2007)、《农田灌溉水质标准》(GB 5084—2021)。这些标准的贯彻执行，为控制污水灌溉对环境的影响，维护农业生态平衡，起到了良好作用。

2) 农田污泥施用标准控制

随着工农业生产的发展，污水量和污水处理量增大，污泥的数量也不断增多。由于污泥施入农田的量决定着污染物带入土壤中的量，因此，污泥中污染物的含量决定着污泥允许施入农田中的量，实质上，污泥含污染物的量及其允许每年使用的量决定于土壤每年、每公顷、容许输入农田的污染物最大量，即土壤变动容量或年容许输入量。我国颁布了《农用污泥污染物控制标准》(GB 4284—2018)以保护农业生态环境。

水质标准和污泥施用标准都是用浓度控制的方法，限制污染物进入农田的数量，从而实现对农业生态环境的保护。

3）土壤环境质量标准控制

环境质量应控制在某一限度的数量界限内，是科学的标准化环境管理的重要手段之一。土壤环境质量标准直接与农产品质量相联系，是污水灌区农田污染控制的一个极为重要的标准。根据这一质量标准，不仅可以把农产品质量控制在一定程度上，而且也可据此评价农田质量状况，预测污染进程，提出防治措施。在国家没有颁发土壤环境质量标准的情况下，不同地区应研究和制定本地区必要的某些污染物的土壤质量标准，依据此标准，对灌区农田的质量进行有效的控制。

土壤环境质量标准的控制，实际上与水质标准控制、污泥施用标准控制是相互关联、互为补充的。只有将它们联系起来，统筹考虑，才能收到灌区质量控制的最佳效果。

4）区域污染物总量控制

总量控制是在相对于环境质量标准控制的基础上发展起来的。实践证明，利用环境质量标准难以完全控制环境污染。以污染物排放总量的控制方法代替浓度控制，对环境进行控制和管理，已经收到了良好的环境效益和经济效益。对区域土壤而言，总量控制实际上有两种作用。一种是以区域能容纳某污染物的总量作为污染治理的依据，使污染治理的目标明确，达到合理治理。所以就区域治理而言，它具有显著的经济效益和环境效益。另一种是以区域容纳的能力来控制一个地区单位时间容许输入量。这实际上为农田灌溉水质标准和污泥使用标准提供了基础。它可以使污水灌溉的水质指标和污泥使用浓度指标制订得更加灵活，使它们更具有区域性特点，更便于制订出区域性的标准。

三、生活污水的农业资源化利用

有关资料表明，工业污水、土壤有机物流失和生活污水是水质污染的三大来源。土壤有机物流失是自然灾害造成的，工业污水经过近年来的治理排放量大大减少，生活污水却有增无减，占水质污染的51%还多。

冲厕水是生活污水的第一大来源。每年的冲厕水耗量为35.14亿t，冲厕后排放到河中进行终端处理需费用100元/t，仅此每年需花费3514亿元。由于我国城市居民住宅区建设没有统一的生活污水处理设施，粪便等都是以栋为单位经化粪池初步处理后即直接排放到沟渠中，由沟渠泄入江河湖泊，其大量的氮、磷、钾等富营养有机物质对水质造成极大的破坏。目前江河湖泊水质多属富营养类型，由于排入量大，导致其自我净化功能失灵，因而水质也就每况愈下。

生活洗涤水是生活污水的第二大来源。洗澡、洗衣、洗头、洗脸等一系列洗涤活动中，需用洗衣粉、肥皂、洗发液、沐浴露、洗面奶等多种化学洗涤用品，从而使洗涤污水中既含有大量汗液等污物，又含有大量化学成分。这些污水只有极少数以单独管道导出家庭，其绝大多数则随着粪便冲厕水同管道处理排泄。在用水总量中，生活洗涤污水较冲厕水多，这就更加重了粪便冲厕水终端处理的难度。

厨房污水是生活污水的第三大来源。厨房污水多以洗碗水、涮锅水、淘米洗菜水组成，除淘米洗菜水中含有米糠菜屑等有机物外，其他污水含有大量的动植物脂肪和钠、醋酸、氯、碘等多种元素，其中脂肪具有不可溶性。厨房污水一般单独排放，直接进入下水道。随着餐饮服务业的蓬勃发展，厨房污水在生活污水中的比例节节攀升，其用水量已接近冲厕水的规模，而动植物脂肪等难溶有机物给净化处理带来了很大的难度。

据国家环保部门监测，我国主要流域及湖泊水污染形势非常严峻，60%以上的河段水质为Ⅳ、Ⅴ、劣Ⅴ类，已存在饮用水隐患。主要流域水质数据是：Ⅰ类占8.5%，Ⅱ类占21.7%，Ⅲ类占6.7%，Ⅳ类占18.3%，Ⅴ类占7.1%，劣Ⅴ类占37.7%；主要湖泊水质是：太湖为Ⅳ类至Ⅴ类，滇池为Ⅴ类至劣Ⅴ类，巢湖为劣Ⅴ类。这些数据表明，太湖等主要湖泊水质污染已到了不堪收拾的地步，完全不能作为饮用水资源，而主要流域中符合饮用水Ⅱ类标准以上的水仅占36.9%。确实，我们目睹住宅周围池塘水质在一天天变坏。昔日的碧池映月已不复存在，而代之以水草丛生、绿苔满池、油垢漂浮的景观。这种现象的发生与生活污水的排放、处理、管理和利用不善有直接关系，应当引起我们的高度重视。

（一）生活污水的水质

生活污水是人们在生活过程中排弃的污水，主要包括粪便水和各种洗涤水，一般生活污水量为 $0.11 \sim 0.12 m^3$/（人·天）。生活污水的数量、成分及其变化决定于人们的生活状况和生活习惯。生活污水中对水体影响较大的污染物所含有的固形物多为无毒物质，分无机物和有机物两部分。无机物约占40%，主要是沙石、溶解盐类等；有机物约占60%，主要是蛋白质、脂肪和碳水化合物等。它有如下特点：①含氮、磷、硫高，容易产生富营养化。②含纤维素、淀粉、糖类、脂肪、蛋白质、尿素、氨氮等，这些有机物在水中极不稳定，在分解中消耗了水中大量的氧气，阻碍水中、土壤中原有生物的生长，并在厌氧性细菌作用下易产生恶臭物质，对自然界产生长期、严重的危害。③含有多种寄生病原微生物（虫、卵、病毒、细菌）等，易使人传染，生各种疾病。④由于洗涤剂大量使用，使它在污水中含量增大，对人体有一定危害。这些生活污水中的污染物如不经过净化处理直接排放出去，势必会造成水源及环境污染，是水源和环境污染的重要污染源。

（二）生活污水的无害化处理工艺设计

根据生活污水中的污染成分主要是由可生物降解的有机污染物构成的特点，生活污水的无害化处理应当采用以生物处理方法为主的处理系统。

1. 生活污水无害化处理工艺选择原则

污水处理工艺流程的选定是一项比较复杂的系统工程，必须深入了解各种处理方法和工艺的特点，综合考虑以下原则，确定符合实际和切实可行的处理工艺。①处理工艺应能使生活污水经过无害化处理后达到法定的排放标准；②建设费用低；③运行费用少，电耗低；④不用化学试剂；⑤节省占地面积，特别是不占用良田、好土；⑤适应当地条件，如利用天然废塘、土地进行处置。

必须对上述各因素加以综合考虑，进行多种方案的经济技术比较和研究，才可能选定技术先进可行、经济合理的处理工艺流程。

2. 生活污水无害化处理典型工艺

1）城市生活污水处理厂的典型工艺流程

该流程的一级处理是由格栅、沉砂池和初次沉淀池组成。其作用是去除污水中的固体污染物，从大块垃圾到颗粒粒径为数毫米的悬浮物（溶解性的和非溶解性的）。污水的 BOD_5 值通过一级处理能去除20%~30%。

二级处理系统是城市生活污水处理厂的核心，一般采用生物处理方法，主要作用是去除污水中呈胶体和溶解状态的有机污染物（以 BOD_5 或 COD 表示）。通过二级处理，污水的 BOD_5 值可降至 $20 \sim 30mg/L$，一般可达到排放水体和灌溉农田的要求。

各类生物处理技术，只要运行正常，都能取得良好的处理效果。

污泥是污水处理过程的必然产物，应加以妥善处置，否则会造成二次污染。城市污水系统的污泥多采用厌氧消化、脱水、干化等技术处理。

2）乡镇生活污水处理系统

乡镇在建成排水系统后可用常规的二级处理技术处理生活污水，比较成熟的二级生物处理新技术有二段曝气法（AB 法）、氧化沟处理系统、污水稳定塘、序批式活性污泥法（SBR）、厌氧水解-好氧生物处理工艺等。其中以厌氧水解-好氧生物处理工艺无论在工程造价、运行费用还是在运行稳定性和出水效果方面优点更为突出。经过这些系统处理的污水，宜再经过土地处理系统回用，不回用的可以排入水体。由于乡镇离农田较近，可以根据作物生长季节调整生活污水的处理深度。在作物的生长时期，污水脱磷不脱氮，保证作物对营养物质的需要；在非作物生长期，污水既脱磷又脱氮，经过处理的污水直接排放到河道，不会引起富营养化，达到既降低成本又保护河水水质的双重目的。

3）居住小区污水处理系统

在城市污水管网尚未铺就或不可能到达，或尚未建成城市污水处理厂的城市的住宅小区，生活污水处理一直是很难解决的问题。过去常用的化粪池沉淀和厌氧发酵，虽然对悬浮物质和寄生虫卵有一定的去除作用，但 BOD_5 去除率很低，且不具备脱氮除磷功能，已不能满足水污染防治和水环境保护的需要。近年来，适用于住宅小区的小型污水处理站和污水处理设备的技术开发发展迅速。其中厌氧生物滤池是一种较好的处理工艺。

厌氧生物滤池是一种内部装有填料作为微生物载体的厌氧生物膜法处理装置。厌氧微生物附着于载体的表面生长，当污水自下而上升流式通过载体所构成的固定床层时，在厌氧微生物作用下，污水中的有机物得以厌氧分解，并产生沼气。厌氧生物滤池有多种变形，填料的发展迅速，其工艺流程为：

进水→沉淀池→厌氧消化池→厌氧生物滤池→拔风管→氧化沟→进气出水井→排水污水经沉淀池预处理后进入厌氧消化池进行水解和酸化，可提高污水的可生化性，为后续处理创造条件。在拔风系统作用下，生物滤池处于兼氧状态，阻止了污水中甲烷细菌的产生，使整个系统仍处于酸性阶段，而氧化沟内溶解氧一般可稳定在 $1.5 \sim 2.8mg/L$，污水在此进一步进行好氧处理。该工艺的实质类似于 A/O 法，但兼性厌氧生物滤池使厌氧段得到强化，拔风系统是处理过程的关键。其主要优点是不耗能、造价低、管理简单、无噪声、无异味、挂膜快、剩余污泥量少、出水水质好、运行效果稳定。

住宅小区污水流量小，可生化性好，宜采用新型填料的生物膜法处理技术，以防堵塞。

住宅小区用地紧张，应优先考虑占地省的污水处理工艺，并在设计中采取一定措施。设计成地下式或半地下式，形成地下为污水处理站，地面为绿地或花坛的格局，可以美化环境。

3. 生活污水处理新工艺简介

随着污水处理技术的不断发展，出现了一批低能耗、低投资，管理简单的处理工艺。

污水处理新技术常见的主要处理工艺如下。

（1）水解-好氧处理技术。水解沉淀是利用兼性菌，使污水在特殊的沉淀池中预先降解40%的有机物，集沉淀、吸附、生物絮凝、生物降解为一体的处理功能，可以使后续处理的曝气池容积减少约50%，曝气量也可减少约50%；与初沉池比较，COD、BOD_5、SS 去除率都提高了一倍左右，经水解、酸化后的出水再经好氧生物处理有效地提高了污染物的去除率。该工艺基建投资较普通活性污泥工艺可节约 30%～40%，占地可减少 20%～30%，总耗电可节约 34%，处理成本可节约 37%～40%。

（2）管道处理工艺。管道处理工艺是利用输送污水的管道加压作为处理设备，并在管内充氧，使污水在输送过程中，进行生物处理，以减轻管道末端污水处理的负担。生活污水处理厂只需建设沉淀池，不用活性污泥回流，管道处理能力可在较大范围内灵活变化，与普通活性污泥法比较，可节约投资 40%，运转费用低，适用于污水输送距离较远的城市（管道长度需 6～10km）。

（3）生物膜自然净化工艺。生物膜自然净化是移植生物膜技术，采用厌氧菌和兼性菌处理生活污水。具有运行费用低，几乎不耗能的特点，适合在旅游区和居民生活小区污水处理中采用。

（4）深井曝气。深井曝气是以一深井作为曝气池的高效率活性污泥工艺，井直径 1～6m，深度 50～100m。一般用废井进行改造，投资费用较低。深井曝气具有很高的充氧能力，并能维持很高的混合液污泥浓度，处理效率较普通曝气法提高约 5 倍，电耗节省40%～50%。其主要优点是高效、低耗、占地少，是目前国内推广应用较好的处理方法。

（三）生活污水用于农业灌溉

生活污水用于农业灌溉具有以下优点。

（1）生活污水是宝贵的水资源。每年全国城镇冲厕水、洗涤水及淘米洗菜水等生活污水大致为 189 亿 m^3。经过处理后作为二次水资源用于农田灌溉，以每公顷需灌溉 6000m^3计，可灌溉田地 315 万公顷，增产粮食 70.9 亿 kg 以上，折合价值约 75.6 亿元人民币。

（2）生活污水是难得的肥源。生活污水不含有毒污染物，而氮和磷的含量丰富。据资料分析，城市混合污水平均含氨氮 8.1～19.6mg/L，五氧化二磷 3.0～4.0mg/L。如每年每公顷灌溉 6000m^3污水，相当于 10kg 尿素和 84kg 过磷酸钙的用量，作物产量通常比清水灌溉增加 10%～20%。此外，污水还有改善土壤结构，提高土壤肥力的作用，对生土地改良效果尤为明显。

（3）净化水质，提高地下水位。农田即土壤—微生物—植物生态系统，是巨大、高效的生活污水处理器。经处理合格的生活污水仍含有少量有机污染物，当用这些水灌溉农田后，经土壤净化、微生物和植物净化、太阳能净化等，可以净化掉污水中的各种污染物质，使污水得到深度净化。除了作物生长需要自身吸收的水分和地面蒸发的水分外，灌溉水的大部分经过农田生态系统净化后下渗到地下水层，补充了优质地下水并提高了地下水位。可见，适宜的污水灌溉既提高了农作物的产量，又净化了水质，还提高了地下水位。农田这一土壤—微生物—植物生态系统无论在处理规模，还是在处理效率方面的优越性都是任何人工方法所无法比拟的。人类应当十分珍惜土地，科学合理地利用农田灌溉净化生活污水。在生活污水灌溉的实施过程中，应做好土壤、地下水和作物的检测，以便于预测和调节污水的水质和水量，确保在任何时候污染物负荷都不超过农田生态系统的净化能力，只有这样才能维持农田生态系统的永续利用，使我们既从农田得到粮食，又用农田净化生活污水并得到纯净的地下水。

（4）降低污水处理成本。农田生态系统净化生活污水既不需要昂贵的污水处理设备投资，也不耗能，还不需要专业操作人员，这样就大大降低了污水处理的成本，而且农田生态系统对污水进行的是深度处理。对于如此廉价而优异的污水处理系统，如何对其进行科学、合理、有效的管理和利用，是摆在我们面前的重大课题。

农田生态系统净化的对象应当是经过二级处理过的低浓度生活污水，要防止浓度过高的生活污水或未经处理的生活污水灌入农田，因为超过农田生态系统的净化能力会造成环境和地下水的污染。

四、污水灌溉

我国各地利用城市污水灌溉农田自1958年试验推广以来，取得了很大的成绩，目前污水已成为城镇近郊灌溉用水的一个重要水源。城镇污水中大部分均含有一定的肥效，据有关资料统计，我国城镇污水中所含氮肥约为26.7~90mg/L（总氮），22~48mg/L（铵氮），其中磷为3.2~3.9mg/L，钾为5.2~40mg/L。据统计，污水灌溉旱田一般情况下可增产50%~150%，水稻可增产30%~50%，水生蔬菜可增产50%~300%。采用污水灌溉除节约肥料、增加产量外，在农业上还有节省劳力、改良土壤和提高土壤肥力的效能。只要灌溉水质控制得当，就可使贫瘠、板结、坚硬的土壤提高肥力，形成团粒结构。在缺水地区，污水更有抗旱防灾的重大作用。

（一）污水灌溉原理

在我国污水灌溉的农田有旱田和水田之分，其净化过程和作用也各不相同。

1. 污水灌溉旱田

污水灌溉旱田的净化过程是由表层土的过滤截留、土壤团粒结构的吸附贮存、微生物的氧化分解与固化吸收、作物的吸收作用以及土壤胶粒的交换过程组成，并在这一系列过程中不断补充新的腐殖质，从而又促进污水的利用和净化过程。因此在农业污水灌溉中，污水的利用与净化是同时进行的，并且互为因果地结合在一起。

污水灌溉旱田应受到一定条件的制约：第一是对水质的限制，特别是对含有有毒物质的工业废污水，应在出厂前进行无害化处理；第二是对灌溉水量的限制，灌溉污水量不能超过作物需水量，否则会产生污水的大量深层渗漏，污染地下水，影响环境卫生等；第三是在雨季和作物非生长期，勿进行污水灌溉。

2. 污水灌溉水田

污水灌溉水田，其净化作用是由藻菌共生、大气复氧、作物吸收等几部分组成，净化效果较高。当污水在水田中的停留时间为3~8天时，水中的BOD_5均在20mg/L以下，最低可达1~2mg/L，BOD_5的去除效果达90%以上，有的甚至高达98.9%，细菌总数去除率为50%~96%。

（二）污水灌溉方法

灌溉制度是设计灌溉系统的基础，也是灌溉系统管理的主要依据。正确的灌溉制度，可以提高作物产量，充分发挥污水的水肥功效，同时还可以防止污染地下水和改变土壤肥效。

污水灌溉水稻，应选用耐肥品种，调配水肥，间歇晒田。应根据水稻的不同生育期，合理调配污水浓度，使田块各部分水肥分布均匀。采用间歇晒田措施，可提高地温，改善土壤通气条件，提高土壤微生物降解有机物的能力，并可促进作物生长。

污水灌溉小麦、玉米，应以污水作底水基肥，掌握好不同生长期的需肥量与需水量，并根据土地肥瘠、作物生长壮弱情况，确定灌水次数和灌水量，每次灌水后注意松土保墒。对呈盐碱性土壤，以少灌或不灌为宜。

污水灌溉蔬菜，应清水育苗，分散进水，配合基肥，控制灌水。种菜前应平整土地，先用污水作底水基肥，幼苗期不宜灌溉污水，注意避免心叶部分沾染污水，清晨及晚上宜于灌水，切忌炎热时浇水。叶菜类需肥量大，宜多灌，果菜类应少灌。蔬菜收获前 10 天和生食蔬菜，不宜用污水灌溉。

五、微咸水利用

微减水利用是指利用矿化度为 2~3g/L 的水。在干旱、半干旱和季节性干旱的半温润地区，淡水资源短缺，利用微咸水(2~3g/L)灌溉，可以抗旱增产，提高经济效益。在中国黄淮海平原已应用 2~5g/L 的咸水灌溉小麦、玉米和棉花。

按照利用方式划分，我国微咸水开发利用主要包括灌既利用、淡化利用两种模式。灌溉利用模式又可分为直接灌溉、咸淡混灌和咸淡轮灌等，主要用于解决淡水灌溉水量不足的问题。淡化利用模式与海水淡化模式类似，但主要以小型化、分散化的反渗透淡化处理供水为主，主要用于城乡供水的水源补充，以解决部分地区的饮水困难问题。

第七章

节水灌溉技术

第一节　喷微灌技术

一、概论

(一) 喷微灌灌水技术的定义与特点

喷微灌(包括滴灌)是当今先进的节水灌溉技术。喷灌是利用专门的设备(喷头)将有压水(流量 $q \geqslant 250L/h$)送到灌溉地段,并喷射到空中散成细小水滴,均匀地散布在田间进行灌溉;微灌是按照作物需水要求,通过低压管道系统与安装在末级管道上的微喷头或滴头(流量 $q < 250L/h$),将水和养分均匀、准确地直接输送到作物根部附近的土壤表面或土层中进行灌溉。喷微灌需要借助压力管网输水,它们都具有省水、省工、省地、增产、提高品质、保持水土、适应性强和根据作物需水要求适时、适量灌水等优点,且便于机械化、自动化控制。微灌还有比喷灌节能、节水的特点。在我国水资源日趋紧缺的情况下,推广喷微灌技术,是实现现代节水农业的主要途径之一。

但是,喷灌受风的影响大,有空中飘移和植物截流水量损失;微灌地表可能产生局部积盐,对水质的过滤要求较高。

喷微灌工程一般投资较高,适宜于高水平的大面积农业灌溉和各种经济作物灌溉。

(二) 喷灌系统的组成与分类

1. 喷灌系统的组成

喷灌系统一般由水源工程(包括水泵和动力)、输水管网(包括控制件与连接件)、灌水器(喷头)三部分组成。

喷灌系统的水源一般是江河、湖泊、水库、井、渠。加压水泵多采用离心泵、自吸泵、潜水泵、井泵;有条件的高位蓄水设施则可利用天然水头。动力可用电力或燃油机。管网系统一般分为干管(分干管)、支管二(或三)级,管网上的控制件主要有阀门(包括流量、压力调节阀、进排气阀、安全阀等);管网连接件一般为三通、四通、弯头、直通和堵头等,支管上安装竖管,竖管上安装喷头。考虑综合利用的系统在管网首部还可设置施肥罐。喷头是专用的灌水设备,田间均匀灌水通过喷头自身的散水作用和组合作用完成。

2. 喷灌系统的分类

1）固定式喷灌系统

这种系统除喷头之外的各个组成部分在整个灌溉季节都是固定不动的，喷头可以在各轮灌组中轮流使用。它的投资较高，但管理方便，适合用水频繁的经济作物灌溉。

2）半固定式喷灌系统

半固定式喷灌系统除系统的主要设备（水泵、动力、干管）永久固定不动外，支管及支管以下的设备是可移动的。一般系统配置2~3个轮灌组数目的移动支管，灌溉时轮流移动作业。半固定式喷灌系统包括人工移动支管、机械移动支管和端拖式。目前我国大部分大田作物喷灌系统就是采用这种形式。

3）移动式喷灌系统

移动式喷灌系统包括管道移动式系统和机组移动式系统。管道移动式系统的全部设备是可移动的。机组式移动系统主要有：①小型移动机组式系统，这种系统一般以燃油为动力；②绞盘式移动机组，该系统由绞盘车、洒水车和喷头组成，水源一般固定干管给水栓供水，喷灌支管绕在绞盘车上，灌水作业由喷头和洒水车在田间行走完成，绞盘车采用动力或水力驱动边喷边收管，收管完毕，喷头停止工作，转入下一给水栓作业；③大型机组移动式系统，包括中心支轴式喷灌系统（又称时针式喷灌系统）和平移式喷灌系统。这两种系统的支管支承在可自动行走的塔架车上。时针式系统的支管绕中心支轴（一般为水源井或给水点）转动，犹如一个巨大时钟。喷灌图形一般为圆形，带有地角补偿的平移系统为正方形。一台机组标准控制面积可达65~70hm^2；平移式喷灌系统分双侧和单侧平移系统，是由一个移动抽水站和一组自动行走塔架支承支管和喷头组成。工作时泵站沿渠道取水。支管由导向准直机构控制行走塔架，垂直于渠道平行向前或向后进行灌水作业。其最大支管长度可达800m，控制矩形面积可达128hm^2。

（三）微灌系统的组成与分类

1. 微灌系统的组成

微灌系统一般由水源工程、首部枢纽、输配水管网和灌水器四部分组成。微灌系统可用水质符合要求的河流、湖泊、水库、塘堰、沟渠和井泉等作为水源；首部枢纽一般包括水泵、动力、控制阀、安全阀、水质净化装置、施肥装置、测量和保护装置等；输配水管网包括干、支、毛管及给水阀门（栓）和管道连接件等；灌水器根据结构和出流形式的不同，分为滴头和微喷头两大类，一般置于地表而少数埋入地下进行灌溉。

2. 微灌系统的分类

微灌系统一般分为以下四类。

（1）地面固定式微灌系统。灌水期间任何部件都不移动的系统称为固定式系统。这种系统毛管和滴头或微喷头布置在地面，适用于果园或条播作物的灌溉。但毛管在作物播种时要拆卸，灌水器易老化。

（2）地下固定式微灌系统。系统所有部件固定不动，毛管和滴头埋入地下，不影响耕作和播种，但不易检查灌水器工作状况。

（3）移动式微灌系统。在灌水期间，毛管和灌水器在一个位置工作完后，移动到另一个位置灌水。与固定系统相比，其投资较低，但运行管理费用较高。

（4）间歇式微灌系统。这种系统又称为脉冲式微灌系统，其灌水器（滴头）流量比普通的大 4~10 倍，每隔一定时间出流一次，由于滴头孔口增大，减少了堵塞，又由于间歇灌水，避免了径流和深层渗漏的产生，其灌水器工艺要求较高。

二、喷微灌设备

在此仅对喷微灌系统的主要专用设备作一简要介绍，如灌水器、喷灌泵、过滤设备、控制件及安全件、管材等。通用离心泵、电机等设备则不予涉及。

（一）喷头

喷头的种类繁多，主要有按工作压力和射程以及按结构形式和喷洒特征两种分类方法。按工作压力和射程分类及适用范围如表 7-1 所示。

表 7-1 喷头按工作压力和射程分类表

喷头类别	工作压力/kPa	射程/m	流量/(m³/h)	特点及适用范围
超低压（包括微喷头）	50~100	1~5	0.008~1.0	耗能少，雾化好，适于微型园林、花卉、温室作物等
低压低射程	100~200	5~14	0.3~2.5	喷洒范围小，耗能较少。均匀度较高，水滴小，适用于菜地、果园、苗圃、温室大棚、公园草地、花卉、平移机等
中压中射程	200~500	14~40	0.8~40	均匀度较高，雨滴和喷灌强度适中，适用于各种经济作物、果园和大田作物以及各种土壤
高压远射程	500~800	≥40	>40	控制面积大，生产率高，耗能大，雨滴大，适用于粗放的大田作物和牧草等灌溉

还可按喷头的结构形式和喷洒特征分类，如图 7-1 所示。

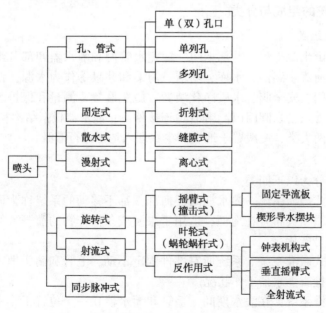

图 7-1 按喷头结构形式分类

　　喷头采用的材质有铜、铝合金和塑料三种类型，我国已定型生产 PY_1、PY_2、中喷-1，中喷-2 四种系列的金属摇臂式喷头。灌水均匀、工作可靠、经久耐用一直是喷头研究的主要课题。现按喷头的结构形式分别予以介绍。

　　1. 固定式喷头

　　固定式喷头又称为漫射式喷头或散水式喷头。它的特点是在喷灌过程中，所有部件相对于竖管是固定不动的，其结构简单可靠，水滴较细，工作压力也比较低，射程近，喷灌强度大等。常用在公园、草地、苗圃、温室等处；另外还适用于悬臂式、时针式和平移式等行喷式喷灌机上，以节约能源。固定式喷头的结构形式很多，概括起来可以分为折射式、缝隙式和离心式三种。

　　2. 孔管

　　由一根或几根较小直径的管子组成，在管子的顶部分布有一些小喷水孔，喷水孔直径仅为 1~3mm。根据喷水孔分布形式又可分为单列孔管和多列孔管两种。

　　单列孔管的喷水孔成一直线等距排列，一般工作压力为 150~300kPa，孔管的平均喷灌强度为 12~14mm/h。主要用于蔬菜和园林灌溉。多列孔管是由可移动的轻便管子构成，在管子的顶部钻有许多小孔，由于其工作压力仅为 30~100kPa，所以较适于自压喷灌，而且它还不需要自动摆动器，结构上比单列孔管要简单得多。

　　孔管式喷头的共同缺点是喷灌强度较高，水舌细小受风影响大；工作压力低，支管上实际压力受地形起伏的影响大；孔口太小，堵塞问题非常严重。

　　3. 旋转式喷头

　　又称为射流式喷头，是目前使用得普遍的一种喷头形式。一般由喷嘴、喷管、粉碎机构、转动机构、扇形机构、弯头、空心轴、轴套等部分组成。旋转式喷头使压力水流通过喷管及喷嘴形式一股(或 2~3 股)集中水舌射出，由于水舌内存在涡流，水舌在空气阻力及粉碎机构(粉碎螺钉、粉碎针或叶轮)的作用下被粉碎成细小的水滴，又因为有可调整快慢的转动机构使喷管和喷嘴围绕竖轴缓慢旋转，这样水滴就会均匀地喷洒在喷头的四周，形成一个半径等于喷头射程的圆形或扇形湿润面积。

　　旋转式喷头是中射程和远射程喷头的基本形式，常用的形式有摇臂式、叶轮式、反作用式三种。亦可根据是否装有扇形机构(亦即是否能作扇形喷洒)而分成全圆转动的喷头和可以进行扇形喷灌的喷头两大类。

　　旋转式喷头设计的动力学理论和结构力学理论都比较复杂，如需进一步了解，可参阅有关专门书籍。

　　1) 摇臂式喷头

　　这种喷头一般有单嘴和双嘴，单嘴只能作全圆喷洒，双嘴可作扇形喷洒，靠弹簧使水舌作用于摇臂导水板，撞击喷头，使之转动。

　　我国应用最多的摇臂式喷头有 PY_1 系列、PY_2 系列和 PYS 系列以及中喷系列。各种喷头的规格和性能可参阅有关产品样本。

　　2) 叶轮式喷头

　　又称蜗轮蜗杆式喷头，靠喷嘴射出的水舌冲击叶轮，带动转动机构使喷头旋转。这种喷头加工制造比摇臂喷头复杂，但转速基本上不受竖管倾斜和风速风向的影响，工作稳定，所以这种喷头多用于中、高压移动式喷灌机上。

3）反作用式喷头

利用水舌离形喷嘴时对喷头的反作用力直接推动喷管旋转，方式很多。反作用式喷头结构一般比较简单。但它的共同缺点是：如果反作用力矩比较小，工作就很不可靠，尤其是在刚开始喷灌时更难以启动。典型的反作用喷头是射流式和垂直摇臂式喷头。

（1）射流喷头。射流喷头的种类较多，主要有连续全射流式、步进（间歇）式、互控步进式、自控步进式、自反馈式等。这类喷头的喷嘴本身就是一个大射流元件，水舌附壁流出时偏离喷管轴线而使喷头旋转，它利用射流元件切换的原理来使喷头作扇形喷灌。近年来有人又研究了流控式、自控式的互控式等步进式全射流喷头，都进一步简化了间歇机构和提高了喷头工作的可靠性，使全射流式喷头进入了生产使用阶段。

（2）垂直摇臂喷头。垂直摇臂式喷头是一种间歇反作用式喷头，它克服了连续反作用式喷头的缺点，具有结构简单、工作可靠的特点，而且这种喷头的摇臂对喷体的撞击没有摇臂式喷头那么猛烈，因此国外将大喷头做成这种形式。必须指出，垂直摇臂式喷头虽然和摇臂式喷头一样，也有一个摇臂，但作用原理却截然不同。

（二）滴头与微喷头

滴头与微喷头统称为灌水器，灌水器的作用是把末级管道中的压力水流均匀而又稳定地分配到田间。灌水器的质量好坏直接影响到系统灌水质量的高低。因此，对它的要求是：出水量小、出水均匀、抗堵塞性能好、制造精度高、结构简单、便于安装、坚固耐用、价格低廉。

1. 滴头及分类

（1）**按与毛管连接方式分为两类**：①管间式；②管上式。

（2）**按灌水器出水方式分为四类**：①滴水式。以不连续的水滴或细流向土壤灌水。②涌泉式。压力水流以涌水的方式通过灌水器向土壤灌水；③渗水式。水流通过毛管和管壁上的微孔或毛细通道渗出管外进行灌溉。主要有多孔透水主管（多用再生橡胶做成）和边缝式薄膜管。④间歇式。毛管的中压力水流以间歇或脉冲的方式流出灌水器而灌入土壤。因此，又把间歇式称为脉冲灌水方式。

（3）**按灌水器消能方式分为**：①长流道式；②孔口消能式；③涡流消能式；④压力补偿式。压力补偿式喷头一般具有自动调节水量和自动清洁功能，其出水均匀度高，但制造工艺较复杂，对起压力补偿作用的元件材料要求较高。

（4）**按灌水器水流流态分为紊流式滴头、层流式**（多孔毛管、双腔毛管和微管）**灌水器**两种。

① 膜片式多孔毛管：膜片式多孔毛管的优点是制作简单，价格低廉，清洗方便，孔口间距和大小可以根据土壤性质、作物种类和栽培方式而定。

② 双腔毛管：双腔毛管又称双壁管或滴灌带，由内、外两个腔组成，内腔起输水作用，外腔只起配水作用。因此，又把内腔称为输水腔，外腔称为配水腔。

③ 微管：微管又称发丝管，它实际上是把一种直径为 0.8~1.5mm 的黑色聚乙烯管直接插入毛管，使连续的压力水流变成不连续的水滴或细流而流出微管进行灌溉的一种方式。微管的安装方式有直线散放式和缠绕式两种。

2. 微喷头

微喷头是介于喷头和滴头之间的一种灌水器,与喷灌相比微喷具有工作压力低(一般工作水头为 5~15m)、节能省水等优点。与滴灌相比又具有出水孔口直径较大(一般孔径为 0.8~2mm)、抗堵塞性能好的优点。另外,微喷的湿润面积比滴头的大,采用微喷扩大了毛管间距,减少了滴头和毛管用量,降低了工程投资。因此,微喷技术在各地得到了迅速的发展和应用。

微喷和喷灌之间既有区别又有联系。首先,微喷可按全面湿润灌溉方式设计,而在大多数情况下(如果园),是局部灌溉方式,灌溉需水量和灌溉制度的计算方法与滴灌相同。其次,尽管在温室、苗圃和园林绿化灌溉中,有时也用微喷头作全圆喷洒灌溉,但在水质处理和要求上又与滴灌一样。因此,通常把喷水量小于 250L/h 的灌水器也划在微灌范围内。

按照工作原理分类,常用微喷头有射流式、离心式、折射式和缝隙式四种。射流式有运动部件,又称旋转式。后三种没有运动部件,称固定式微喷头。国产微喷头主要有折射式和旋转式两种。

(1)折射式微喷头。折射式微喷头主要由支架、折射锥、喷嘴和接头四部分组成。折射式微喷头也称为雾化喷头。

(2)射流旋转式微喷头。射流旋转式微喷头由支架、旋转臂、喷水口和接头四部分组成。

旋转式微喷头的工作水头一般为 10~15m,有效湿润半径为 1.5~4.5m。由于湿润范围大,水滴细小,灌水强度低,又近地表安装,水量飘移损失小,适用于果园、温室、苗圃和城市园林绿化灌溉。

射流旋转式微喷头的加工精度要求较高,另外,由于旋转式微喷头中由于由运动部件组成,尤其是旋转部件接触却较易磨损,因此使用寿命较短。

(三)喷微灌专用泵及其性能

1. 喷微灌专用泵

水泵是一种水力机械,它通过叶轮等工作体的运动,把外加的能量传递给被抽送的水体,达到增加压力的目的。

水泵的种类繁多,用途广泛。在农业灌溉方面,一般使用离心泵、混流泵和轴流泵等叶片泵。其中靠叶轮旋转获取离心力来实现能量转换的离心泵,与其他两种叶片泵相比,具有流量小、扬程高的特点,适合选用喷灌加压泵,在喷灌工程中应用最广。

喷灌专用泵按结构形式分自吸离心式如 BPZ 型与普通离心式如 BP 型两种,其规格性能见有关产品样本。另外,国产 IS、IB 系列节能离心泵也是喷微灌工程常用的泵型,IS、IB 型离心泵的型号含义可参阅有关产品样本。

2. 喷微灌装置的工作点

喷微灌装置的总扬程为:

$$H_总 = H_头 + H_静 + H_损 \tag{7-1}$$

式中,$H_总$为喷微灌系统总扬程,m;$H_头$为喷头、微喷头工作水头,m;$H_静$为泵的几何扬程，即喷嘴下游水面之高差，m；$H_损$为系统总水头损失，m。

由上式知，喷灌装置的净扬程为：

$$H_喷 = H_头 + H_静 \qquad (7-2)$$

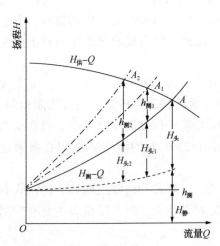

图 7-2　喷灌装置工作点

喷灌装置所需的扬程曲线可由图 7-2 绘出，该线与水泵装置性能曲线（$H_供 - Q$）的交点 A_1（$I = 1, 2 \cdots\cdots$），表示喷灌装置在供水总阀处的流量、扬程处于供、需平衡状态，相应的水泵工作点为 A。另外，喷灌装置在实际运行过程中，不仅应使泵处于高效区，而且还应使喷头在适宜的压力区内高效安全地运行，就应采取措施，对喷灌装置的工况进行调节，如图 7-2 所示。其方法主要有：①控制阀门开度；②控制支管或喷头开启数；③调整水泵型号或运行方式等。

（四）喷微灌工程管材及其选择

管道是喷微灌系统的关键设备之一，因为它用量大，投资高，技术要求严格。据统计，管道投资占总投资的比重，固定式为 68%~87%，半固定式为 41%~72%，混合式系统占 55%~71%。有些工程由于管材选择不当，管道质量不好，结构设计不合理或施工安装质量差，严重影响了系统正常运行，个别的导致整个喷微灌工程失败。因此，在喷灌系统规划设计中，必须对管材、管径的选择、管件的配套以及管道上控制与保护装置的设置，给予充分的重视。

目前我国地埋管道采用较多的有自应力、预应力钢筋混凝土管、钢丝网水泥管、石棉水泥管、铸铁管、钢管以及塑料管等。地面移动管道有壁铝合金管、薄壁钢管、塑料管、涂塑软管等。

1. 对管道的技术要求

（1）能承受设计的工作压力。一般要求管壁有相应的厚度，并特别注意壁厚要均匀。对于不同的工作压力要选用不同的管材。

（2）能通过设计的流量，而不至造成过大的水头损失，以节约能量。要求有一定的过水断面，并要求管道内壁尽量光滑，以减少摩擦系数。

（3）价格低廉，使用寿命长。塑料管材要注意防老化，钢铁管材注意防锈蚀。

（4）便于运输易于安装与施工。主要是接头连接要方便，而且不漏水，并有一定的抗震和抗折能力。

（5）对于移动管道，则要求轻便、耐撞击、耐磨，并能经受风吹日晒。

2. 管道的种类及其适用范围

1）钢筋混凝土管

有预应力钢筋混凝土管和自应力钢筋混凝土管两种。都是在混凝土浇制过程中使钢筋受到一定的拉力，从而使管子在工作压力范围内不会产生裂缝。可承受内压 400~1600kPa，常用直径为 70~122mm。其优点是钢材用量仅为铸铁管的 10%~15%，而且不会因锈蚀使输水性能降低，使用寿命长，一般可使用70年以上或更长时间。但其质脆，较重，运输有一定困难，而且目前制造工艺比较复杂。

钢筋混凝土管一般为承插口，刚性接头用石棉水泥或膨胀性填料止水，柔性接头则用圆形橡胶圈止水。

2）铸铁管

一般可承压1.0MPa，优点是工作可靠，使用寿命长，一般可使用60~70年，但一般30年后就要开始陆续更换。缺点是材料较脆不能经受较大的动荷重；接头多，增加施工量；另外，长期输水，内壁会产生锈瘤，使内径逐渐变小，使过水能力大大降低。按照加工方法、接头形式，不同铸铁管可分为：承插直管、砂型离心管、法兰直管。按照承受压力大小可分为低压管(工作压力$H \leqslant 450kPa$)、普压管($450kPa \leqslant H \leqslant 750kPa$)和高压管($750kPa \leqslant H < 1000kPa$)。

承插式铸铁管常用的接口有：石棉水泥接头、铅接头和膨胀性填料接头。

3）钢管

钢管可承压1.5~6.0MPa，与铸铁管相比，它的优点是能经受较大的压力、韧性强。能承受动荷载、管壁较薄、用料省，并且管段长而接口少，铺设简便。缺点是易腐蚀，寿命仅为铸铁管的一半，因此铺设在土中时，表面应有良好的保护层。

常用的钢管有热轧无缝钢管、冷轧(冷拔)无缝钢管、水煤气输送钢管和电焊钢管等，一般用焊接、螺纹接头或法兰接头。

4）石棉水泥管

石棉水泥管是用75%~85%的水泥与15%~25%的石棉纤维(以质量计)混合后经制管机卷制而成的。一般管径为75~500mm，管长为3~5m，可承受压力在600kPa以下。优点是耐腐蚀、便于搬动和铺设、内壁光滑不积存污物、切削钻孔等加工简便、易于施工等。缺点是抗冲击能力差些，运输时如不注意容易受到损伤。常用石棉水泥浇缝刚性接头，环氧树脂和玻璃布缠结的刚性接头以及橡皮套柔性接头等。

5）塑料管

塑料管是由不同种类的树脂掺入稳定剂、添加剂和润滑剂等配合后，挤压成型的。采用不同的树脂就产生出不同的塑料管。它的品种很多，现在常用的有聚氯乙烯管(PVC)、聚乙烯管(PE)、聚丙烯管(PP)等。对于不同厚度的管子分别可承受内压力400~1000kPa。其优点是容易施工、能适应一定的不均匀沉陷、内壁光滑、水头损失小。缺点是必须埋在地下。塑料管的规格一般以外径计，管径为5~500mm，壁厚0.5~8.0mm。

塑料管的连接形式有多种，有刚性接头和丝扣连接、法兰连接、黏结法和焊接等。柔性接头多为铸铁套管配橡皮圈止水的承插式接头。

3. **移动管道的种类及其适用范围**

移动管道分为三种：一是软管，用完后可以卷起来移动或收藏，体积小运输方便。每节比较长，一般10~50m，节间用快速接头连接；另一种是半软管，这种管子在水放空后横断面还基本能保持圆形，也可以卷成盘状，但盘的直径较大(1~4m)；第三种是硬管，为了便于移动，每节不能太长，一般6~9m，这样要用较多的快速接头。管道能否正常工作主要决定于接头工作的可靠性，所以对快速接头的要求较高。现在常用的软管有麻布水龙带、锦纶塑料、维塑软管等；半软管有胶管、高压聚乙烯管。硬管有硬塑料管、铝合金管和镀锌薄壁钢管。各种管材的性能及规格可参阅有关产品样本。

(五) 控制件及程序控制器

1. 控制件及安全件

在喷微灌系统的主要控制件和安全件有：阀门(闸阀)、安全阀、逆止阀、进排气阀流量调节阀、压力调节阀、自动阀(包括电动和水动)等，这些控制件及安全件主要起到控制流量和压力、保护管网和水泵安全运行等作用。其材料大多为金属，而微灌系统田间控制阀多用塑料制品。

2. 程序控制器

程序控制器用于自动化喷微灌系统中，可根据灌溉系统土壤湿度、温度、作物水分、管网压力、流量等参数按事先设定的要求或运行调度方案自动控制田间灌水时间。灌水过程实施乃至水泵机组的启动与停机等过程。

控制台一般是将控制机构和显示机构装在一起的一个整体，其外形为一控制箱或控制台，控制面板应便于操作，规格较高的系统常以键盘为控制面板，此外应有手动的开关、电路总开关、灌水量(或时间)、压力等调节旋钮、工作指示灯、示警装置，并有电话联络设施或与操作机构连接的电缆或通道。

(六) 净化设备与设施

喷微灌尤其是微灌要求灌溉水中不含有造成灌水器堵塞的污物和杂质，而实际上任何水源中，都不同程度地含有各种污物和杂质，即使是水质良好的井水，也会含有一定数量的砂粒和可能产生化学沉淀的物质。因此，对灌溉水进行严格的净化处理是微灌中首要的步骤，是保证微灌系统正常运行、延长灌水器使用寿命和保证灌水质量的关键措施。对灌溉水净化处理的好坏、净化设备与设施质量优劣是衡量微灌系统质量高低的重要标志之一。因此净化设备与设施是微灌系统不可缺少的重要组成部分。

微灌系统中的净化设备与设施主要包括：拦污栅(筛、网)、沉淀池、水砂分离器、砂石(介质)过滤器、滤网式过滤器等。在选配净化设备和设施时，主要根据灌溉水源的类型、水中污物种类、杂质含量及化学成分等，同时考虑所采用的灌水器的种类、型号及流道断面大小等。

设计时，一般过滤器进出口压力在 3m 左右。

灌溉水中所含污物及杂质可以分为物理、化学和生物等三类。在进行微灌工程规划设计之前，一定要对所有水源进行水质化验，全面了解与掌握水质状况，并根据微灌系统所选用的灌水器种类及抗堵塞性能，合理选定净化设备。

(七) 施肥(农药)装置

向微灌系统注入可溶性肥料或农药溶液的设备及装置称为施肥(农药)装置。微灌系统中常用的施肥装置有压差式施肥罐、开敞式肥料桶、文丘里注入器、注入泵等。

三、喷微灌灌水技术要素

现代农业对灌水质量要求越来越高，衡量喷微灌水质量的技术要素很多，我国编制的

《喷灌工程技术规范》（GB/T 50085—2007）和《微灌工程技术规范》（GB/T 50485—2020）均有较明确的规定。

一种节水灌溉方法的灌水质量，区别于另一种节水灌溉的灌水质量的根本标志是灌水技术要素的高低，设计和选择合适的灌水技术要素，是决定喷微灌工程投资和质量的关键问题之一。

（一）喷灌灌水技术要素

1. 喷灌强度

喷灌强度是单位时间内喷洒在灌溉土地上的水深，或单位时间内喷洒在单位面积上的水量，以 mm/h 计。喷灌强度的大小与时间和面积有关，在喷灌系统规划设计中，一般要用到点喷灌强度、单喷头平均喷灌强度、组合平均喷灌强度及实测组合平均喷灌强度几个概念。

2. 允许喷灌强度

（1）允许喷灌强度的设计值。允许喷灌强度是控制喷灌强度的重要指标，在灌水过程中，为避免径流产生，组合喷灌强度不得超过土壤入渗速度。

（2）坡地允许喷灌强度研究及进展。我国坡耕地大约有 5000 万 hm²，绝大部分还未开垦成梯地，其中 82% 的面积无法采用传统的地面灌溉方式，只有采用喷灌或微灌等节水灌溉技术。我国，对于坡地允许喷灌强度的设计值一直是采用平地的数值加以折减的方法。

3. 喷灌均匀度

喷灌均匀度是在喷灌面积上水量分布的均匀程度。实践证明，喷灌作物增产幅度，在满足灌水定额的前提下，主要决定于在整个喷灌面积上喷洒的均匀度，因此它是衡量喷灌质量好坏的主要指标之一。《喷灌工程技术规范》（GB/T 50085—2007）规定，在设计风速下，喷灌均匀度应不低于 75%，但对行喷式系统，应不低于 85%。

影响喷灌均匀度的因素相当多，主要有喷头结构、旋转速度的均匀性、单喷头水量分布。工作压力、喷头组合形式、喷头距离、竖管倾斜度、地面坡度及风向风速等。

4. 水滴打击强度

水滴打击强度是指单位受雨面积内，水滴对土壤或作物的打击动能，可用 KE（Kinetic Energy）来表示。水滴打击动能太大，会打坏作物的花蕾、嫩芽、甚至枝叶。对于没有植被的土壤表面的打击会破坏土壤团粒结构，从而影响土壤的入渗能力。对水滴打击强度的要求是不损害作物和不破坏土壤的团粒结构。影响水滴打击强度数值大小的因素有：每一个水滴的质量，水滴达到地面时的降落速度和单位面积上水滴的密度与粒径分布。水滴击打强度测定方法较为复杂，可用专门的仪器进行测定。由于雨滴打击动能难以测得，故一般在喷灌中常用一些间接的指标来代替。最常用的有水滴直径和 H/d 值（H/d 值是指喷头工作压力与主喷嘴直径之比，又称雾化指标）。

（二）微灌灌水技术要素

1. 耗水强度

微灌主要用于灌溉果园和条播作物，此时只有部分土壤表面被作物覆盖，并且灌水时只部分湿润土壤。因此，作物耗水量仅与作物对地面的遮阴率大小有关。

2. 灌溉补充强度

微灌的灌溉补充强度是指为了保证作物正常生长必须由微灌提供的水量，取决于作物耗水量、降雨量和土壤含水量条件，微灌只是补充作物耗水不足部分。

3. 土壤湿润比

微灌一般是局部灌溉。微灌的计划湿润层深度内被湿润的土体占总土体的百分比，称为土壤湿润比。在实际应用中，常以地面以下 20~30cm 处的湿润面积占总灌水面积的百分比表示。

4. 微灌灌水均匀度

为了保证灌水质量，微灌灌水均匀度应达到一定要求，《微灌工程技术规范》（GB/T 50485—2020）规定应不低于 0.85。

四、喷灌系统规划设计

喷灌系统是由水源取水，经过水泵加压（自压系统除外），再通过各级压力管道，送至竖管及喷头的完整的管道系统。其中固定管道式多是将干管、支管埋入地下，常年不动；半固定管道式多是将支管铺放在地面，灌完一片后移动到另一片。因此，它们的管道设计方法基本一致，而机组式喷灌系统则有不同的特点。

（一）管道系统的布置

1. 管道系统的分级

根据灌溉面积的大小，地形复杂的程度，将喷灌管道系统进行分级。如喷灌系统较小，只有两级管道时，分为干管、支管；有三级管道时，分为干管、分干管、支管；有四级管道时，分为总干管、干管、分干管、支管。最末一级，带有喷头的工作管道，称为支管。

2. 管道系统布置的一般原则

（1）管道布置应使管道总长度尽量短、管径小、造价省、有利于水锤防护。

（2）山丘地区布置喷灌系统时，一般应使干管沿主坡方向布置。支管则应平行等高线布置。这样有利于竖管保持铅垂，使喷头在水平方向旋转。尤其对半固定式系统，有利于支管沿梯田方向安装。如果受地形条件限制，支管不能平行等高线时，也应使支管顺坡或与等高线斜交或垂直布置，这时支管可按恒压设计，应尽量避免支管上坡布置。

（3）管道布置应考虑各用水单位的需要，便于用水和管理，有利于进行轮灌，并能迅速分散流量。

（4）支管的布置应尽量与作物耕作方向一致。这样对固定式喷灌系统，可减少竖管对机耕的影响；对半固定式喷灌系统，便于在田垄间装卸支管，可避免践踏庄稼。如条件许可，应尽量使喷灌支管垂直主风向。

（5）充分考虑地块的形状，力求使支管长度一致，规格统一。管线的纵剖面应力求平顺，减少折点，并尽量避免管线出现驼峰。

（6）管线的布置应密切与排水系统、道路、林带、供电系统及居民点的规划相结合。喷灌系统管道布置的好坏，不仅直接影响到灌水质量、管道长度、管径大小、管道附件的多少等，而且还关系到设备成本和运行费用，今后管理的方便程度。

3. 管网布置形式

1）树状管网

树状管网是目前我国喷灌系统管道布置应用最多的一种形式。这种形式布置简单，适用于土地分散，地形起伏的地区，水力计算也较简单。这种形式的管网布置管道较多，管道利用率低。在运行中当一处管道出现故障时，常影响到几条甚至全系统的运行。

2）环状管网

环状管网呈一闭合状，由很多闭路环组成故又称闭路网。这种系统在给水工程中应用较普遍，目前在喷灌系统中应用较少，其优点是，如果某一水流方向的管道出事故，可由另一方向管道继续供水。环状管网的布置和水力计算可参阅给水工程的有关书籍。

3）混合式管网

在较大型的固定式或半固定式喷灌系统中，如果从整体看，地块分散，地形不够规则，但从局部地形看一片片地还是比较集中，比较规则的，这样则可采用混合式管网，即骨干管网用树状网布置，地块内部采用环状网布置。

在大型喷灌系统中，一般均采用埋入地下的固定式管道，把水送到灌区各用水单位，然后根据其灌溉面积和所需流量，设置给水栓。通常以给水栓为界把管道系统分为上、下两部分。给水栓以下到田间的管道称为田间灌溉系统，这部分多采用移动式管道。给水栓与水源之间的管道称为输配水系统，这里所指的管网就是输配水管网。管网布置应根据灌区实际情况，要求在满足灌溉输水的同时，使管网的经济长度最短，以降低管网的投资。为此，可以采用"最短路径"法来布置大型喷灌工程的输配水管网。

4）最短路径法给水栓的规划布置

在大型半固定式(或移动机组式)喷灌工程中，给水栓不仅是管网系统的组成部分，而且也是喷灌管理的重要设备。一个给水栓对下级管道系统，就是一个取水"枢纽"，每一个给水栓处都安装有压力表、水表、减压阀、真空破坏阀或其他控制量测仪表等。给水栓本身是一个节制阀，因此这种取水"枢纽"都具有节制、稳压、控制流量和记录用水量等功能，同一个给水栓可向一个或几个(最多4个)用户供水，给水栓的设置应根据控制面积的大小和支管允许最大长度而定。

（二）喷头的选择与组合形式

1. 喷头的选择及喷洒方式

1）喷头的选择

对于一个好的喷头，既要求机械性能好(结构简单、工作可靠)，又要求其水力性能好，也就是能满足喷灌的主要技术要求(组合喷灌强度小于土壤的允许喷灌强度，水滴直径细小，水滴对土壤和作物的打击力小，喷头组合以后水量分布均匀)，而且最节约能源。这些要求往往互相矛盾或互相制约，所以我们在设计选用喷头前，应深入了解各水力参数之间的关系及影响因素，以便合理地选用喷头，使之更好地符合生产要求。

旋转式喷头的主要水力参数是：工作压力、喷水量、射程、水量分布图形、喷灌强度和水滴打击强度(或水滴直径或雾化指标)。一般而言，我们希望喷头的起始压力和最高压力范围尽量宽，以适应不同情况。在同样工作压力下喷头流量大一些好，这意味着要求喷头内的水头损失尽量小，即喷头内流道要光滑平顺。事实上，喷头流量一般要通过实测确定。在同等条件下，要求射程越大越好，以减少系统投资。其次，喷头一旦选定，其参数也可由有关产品样本直接查得。

2）喷洒方式

选择喷头时，首先应考虑喷头的水力性能是否与喷灌作物及土壤条件相适应，也就是说要求喷灌质量达到主要技术要素的指标。另外，组合喷灌强度及均匀度的要求不仅与喷头型号有关，而且与喷头的组合形式及组合间距密切相关，为此三者的确定须同步进行。

一般情况下喷头采用全圆喷洒。扇形喷洒多用于单机单头移动式机组系统或管道式系统的田边、地角处，以避免喷湿道路、房屋等。当地形坡度大于 15°时，最好采用扇形喷洒。

2. 喷头的组合形式

喷头组合形式包括支管布置方向、喷头组合方式及喷头沿支管的间距和支管间距等。喷头组合形式及间距的确定是喷灌系统设计的关键环节之一。

1）支管布置方向

对于喷灌支管布置的方向，除在整个喷灌系统中考虑地形因素及作物种植方向外，这里着重介绍风及地形坡度的影响。

全圆喷洒时，在平地无风条件下，其湿润范围应为一圆形，其喷洒等深线应为一组同心圆。但是在有风或有坡度的条件下，其湿润圆变成近似的椭圆形，等深线也发生相应的变化，顺风或下坡方向喷洒射程拉长，逆风、上坡、垂直风向或坡度方向两侧都有所缩小。从经济观点出发，在有固定风向时，最好支管垂直主风向布置，以加大支管间距；在坡地上布置支管，一般支管平行等高线布置，但有时支管垂直等高线布置更经济，在此情况下应通过管网优化确定。

2）喷头组合形式

喷头在平面上的组合形式一般为矩形或三角形。矩形中又有长方形和正方形，三角形中又有正三角形、等腰三角形等。

布置喷头组合形式时应尽量选择支管间距大于喷头间距的矩形组合，当风向多变时可采用正方形组合。三角形组合方式时，单喷头控制的湿润面积最大，同样的灌溉面积所需的喷头数最少，但正三角形组合，支管间距小于喷头间距。对固定管道式系统而言，总投资不一定节省。对半固定管道式系统，增加了移动支管次数，给管理工作带来不便，而且三角形布置抗风能力较差，一般较少采用。

3）确定喷头组合间距

喷头的组合间距直接与喷头的射程有关。一般说，组合间距越大，管材投资越省，组合喷灌强度越小，但组合均匀度越低。各种因素互相影响，彼此制约，因此，确定组合间距的主要任务是如何既满足喷灌质量的主要技术指标，又使投资最省。

通常确定喷头组合间距的方法是先选择适当的喷头，根据喷头的各项水力参数确定组合间距，然后检验各项技术指标是否达到要求，通过试算找到合理的组合间距。这种方法目前应用最多。另一种方法是先确定控制喷洒质量的各项技术指标，然后据此选择相应的喷头并确定组合间距。这种方法避免了试算，在优化设计时比较方便。

当喷头选定后，最理想的方法是在设计风速的条件下，进行各种组合间距的试验，从而选出最优组合方案。然而在实际工作中，实地试验困难很大，大多数情况是采用计算方法确定，我国常用的方法有：①几何组合法。②确定间距射程比，计算组合间距。③电子计算机模拟特性曲面法。

（三）喷灌工作制度

骨干管网布置后，应根据喷头组合方式及间距，在灌区地形图上绘出各级管道的布置，包括固定或移动支管的位置及喷头的工作位置（称为喷点），并在图上标出主要管件（如闸阀、弯头、三通等）位置。

1. 喷灌工作制度的拟定

（1）喷头每日工作位置数或可轮灌组数。

（2）需同时工作的喷头数。

2. 喷头的轮灌编组

当一个喷灌系统计算出同时工作的喷头数后，必须根据喷点布置情况进行轮灌编组。因为一个系统上流量过于集中，则管道流量加大，水头损失和设备投资也大。若同时工作的喷头过于分散，会造成管理上的混乱，实际运行中无法实施。因此，必须设计好轮灌编组及轮灌次序。

3. 各级管道设计流量确定

轮灌编组设计好后，在同一级管道上选择各轮灌组可能出现的最大流量，作为本级管道的设计流量。这一过程可配合轮灌分组在轮灌分组表中进行。

4. 随机用水管网设计流量推算

对于随机用水系统管网布置完毕后，开始对管网流量进行推算，这一推算是根据各组水栓上已经规格化了的取水口流量来推算的。这种带有随机用水性质的树状网的流量推算，需用数理统计的方法来进行，这与一般由下而上逐级累加的方法是完全不同的。

五、微灌系统规划设计

微灌系统的设计是在微灌工程总体规划的基础上进行的。其内容包括系统的布置，设计流量的确定，管网水力计算以及泵站、蓄水池、沉淀池的设计等，最后提出工程材料、设备及预算清单、施工和运行管理要求。

（一）微灌系统的布置

微灌系统的布置通常是在地形图上做初步的布置，然后将初步布置方案带到实地与实际地形做对照，并进行必要的修正，布置所用的地形图比例尺一般为1/500～1/1000。

首部枢纽的位置一般已在规划阶段确定，因此，设计阶段主要是进行管网的布置。

1. 毛管和灌水器的布置

毛管和灌水器的布置方式取决于作物种类、生长阶段和所选用灌水器的类型。下面分别介绍滴灌系统和微喷灌系统毛管和灌水器的一般布置形式。

1）滴灌时毛管和灌水器的布置

（1）单行毛管直线布置。一行作物布置一条毛管，滴头安装在毛管上。这种布置方式适用于幼树和窄行密植作物(如蔬菜)。一棵幼树安装 2~3 个单出水口滴头,窄行密植作物,可沿毛管等间距安装滴头,也可用多孔毛管。有时一条毛管控制若干行作物。

(2) 单行毛管带环状管布置。当滴灌成龄果树时,可沿一行树布置一条输水毛管,围绕每一棵树布置一条环状灌水管,其上安装 5~6 个单出水口滴头。这种布置形式使毛管总长度大大增加。

(3) 双行毛管平行布置。当滴灌高大作物时,沿树行两侧布置两条毛管,每株树两边各安装 2~4 个滴头。这种布置形式使用的毛管数量较多。

(4) 单行毛管带微管布置。当使用微管滴灌果树时,每一行树布置一条毛管,再用一段分水管与毛管连接,在分水管上安装 4~6 条(有时更多)微管。这种布置形式减少了毛管的用量,但增加了微管用量。

在山丘区一般毛管沿等高线布置,对于果树,滴头与树干的距离通常为树冠半径的 2/3。

2) 微喷灌毛管和灌水器的布置

毛管沿作物行向布置,毛管的长度取决于微喷头的流量和均匀度的要求,应由水力计算决定。一条毛管可控制一行或若干行作物。

2. 干、支管的布置

干、支管的布置取决于地形、水源、作物分布和毛管的布置。其布置应达到管理方便,工程费用少的要求。在山丘地区,干管多沿山脊布置,或沿等高线布置。支管则垂直于等高线,向两边的毛管配水。在平地,干、支管应尽量双向控制,两侧布置下级管道,以节省管材。

(二) 灌水器的选择

灌水器的选择,直接影响工程的投资和灌水质量。在选择灌水器时应考虑以下因素:

(1) 作物种类和生长阶段。不同的作物对灌水的要求不同,因此,应根据作物种植情况和对水分的要求选择合适的灌水器。

(2) 土壤性质。应根据不同类型土壤,选择流量满足其入渗能力和横向扩散能力的灌水器。

(3) 灌水器流量对压力变化的反应。灌水器流量对压力变化的敏感程度直接影响灌水的质量和水的利用率,应尽可能选用素流型灌水器。

(4) 灌水器的制造精度。微灌的均匀度与灌水器的精度密切相关,应选用制造偏差系数值小的灌水器。

(5) 灌水器流量对水温变化的反应。灌水器流量对水温反应的敏感程度取决于两个因素:第一,灌水器的流态,在温度变化大的地区,宜选用素流型灌水器;第二,尽量少用某些零件的尺寸和性能易受水温的影响的灌水器。

(6) 灌水器抗堵塞性能。宜选用孔口较大、抗堵塞性能好的灌水器。

(7) 价格。应尽可能选择价格低廉的灌水器。

(8) 清洗、更换方便。

一种灌水器不可能满足所有的要求,应根据具体条件选择满足主要要求的灌水器。

第二节　膜下滴灌技术

膜下滴灌技术是滴灌技术与覆膜技术的有机结合，灌溉水经过滤设施滤"滴"后，通过低压管道系统与末级管道上的灌水器——铺设在地膜下面的滴管（带），对作物播种后从出苗到收获全生育期进行膜下滴灌的供水技术。该技术兼有地膜栽培技术和滴灌技术的优点，将养分和农药以适当比例加入灌溉水中，以较小的流量均匀、准确地输送到作物根系附近的土壤表面或土层中。同时地膜的保温、保墒作用，为作物生长创造良好的水、肥、气、热环境。

一、膜下滴灌系统组成

膜下滴灌是利用灌溉渠道与大田水位差和地面的自然坡降实施自流灌溉的一种节水措施。以首部设备（井灌或经过过滤设施的库水、普通渠水）为中心，铺设主、支管道，农作物播种铺膜与机具铺设滴灌毛管道同时进行，并在播种后连接安装支管和毛管，通过四通管件连接组成管网系统。膜下滴灌通过地表下的滴水器（滴头）施水，灌水器流量与地表滴灌大致相同。根据滴灌水压的不同，该设施分为常压式和加压式滴灌系统。

1. 常压式膜下滴灌系统

该系统是将渠水按原渠系通过渠道引到地头，再通过铺放到地头的管系将水直接引入作物行间的软管（毛管）内，通过阀门控制，进行滴灌。该系统主要包括主管、支管、毛管和铺膜铺管播种机。

2. 加压式膜下滴灌系统

该系统是通过首部设备（水泵、过滤器、施肥、施药装置等），将水、肥、药经过地埋部分的主管道、支管道压至地面的滴管。该系统主要包括首部设备、地埋部分（主管、支管）及地面毛管、铺膜铺管播种机。

二、膜下滴灌技术主要特点

采用膜下滴灌技术，与传统的地面灌溉技术相比，具有以下特点。

1. 省水

滴灌是一种可控制的局部灌溉。滴灌系统又采用管道输水，灌水均匀，减少了渗漏和蒸发损失。实施覆膜栽培，抑制了棵间蒸发。所以，膜下滴灌技术是田间灌溉最省水的节水技术。在作物生长期内，比地面灌省水 40%~60%。

2. 省肥

易溶肥料施肥，可利用滴灌随水滴到作物根系土壤中，使肥料利用率大大提高。据测试，膜下滴灌可使肥料的利用率由 30%~40%，提高到 50%~60%。

3. 省农药

水在管道中封闭输送，避免了水对病虫害的传播。另外，地表无积水，田间地面湿度小，不利于滋生病菌和虫害。因而除草剂、杀虫剂用量明显减少，可省农药10%～20%。

4. 省地

由于田间全部采用管道输水，地面无常规灌溉时需要的农渠、中心渠、毛渠及埂子，可节省土地5%～7%。

5. 省工节能

地面灌时，打毛渠、挖土堵口，劳动强度大。采用滴灌后，只观测仪表、操作阀门，劳动强度轻；膜内滴灌，膜间土壤干燥无墒，杂草少，且土壤不板结，田间人工作业（包括浇水、锄草、施肥、修渠、平埂、病害治理等）和中耕机械作业等大大减少，人工管理定额也大幅度提高。

6. 能局部减少盐碱

膜下滴灌向土壤中不断补充纯净水，农膜阻止了土壤中水分的蒸发，将土壤中部分水分提升到地表所形成的湿润区内，有一个脱盐区（利于幼苗成活及作物生长）和集盐区。由盐碱地上的试验可看出，农田耕作层盐分逐年减少，田间作物产量逐年提高。

7. 有较强的抗灾能力

作物从出苗起，得到适时、适量的水和养分供给，生长健壮，抵抗力强。同时能够及时制造小气候，具有一定抗御冻害和干热风的能力。

8. 增产

由于科学调控水肥，水肥偶合效应好，土壤疏松，通透性好，充分利用水、肥、土、光、热和气资源，使作物生长条件优越，作物普遍增产15%～50%。试验表明，各种作物均进行缩行增株，提高种植密度。以玉米为例：采用常规灌溉，播种密度6.00万～6.75万株/hm²；采用滴灌，播种密度7.5万～9.0万株/hm²。

9. 品质、质量提高

膜下滴灌营造了良好的生长环境条件，农作物不但产量高，而且品质好。以棉花为例：棉花的成熟度好，纤维长度增加0.4～0.7mm，纤维的整齐度高，外观光泽好。

三、膜下滴灌技术综合效益

（一）经济效益

据测算，膜下滴灌与大水漫灌相比，增产20%以上，节水40%～50%，化肥、农药利用率提高20%，土地利用率提高8%。

（二）社会效益

从根本上改变了传统农业用水方式，为农村提供了一种新的节水灌溉技术，为更好地进行田间管理提供了技术支撑，提高了土地利用率和水资源利用率，扩大了农田节水灌溉范围。以这项技术为龙头还有效地带动了相关产业的发展，如滴灌器材、滴灌专用肥、过滤设施生产和销售等迅速发展起来。它提高了劳动生产率，解放了劳动力，有利于农业产业结构的调整和集约化经营，具有较强的综合带动效应，促进农业生产向现代化方向迈进。

（三）生态效益

实施膜下滴灌技术，可有效改良农田土壤结构，能减少深层渗漏和地面径流，能较好地防止土壤板结和土壤次生盐碱化。滴灌随水施肥、施药，既节约了化肥和农药，又减少了对土壤和环境的污染。节约下来的水可还水于生态，这对改善脆弱的生态环境来说是极其重要的。

四、膜下滴灌技术的推广建议

（一）加大试验示范和技术推广力度

采用当今世界上先进的节水灌溉技术，实现膜下滴灌与机械化播种的紧密结合，有助于实现有限水资源的合理高效利用。经过近年来的应用，该技术逐步成熟。但新技术推广不是一蹴而就，需要循序渐进，让农民真心接受并主动应用。这需要相关部门进一步加强技术培训，加大宣传力度，搞好试验示范，扩大推广面积，使更多农民因项目带动而受益。

（二）加强滴灌带等节水灌溉设施管理

辽西地区十年九春旱，严酷的生产环境时刻威胁当地农业可持续发展和农民可持续增收。在辽西干旱半干旱地区大力推广旱作农业节水灌溉机械化播种作业技术，对改善当地农业生产环境条件至关重要。但技术推广是一项系统工程，需要水利、电力、农业、农机等部门的通力合作，尤其在大旱之年，水井能否足量出水至关重要。在项目实施过程中，常常发生偷盗事件，而且管理也存在一定难度，影响滴灌带的再次利用，增加支出成本。

（三）加强技术培训

玉米节水灌溉机械化播种作业技术推广项目是保证粮食稳产高产的重要措施，但对实施者的技术要求也比较高。就农机而言，应用的铺膜铺管播种机结构复杂，包含作畦、开沟、施肥、播种、打药、铺管、铺膜、压膜、覆土等多项作业环节，农民掌握其结构原理、安装调整、操作使用的难度较大。因此，为使玉米节水灌溉机械化播种作业技术推广项目发挥最佳的应用效果，建议加大玉米节水灌溉机械化播种作业技术培训力度，促进该项技术的推广应用。

五、膜下滴灌技术发展前景

（一）采用有机膜料代替无机膜料

从长远发展的角度考虑，塑料回收困难，难降解，对环境有污染和其他严重的危害，有机材料（如稻草）代替塑料薄膜覆盖促进技术发展已经成为趋势。秸秆覆盖是让秸秆或者谷壳、植物叶片等作物覆料，这比塑料薄膜不仅具有许多优点，而且还有秸秆营养价值很高、天然无污染，从发展有机农业经济的角度来看，农民每年在塑料膜上的投资是巨大的，但秸秆覆盖不仅投资少，而且不用去买，使用稻草还可节约人员劳动力、节省材料，具有避免秸秆焚烧造成的空气污染等优点。

（二）增强膜下滴灌的适应性

喷灌管道的高投资项目，如果有投资者愿意投资，要确定是否有多种植物或植物类型是否适应需求的变化灵活。所以滴灌需要适应性和多延伸，让多个表面的多功能空间得到发展是滴灌技术的未来。

（三）研发自动智能化控制系统

滴灌是一种准确地适合砂地的灌溉方式，适合控制植物的需水量、土壤、温度和湿度等，应严格控制并进行全自动智能控制，可根据作物、土壤和气候特性，自动调节水、肥、气、热，达到植物最佳生长的要求。

（四）研制新型的滴灌材料

目前想要循环发展，就需要适当的代用品。许多国内外科研机构针对这一问题进行讨论，判断如何发展全降解材料、纳米材料，这样不仅可以解决环境污染问题，并且进行回收，还可以提高作物的生长环境，提高产量。

同时，新材料的应用，可以解决滴头堵塞，管道耐久性差，易腐蚀等麻烦，没有塑料回收工作可以节省很多钱，而且废物的减少，滴灌投资减少，可以增加技术的使用力度，现在国外的一些研究机构还根据需水量的不同，使用不同颜色的薄膜，对生长发育需要光的力度，对需要的作物产量和品质的差异进行了研究。利用太阳能和作物的生理效应，高作物产量和未来环保节能技术与材料的研究和开发是新材料的重点。

第三节　畦灌技术

畦灌是地面灌溉中推广应用最广泛的灌水方法之一。近年来，随着节水灌溉技术的发展，我国农田灌溉除继续应用传统的畦灌方法，改进和完善其灌水技术外，还不断吸取了许多国外推行的较先进的畦灌技术，同时灌区群众也创造了不少新的，更行之有效的节水畦灌技术。

一、畦灌的灌水技术

（一）畦灌的特点

畦灌，是用临时修筑的土埂将灌溉土地分隔成一系列的长方形田块，即灌水畦，又称畦田，灌水时，灌溉水从输水垄沟或直接从田间毛渠引入畦田后，在畦田田面上形成很薄的水层，沿畦长坡度方向均匀流动，在流动的过程中主要借重力作用，以垂直下渗的方式逐渐湿润土壤的灌水方法。

畦灌方法主要适用于灌溉窄行距密植作物或撒播作物。如小麦、谷子等粮食作物，花生、芝麻等油料作物，以及牧草和速生密植蔬菜等。此外，在进行各种作物的播前储水灌溉时，有时也常用畦灌方法，以加大灌溉水向土壤中下渗的水量，使土壤中储存更多的水分。

（二）畦田布置及规格

1. 畦田布置

畦田布置应主要依据地形条件，并结合考虑耕作方向，一般认为以南北方向布置为最好，但应保证畦田沿长边方向有一定的坡度。一般适宜的畦田田面坡度为 0.001~0.003，最大可达 0.02，但畦田田面坡度过大，容易冲刷土壤，而引发水土流失。

根据地形坡度，畦田布置有两种形式，在南北方向地面坡度较平缓的情况下，通常沿地面坡度布置，也就是畦田的长边方向与地面等高线垂直。若土地平整较差，南北方向地面坡度较大，为减缓畦田内地面坡度，畦田也可与地面等高线斜交或基本上与地面等高线方向平行。

根据输水垄沟或毛渠向畦田的供水方式，畦田可分为单向灌水和双向灌水两种形式。

单向灌水法是输水垄沟或毛渠只向一侧畦田供水，它适用于地面坡度较大的情况。双向灌水法是输水垄沟或毛渠可向两侧畦田供水，它适用于地面坡度较小，土地平整较好的情况。

在山区、丘陵地区，地形比较复杂，应结合当地地形等具体情况，因地制宜地确定畦田布置形式，通常可采用梯田小畦或在畦田内加筑各种形式的土档地埂，以分散水流，减缓畦田内水流流速，防止冲刷畦田田面，促使土壤湿润均匀，提高灌水均匀度。

2. 畦田规格

畦田规格主要指畦田的长度、畦田的宽度和畦埂断面。畦田规格的大小对灌水质量的好坏，灌水效率的高低，土地平整工作量的多少，以及对田间渠网的布置形式和密度与畦埂占地面积等影响很大。畦田规格主要与地形和耕作水平等因素有关，实施畦灌，必须合理地确定畦长、畦宽和畦埂断面。

1）畦宽

畦宽主要取决于畦田的土壤性质和农业技术要求，以及农业机具的宽度。通常，畦宽多按当地农业机具宽度的整倍数确定，一般约 2~4m，传统畦灌法的畦宽一般都要求最宽不宜大于 3m。在水源流量小时或井灌区，为了迅速在整个畦田面上形成流动的薄水层，一般畦田的宽度较小，多为 0.8~1.2m 左右。为了灌水均匀，一般要求畦田田面无横向坡度，以免水流集中，冲刷畦田田面土壤。

2）畦长

畦长应根据畦田纵坡、土壤质地及土壤透水性能、土地平整情况和农业技术条件等合理确定。畦田田面坡度大的畦长宜短，纵坡小的畦长可稍长；砂质土壤，土壤透水性能强，畦田长度宜短，黏质土壤，土壤透水性能弱，畦长可以稍长。总之，畦田的长短，应要求畦田田面灌水均匀，并尽量使湿润土壤均匀，筑畦省工，畦埂少占地，便于农业机具工作和田间管理。若畦田过长，往往会使畦首、畦尾灌水很难一致，土壤湿润更不易均匀。目前我国自流灌区，一般传统畦灌法的畦长以 50~75m 为宜，以保证灌水均匀，能实现定额灌水。在提水灌区和井灌区，畦长应短一些。一般畦长约 30~50m。

但是，若地面坡度较大，而土壤透水性又较弱，则可以适当加大畦长，但入畦的单宽流量则需适当减小。若地面坡度较小，土壤透水性较强，则要适当缩短畦长，但应适当加大入畦流量，才能使灌水均匀，并防止产生深层渗漏。

3）畦埂断面

畦埂断面一般为三角形，畦埂高约 0.2~0.25m，底宽 0.3~0.4m，引浑水灌溉的地区应适当加大些。畦埂是临时性的，应与整地、播种相结合，最好采用筑埂器修筑。

对于密植作物，畦埂也可以进行播种。为防止畦埂跑水，在畦田地边和路边最好修筑固定的地边畦埂和路边畦埂，其埂高应不小于 0.3m，底宽 0.5~0.6m，顶宽 0.2~0.3m。

（三）畦灌灌水技术

实施畦灌，要特别注意提高畦灌灌水技术，理想的畦灌灌水技术应当是，在一定的灌水定额情况下，薄层水流由畦首流到畦尾的同时，从畦田地表面向下的垂直入渗也将该定额水量全部渗完，并在整个畦田面的纵横两个方向下渗水量分布均匀，湿润土壤均匀，而且不易造成部分畦田田面积水与部分畦田上层湿润不足或者发生深层渗漏与泄水流失。为达到灌水均匀，防止深层渗漏，湿润土壤均匀，提高灌水质量，必须选定或确定合理的灌水技术要素，以达到节约灌溉水的目的。一般灌水技术要素之间的关系都应在总结灌水生产实践经验或分析畦灌田间试验研究资料的基础上，予以正确确定。

畦灌灌水技术要素主要指畦田长度、畦宽、每米畦宽引用的入畦流量，即单宽流量和放水入畦时间等而言。影响这些要素的因素主要有土壤渗透系数、畦田田面坡度、畦田粗糙率、平整程度以及作物的种植情况等。

由畦田沿畦长的水流推进过程及湿润土壤状况可知，在一定时间内的入畦灌溉水量应该等于该时间内下渗入土壤中的水量与继续沿畦面流动的水量或者停滞于畦面上的水量之和。为使沿畦长任何断面处渗入土壤中的水量都能达到大致相等，湿润土层基本均匀，就要求畦灌灌水技术要素之间应有如下关系。

（1）渗入到畦田内土壤中的水量达到计划灌水定额时，畦田内各处所需要的入渗时间依下述经验公式确定：

$$H_t = K_0 t_n^{1-\alpha} \tag{7-3}$$

$$H_t = m \tag{7-4}$$

式中，H_t 为 t_n 时间渗入到土壤中的水量，cm；m 为计划的灌水定额，cm；K_0 为第一个单位时间内的平均入渗速度，c/h；t_n 为畦田内各处入渗水量达到计划灌水定额所需要的下渗时间，h；α 为土壤入渗递减指数。

K_0 和 α 需通过土壤入渗试验得到，若无实测资料也可采用下述数值：对于弱透水性土壤，采用 $K_0 \leqslant 5\text{cm/h}$；透水性土壤，$K_0 \geqslant 15\text{cm/h}$；中等透水性土壤，$K_0 = 5 \sim 15\text{cm/}(\text{h} \cdot \text{K})$。还随作物生育阶段和灌水次数变化。例如：河南引黄灌区，实测小麦播前灌水时，$K_0 = 6 \sim 8\text{cm/h}$；冬灌至返青灌水，$K_0 = 4 \sim 6\text{cm/h}$；灌浆灌水时，$K_0 = 3 \sim 4\text{cm/h}$。$\alpha$ 一般可采用 0.3 ~ 0.8，轻质土壤采用小值，重质土壤采用大值。

雨水或灌溉水等水分在重力和毛细管力作用下不断向土壤中渗入的过程称为土壤入渗。土壤入渗的能力通常用入渗速度表示。入渗速度是指单位时间内渗入单位面积土壤中的水量，常以 cm/min 或 cm/h 表示。某一时段内渗入到土壤中的总水量称为入渗量，单位常用水层深度 cm 或 m 表示。

一般地面灌溉的土壤入渗大致可分为两个阶段：在土壤渗水初期，由于地表土壤含水量较低，土壤孔隙多，土壤吸水能力强，所以土壤入渗速度大，随着土壤入渗时间继续，土壤含水量逐渐增加，土壤孔隙渐被水所充满，吸水能力减弱，则入渗速度逐渐减低。这种入渗速度随时间而变化的过程，称为土壤入渗的渗吸阶段，或称渗透阶段。随着土壤入渗继续，当全部土壤孔隙均充满了水，已基本达到饱和含水量状态时，入渗速度就渐趋常数，不再随时间而变化，此时的入渗速度称为稳定入渗速度，这个阶段就称为渗漏阶段。

土壤入渗快慢取决于土壤的孔隙、质地、结构以及初始土壤含水量、表土状况和水温等因素。其中，土壤质地影响最大。砂土不仅初始入渗速度高，达到稳定入渗速度所需时间短，而且稳定入渗速度值也高。黏土则相反，初始入渗速度较低，达到稳定入渗速度所需要的时间长，其稳定入渗速度值也小。

因此

$$t_n = \left(m/K_0 \right)^{1/(1-\alpha)} \tag{7-5}$$

应当明确指出，在一般情况下，不能用式 $t_n = \left(m/K_0 \right)^{1/(1-\alpha)}$ 所求得的下渗时间 t_n 作为畦首放水到停止所需要的全部供水延续时间，因为此时畦首虽然入渗水量已达到了计划灌水定额，但是畦尾很可能湿润不足，甚至有可能出现薄层水流尚未流动到达畦尾的现象。但若以下渗时间 t_n 作为薄层水流到达畦尾时畦首停止供水的时间，虽然畦尾达到了计划灌水定额的入渗水量，但很有可能畦首部分湿润土壤的水量超过了计划灌水定额，而发生深层渗漏。由于影响下渗时间 t_n 的因素复杂，实际确定较困难，故畦首供水时间通常都近似采用下渗时间 t_n。

（2）进入畦田的总灌水量应与灌水定额所需要的水量相等，即

$$3600Qt = mbl \tag{7-6}$$

令 $q = Q/b$

则 $3600Qt = mbl$ 可改写为

$$3600gt = ml \tag{7-7}$$

式中，Q 为畦首控制的入畦流量，m^3/s；q 为入畦单宽流量，$m^3/(s \cdot m)$；b 为畦宽，m；l 为畦长，m；m 为灌水定额，m^3/hm^2；t 为畦首处畦口的供水时间，h；t_n 为可近似采用下渗时间，h。

由式(7-5)和式(7-6)即可计算已知畦田规格情况下的入畦单宽流量 q，或选定入畦单宽流量 q 后，设计畦长及畦宽。

由式(7-6)尚可知，在相同的土质、地面坡度和畦长情况下，入畦单宽流量的大小主要与灌水定额有关。一般是，入畦单宽流量愈小，灌水定额愈大；入畦单宽流量愈大，灌水定额愈小。因此，可在不同条件下引用不同的入畦单宽流量，以控制达到计划的灌水定额。地面坡度大的畦田，入畦单宽流量应选小些；地面坡度小的，入畦单宽流量则可选大些。如在相同地面坡度条件下，畦田长，入畦单宽流量可大些；畦田短，入畦单宽流量可小些。砂土地畦田渗透快，入畦单宽流量应大；土质黏重或壤土地畦田渗水慢，入畦单宽流量宜小。地面平整差的畦田，入畦单宽流量可大些；地面平整好的畦田，入畦单宽流量可小些。

通常，在农田灌溉生产实践中，灌水定额、土壤性质以及地面坡度均已确定，此时畦灌技术和畦灌设计主要是确定畦田长度和入畦单宽流量，但还应防止入畦水流对畦田田面土壤的冲刷，从而产生水、土、肥的严重流失。因此，一般要求畦田上的薄层水流推进流速不得超过 0.1~0.2m/s。

（3）为保证灌水均匀，就应使畦田上的薄层水流在畦田各点处的滞留时间相等，这样才有可能使畦田各点处的土壤入渗时间相同，从而使畦田各点渗入土壤中的水量大致相等。

为此，沿畦田全长土壤湿润的均匀性就主要取决于畦尾和畦首各断面处湿润水量的差异大小，这就需要正确控制畦口的放水时间和入畦总流量。

在实施畦灌时，通常采用在畦首控制供水时间，及时封口改水的方法。采用以畦田薄水层水流长度与畦长的比值作为畦首供水时间的依据，也就是当薄层水流到达畦长的一定距离时就封堵该畦田入水口，并改水灌溉另一块畦田。例如，薄层水流流至畦长的 80% 时，封口改水，即为八成改水。封口后的畦田，畦口虽已停止供水，但畦田田面上的剩余薄层水流仍将继续向畦尾流动，流至畦尾后再经过 t 时间，畦尾存水刚好全部渗入土壤，以使整个畦田湿润土壤达到既定的灌水定额。

改水成数应根据灌水定额、土壤性质、地面坡度、畦长和单宽流量等条件确定，一般可采用七成、八成、九成或满流封口改水措施。当土壤透水性较小，畦田田面坡度较大，灌水定额不大时，可采用薄水层水流达畦长的七成或八成时畦口停止供水，封口改灌其他畦田。若畦田田面坡度小，土壤透水性强，灌水定额又较大，应采用九成封口改畦措施。封口过早，会使畦尾灌水不足，甚至无水；封口过晚，畦尾又会产生跑水、积水现象，浪费了灌溉水量。总之，正确控制封口改水，可以防止畦尾漏灌，或发生跑水流失。据各地灌水经验，在一般土壤条件下，畦长 50m 时宜采用八成改水，畦长 30~40m 时宜采用九成改水，畦长小于 30m 应采用十成改水。

二、水平畦灌

水平畦灌是田块纵向和横向两个方向的田面坡度均为零时的畦田灌水方法。水平畦灌实施灌水时，通常要求引入畦田的流量很大，以使进入畦田的薄水层水流能在很短时间内迅速覆盖整个畦田田面。水平畦灌法具有灌水技术要求低，深层渗漏小，水土流失少，方便田间管理和适宜于机械化耕作，以及可直接应用于冲洗改良盐碱地等优点。

（一）水平畦灌灌水技术

水平畦灌是在短时间内供水给大面积地块灌水的一种新的地面灌水方法，也是一种节约灌溉用水的先进灌水技术。水平畦灌的主要特点如下：

（1）畦田田面各方向的坡度都很小（≤1/3000）或为零，整个畦田田面可看作是水平田面。所以，水平畦田上的薄层水流在田面上的推进过程，将不受畦田田面坡度的影响而只借助于薄层水流沿畦田流程上水深变化所产生的水流压力向前推进。

（2）进入水平畦田的总流量很大，以使入畦薄层水流能在短时间内迅速布满整个畦田地块。

（3）进入水平畦田的薄层水流主要通过重力作用，以静态方式逐渐渗入到作物根系土壤区内，故与一般畦灌主要靠动态方式下渗不同，它的水流消退曲线为一条水平直线。

（4）由于水平畦田首末两端地面高差很小或为零，所以对水平畦田田面的平整程度要求很高，从而一般情况下，水平畦田不会产生田面泄水流失或出现畦田首端入渗水量不足及畦田末端发生深层渗漏现象，灌水均匀度高。在土壤入渗速度较低的条件下，灌溉田间水利用率可达 98% 以上。

水平畦灌法适用于所有种类作物和各种土壤条件。包括密植作物，如小麦、谷类、豆类和水稻等作物；饲草，如苜蓿、牧草等；宽行距行播作物，如玉米、棉花、高粱、甜菜等以及树木，如各种果树、用材林、经济林和葡萄、番茄、黄瓜等水果蔬菜作物。水平畦灌法尤其适用于土壤入渗速度比较低的黏性土壤，但实践证明，它也是砂性土壤的一种良好的节水方法。一般水平畦灌法可节水 20% 以上。

水平畦灌法对土地平整的要求很高，水平畦田地块必须进行严格平整。常规土地平整方法包括人工平地、半机械化平地以及机械平地等多种手段，但很难达到较高的平整精度。激光控制技术与 GPS 控制平地技术能够大幅度地提高田间土地平整精度，是常规土地平整技术所不能达到的。

激光控制技术的基本工作原理是，在水平畦田地块中间或者一端设置激光发生器，发射一束激光。激光信号接收装置安装在平地铲运机上，激光发生器可以按照设计者平整土地的意图发射出一束水平的或者与水平面呈所需要角度的激光光束。平地铲运机就依据激光光束产生的虚拟光面和指导位置，上下移动铲运机铲板，自动调节铲刀位置于适当高度，并在平地铲运机行进过程中，或将地面高处铲平，或将低处地面填土整平。激光接收器上安装有硅酮光电管，以用于指示激光的位置。当激光接收器收到激光信号后，即可向安装在拖拉机驾驶室内与控制系统相连接的阀门发出信号，操作人员可在驾驶室内监视全套系统装置的运行情况，激光发生器在工作过程中可以以一定的角速度旋转，由于激光本身在空气中具有很强的穿透力（在 20km 处都能接收到），所以平地铲运机在水平畦田地块的任何位置都能接收到激光信号。

GPS（global position system）控制平地技术作为一种智能化的土地平整方式，美国 Trimble 公司已有商业化产品，在应用研究技术领域已较为成熟。我国作为发展中国家和农业大国，近几年也相继开展了利用 GPS 进行土地精细平整的研究工作。随着中国北斗卫星系统的建立与完善，基于 GNSS 的控制平地技术研究开始起步。GNSS 土地平整系统选用高精度高集成性的 GPS 和 BDS（BeiDou navigation satellite system）双星定位设备，代替纯 GPS 接收设备，提高了定位精度，增强了系统的实用性与集成性。其工作原理是，GNSS 平地平整系统主要以 RTK-GNSS（realtime kinematic GNSS）作为唯一定位方式，以硬件结构为支撑，以软件为控制核心，以拖拉机为动力，以平地铲为作业机具。主要包括 3 个环节，分别为地形测量、基准设计和平整作业。首先，在土地平整之前驾驶拖拉机按照原点标定、边界测量和内部测量的顺序测量农田地形，并生成农田地形图，为土地平整提供数据指导；然后，建立目标平整基准面方程，作为平整作业时参考面计算依据；最后，在平整作业过程中，将实时获取的农田当前位置的水平坐标代入目标基准面方程计算目标设计高程，通过目标设计高程与当前位置实际高程的差值，判断当前位置地势高低，进而输出控制信号驱动液压系统来控制平地铲的自动升降，实现挖填作业，达到精细平整土地的目的。同时，在平整作业过程中，路径实时规划是通过销轴式拉力传感器实时检测当前铲车所受拉力，将拉力转换成电流信号发送给集成控制终端，并通过规划算法计算铲车的导航转向角，从而实现平地过程的路径指导。为了检验平整作业效果，通常在完成平整作业后，再次对农田进行地形测量，获取农田地势信息，与平整前的数据进行对比，可以对平整作业效果进行定量评价。我国在 2022 年 1 月初启动"春耕行动"专项计划，伴随着春暖花开，5G+北斗高精度定位在农业领域的应用也在全国遍地开花。

此外，由于水平畦灌供水流量大，故在水平畦田进水口处还需要有较完善的防冲措施。同时，又由于水平畦田宽度较大，为保证沿水平畦田全宽度都能按确定的单宽流量均匀灌水，必须采取与之相适应的田间配水方式、田间配水装置及田间配水技术措施。

　　水平畦灌法的灌水技术要素，同样也是畦长、畦宽、单宽流量和灌水时间等因素。由于水平畦灌法灌水技术要素的确定不能应用一般畦灌法理论和方法，而必须应用简化了的流体力学数学模型，也就是零位惯性量数学模型解算。这种计算方法很复杂，需借助于电子计算机求解。

（二）块灌灌水技术

　　块灌法在我国农田灌溉事业发展中已有上千年历史，目前在我国甘肃、宁夏、内蒙古、新疆等省（区）的广大地势平坦的灌区，群众普遍采用块灌方法。

　　在我国北方应用块灌灌水方法的大多数灌区，由于长期以来落后的灌水习惯，普遍在块田上都采用大块地大水漫灌和大块地大水串灌，一般串灌块田十多块，有的可达成百块，一块串灌一块，以块田代替田间输水渠和输水沟，浪费灌溉水量相当大，而且不仅灌水质量很低，还影响作物的产量和品质，并促使地下水位抬高，招致土壤沼泽化和盐碱化。近十多年来，随着农业生产的发展，广大农民逐渐对节水灌溉的意义有了深刻认识，并积极要求改变过去的落后灌水习惯，从而促使"改大块为小块、宽块为窄块、长块为短块"的"三改"灌水技术的改革速度大大加快，大块灌水和串块灌的面积逐年减少。

　　据甘肃、宁夏、内蒙古等灌区试验资料和群众灌水经验，小块灌技术的块田宽度一般不宜大于 5m，块田长度应在 50m 左右，块田面积最好小于 $0.033hm^2$，最大也不要超过 $0.067hm^2$。对于无坡块灌，块田面积、长度和宽度均可比有坡块灌大一些。但由于我国目前尚无效率高的精细土地平整机具，因此为减轻土地平整工作量，块田规格也不宜过大。一般块田面积不宜超过 $0.067hm^2$，块田长度不宜大于 60m，宽度应小于 10m。据统计分析，一般小于 $0.033hm^2$ 的块灌，在自流灌区，要比大于 $0.1hm^2$ 的块灌省水 43.9%；在提水灌区，也要节水 24.4%。

　　一般划分灌水方法的依据是：①灌溉水向田间输送的方式。②湿润土壤的方式。传统的畦灌灌水方法是以薄层水流的形式向田间土壤表面输送的，湿润土壤主要依靠薄层水流的重力作用，而土壤毛细管的湿润作用较弱。同样，块灌灌水方法也是以薄层水流向田间土壤表面输送，并主要以重力作用湿润土壤，毛细管作用虽有，但不如重力作用大。因此，块灌仍归属于畦灌范畴。但块灌与畦灌又有区别，其差异主要表现在块田与畦田的宽度相差甚大，从而导致土壤表面薄层水流的推进运动过程不同。

　　据试验观测，在土地平整良好，田面纵向地面坡度单一，横向地面坡度很小的畦田和块田条件下，进入块田的水流，横向扩散运动非常明显，也就是块田宽度对薄层水流推进运动影响显著，块灌灌水技术必须考虑这种影响。而畦灌其畦田宽度较小，薄层水流沿畦长方向的纵向推进运动是主流，横向薄层水流的扩散运动影响不明显，故一般在其灌水技术中都不考虑畦宽对入畦薄层水流可能产生的影响。

　　根据试验研究分析，一般宽度小于 5m 的畦田，它的横向水流扩散作用很小；5～10m宽度，落水层水流横向扩散现象已能被观察到；宽度大于 10m，薄水层水流横向扩散十分明显。

　　因此，为提高灌水技术的灌水质量水平，块田与畦田的主要差别应以宽度 5m 为界线，不大于 5m 的地块称畦田；大于 5m 的地块称块田。

　　由于块田和畦田的田面坡度大小对其灌水技术影响很大，而且可用不同的地面水流推进理论解算确定，因此可按它们的田面有无坡度划分为有坡畦、块田和无坡畦、块田。根据试验观测和理论分析可以确定，当田面坡度不大于 1/3000 时，可以归属于无坡畦、块田，即水平畦灌，需应用水平畦灌零位惯性量数学模型确定其灌水技术要素。对于田面坡度大于 1/3000 的地块，属于有坡畦、块田，可应用一般的畦灌灌水技术要素。无论是有坡畦、块田还是无坡畦、块田，都要求其田面无横向坡度。

块田宽度对灌水质量、灌水均匀度的影响不可忽视。因此，应要求块田田面尽量无横向坡度，土地平整良好，向块田供水也应采取多口均匀供水、均匀分配水流的技术措施。为有助于提高灌水质量和节约灌溉水量，可采取的具体方法：为了使引入块田的薄层水流能迅速沿块四横向遍布整个田面，在块田首部 10m 范围内，把田面平整成水平状；而为了在下游能蓄存积水，防止产生地面径流流失，在块田尾部 20m 范围内，也把田面修筑成水平状。

三、节水型畦灌技术

近十多年来，我国广大灌区，为杜绝大水漫灌、大畦和大块漫灌，以节约灌溉水，提高灌水质量，降低灌水成本，推广应用了许多项先进的节水型畦灌技术，取得了明显的节水和增产效果。

（一）小畦灌灌水技术

小畦灌灌水技术主要是指畦田"三改"灌水技术，也就是"长畦改短畦，宽畦改窄畦，大畦改小畦"的"三改"畦灌灌水技术。

小畦"三改"灌水技术的畦田宽度，自流灌区为 2~3m，机井提水灌区以 1~2m 为宜。

地面坡度(1/400)~(1/1000)时，单宽流量为 2.0~4.5L/s，灌水定额为 300~675m³/hm²；畦长，自流灌区以 30~50m 为宜，最长不超过 70m；机井和高扬程提水灌区以 30m 左右为宜。畦埂高度一般为 0.2~0.3m，底宽 0.4m 左右，地头埂和路边埂可适当加宽厚培。

在灌区大力推广小畦灌和小块灌的主要优点如下：

（1）节约水量，易于实现小定额灌水。大量试验资料表明，灌水定额是随畦长的增加而增大，也就是说，畦长越长，畦田水流的入渗时间越长，灌水量也就越大。所以，减小畦长，灌水定额可减少，就能达到节约水量的目的。

（2）灌水均匀，浇地质量高。由于畦块小，水流比较集中，水量易于控制，入渗比较均匀，可以克服高处浇不上、低处水汪汪等不良现象。据测试，不同畦长的灌水均匀度为：畦长 30~50m 时，灌水均匀度都在 80% 以上，符合科学用水的要求；而畦长大于 100m 时，灌水均匀度则达不到 80% 的要求。

（3）防止深层渗漏，提高田间水的有效利用率。小畦灌深层渗漏量小，从而可防止灌区地下水位上升，预防土壤沼泽化和土壤盐碱化发生。据灌水前后对 200cm 土层深度的土壤含水量测定表明：畦长 30~50m 时，未发现深层渗漏(即入渗未超过 1.0m 土层深度)；畦长 100m，深层渗漏量较微；畦长 200~300m，深层渗漏水量平均要占灌水量的 30%，几乎相当于小畦灌法灌水定额的 50%。

（4）减轻土壤冲刷，减少土壤养分淋失，土壤板结减轻。由于畦块大，畦块长，则灌水量大，就易严重冲刷土壤，易使土壤养分随深层渗漏而损失。小畦灌灌水量小，有利于保持土壤结构，保持和提高土壤肥力，促进作物生长，增加产量。

（二）长畦分段短灌灌水技术

小畦灌灌水技术需要增加田间输水渠沟和分水、控水装置，畦埂也较多，在实践中推广应用存在一定的困难。为此近年来，在我国北方干旱缺水地区出现了一种将一条长畦分成若干个没有横向畦埂的短畦，采用地面纵向输水沟或塑料薄壁软管，将灌溉水输送入畦田，然后自下而上或自上而下依次逐段向短畦内灌水，直至全部短畦灌完为止的灌水技术，称为长畦分段短灌灌水技术。

长畦分段短灌，若用输水沟输水和灌水，同一条输水沟第一次灌水时，应由长畦尾端短畦开始自下而上分段向各短畦内灌水。第二次灌水时，应由长畦首端开始自上而下向各分段短畦内灌水，输水沟内一般仍可种植作物。长畦分段短灌，若用低压薄壁塑料软管（俗称小白龙）输水、灌水，每次灌水时均可将软管直接铺设在长畦田面上，软管尾端出口放置在长畦的最末一个短畦的上端放水口处开始灌水，该短畦灌水结束后可采用软管"脱袖法"脱掉一节软管，自下而上逐个分段向短畦内灌水直至全部短畦灌水结束为止。

长畦分段短灌技术的畦宽可以宽至 5~10m，畦长可达 200m 以上，一般均在 100~400m 左右，但其单宽流量并不增大。这种灌水技术的要求是，正确确定入畦灌水流量，侧向分段开口的间距（即短畦长度与间距）和分段改水时间或改水成数。

正确应用长畦分段短灌法，能达到省水、省地、省工、灌水均匀度高、灌水有效利用率高的目的。实际应用证明，长畦分段短灌法是一种良好的节水型灌水方法，它具有以下优点。

（1）可以实现灌水定额 450m³/hm² 左右的低定额灌水，灌水均匀度、田间灌水贮存率和田间灌水有效利用率均大于 80%~85%，且随畦长而增大，与畦田长度相同的常规畦灌方法相比较，可省水 40%~60%，田间灌水有效利用率可提高 1 倍左右或更多。

（2）灌溉设施占地少，可以省去一至二级田间输水渠沟。

（3）与常规畦灌方法相比，可以灵活适应地面坡度、糙率和种植作物的变化，可以采用较小的单宽流量，减少土壤冲刷。

（4）投资少，节约能源，管理费用低，技术操作简单，因而经济实用，容易推广运用。

（5）田间无横向畦埂或渠沟，方便机耕和采用其他先进耕作方法，更有利于作物增产。

由于长畦分段短灌具有上述优点，因此已在山东、河北、辽宁和陕西等地普遍推广应用，取得了显著的经济效益。

四、宽线式畦沟结合灌水技术

宽浅式畦沟结合灌水技术，是群众创造的一种适应间作套种或立体栽培作物，"二密一稀"种植的灌水畦与灌水沟相结合的灌水技术。通过近年来的试验和推广应用，已证明这是一种高产、省水、低成本的优良灌水技术。

这种灌水技术的特点是：①畦田和灌水沟相间交替更换，它的畦田面宽为 40cm，可以种植两行小麦（就是"二密"），行距 10~20cm。②小麦播种于畦田后，可以采用常规畦灌或长畦分段灌水技术灌溉。③小麦乳熟期，在每隔两行小麦之间开挖浅沟，套种一行玉米（就是"一稀"），套种的玉米行距为 90cm。在此时期，如遇干旱。土壤水分不足，或遇有干热风时，可利用浅沟灌水，灌水后借浅沟湿润土壤，为玉米播种和发芽出苗提供良好的土壤水分条件。④小麦收获后，玉米已近拔节期，可在小麦收割后的空白畦田田面处开挖灌水沟，并结合玉米中耕培土，把从畦田田面上挖出的土壤覆在玉米根部，就形成了垄梁及灌水沟沟埂，而原来的畦田田面则成为灌水沟沟底。其灌水沟的间距正好是玉米的行距，灌水沟的上口宽则为50cm，这种做法，既可使玉米根部牢固，防止倒伏，又能多蓄水分，增强抗旱能力。

宽浅式畦沟结合灌水方法最适宜于在遭遇天气干旱时，采用"未割先浇技术"，以一水促两种作物。即在小麦即将收割之前，先在小麦行间浅沟内，给玉米播种前进行一次小定额灌水，这次灌水不仅对小麦籽粒饱满和提早成熟有促进作用，而且在玉米播种出苗或出苗后的幼苗期土壤层内，增加了土壤水分，提高了土壤含水量，从而对玉米出苗或出苗后壮苗也有促进作用。

宽浅式畦沟结合灌水技术的优点：①灌溉水流入浅沟以后，就由浅沟沟壁向畦田土壤侧渗湿润土壤，因此，对土壤结构破坏少。②蓄水保墒效果好。③灌水均匀度高，灌水量小，一般灌水定额 $525m^3/hm^2$ 左右即可，而且玉米全生育期灌水次数比一般玉米地还可以减少1~2次，耐旱时间较长。④能促使玉米适当早播，解决小麦、玉米两茬作物"争水、争时、争劳"的尖锐矛盾和随后的秋夏两茬作物"迟种迟收"的恶性循环问题。⑤通风透光好，培土厚，作物抗倒伏能力强。⑥施肥集中，养分利用充分，有利于两茬作物获得稳产、高产。这是我国北方广大旱作物灌区值得推广的节水灌溉新技术。但是，它也存在一定缺点，主要是田间沟、畦多，沟和畦要轮番交替更换，劳动强度较大，费工也较多。

第四节 沟灌技术

沟灌是我国在地面灌溉中普遍应用于中耕作物的一种较好的灌水方法。近年来，随着田间灌溉现代化的迅速发展，以及节水灌溉技术的研究与推广，传统的沟灌技术已有了很大的改进和提高。

一、沟灌的灌水技术

（一）沟灌的特点

沟灌是在作物行间开挖灌水沟，灌溉水由输水沟或毛渠进入灌水沟后，在流动的过程中，主要借土壤毛细管作用从沟底和沟壁向周围渗透而湿润土壤的。与此同时，在沟底也有重力作用浸润土壤。因此，沟灌法与畦灌法相比较，更具有明显的优点。一般，沟灌的主要优点是：①灌水后不会破坏作物根部附近的土壤结构，可以保持根部土壤疏松，通气良好。②不会形成严重的土壤表面板结，能减少深层渗漏，防止地下水位升高和土壤养分流失。③在多雨季节，还可以利用灌水沟汇集地面径流，并及时进行排水，起排水作用。④沟灌能减少植株间的土壤蒸发损失，有利于土壤保墒。⑤开挖水沟时可对作物兼起培土作用，防止作物倒伏的效果显著。但是，沟灌需要开挖灌水沟，劳动强度较大，若能采用开沟机械，则可使开沟速度加快，开沟质量提高，劳动强度减弱。

沟灌适用于灌溉宽行距的中耕作物，如棉花、玉米和薯类等作物，某些宽行距的蔬菜也采用沟灌，窄行距作物一般不适合用沟灌。沟灌比较适宜的土壤是中等透水性的土壤。

适宜于沟灌的地面坡度一般在 0.005~0.02 之间。地面坡度不宜过大，否则，水流流速快，容易使土壤湿润不均匀，达不到预定的灌水定额。

（二）沟灌灌水沟的布置及规格

1. 灌水沟的种类及布置形式

（1）依地形坡度大小划分，灌水沟有顺坡沟和横坡沟两种。在大多数情况下，灌水沟都沿地面坡度方向，即基本上垂直于地面等高线，故称顺坡沟。但是，若地面坡度较大，也可使灌水沟与地面坡度方向成锐角，使灌水沟能获得适宜的比降，以有利于在田间自流灌水，故称横坡沟，又称等高线沟。

（2）依灌水沟断面尺寸及沟深划分，灌水沟有深灌水沟和浅灌水沟两种。深灌水沟常用于灌溉多年生深根行播作物；浅灌水沟一般适用于土壤下渗速度较缓慢的土质及窄行距作物。一般认为，灌水沟深度大于 0.25m，底宽大于 0.3m 的灌水沟，称为深灌水沟；沟深小于 0.25m，底宽小于 0.3m 的灌水沟，称为浅灌水沟。

（3）依灌水沟沟尾是否封闭划分，有封闭沟和流通沟两种。灌水沟沟尾用土埂封堵死的，称封闭沟。当灌溉水流入封闭灌水沟后，其在流动的过程中一部分水量下渗入土壤内；而在放水停止后，沟中仍将存蓄一部分水量，再经过一段时间，才逐渐完全渗入土壤内。所以，封闭沟适用的地面坡度应较小，一般地面坡度以小于 1/200 的地区为宜。灌水沟的尾部不封闭的，称为流通沟。在流通沟情况下，灌溉水流入灌水沟后，在流动的过程中全部渗入土壤内，灌水停止后，沟中不需要存蓄部分水量。因此，流通沟适用于地面坡度较大或地面坡度虽小但土壤透水性也较小的地区。

我国沟灌技术主要采用封闭沟灌水，流通沟在国外自动化沟灌系统中常用，但需要尾水回收再利用系统，以及相应的回收再利用装置。我国细流沟灌的灌水沟仍可以归属于封闭沟类型，主要是因为实施中其灌水沟尾经常用低土埂适当封堵，以防万一灌水控制不当，发生沟尾泄水流失现象，但其灌水沟中一般放水停止后将不存蓄灌溉水。

2. 灌水沟的规格

灌水沟的规格主要指灌水沟的间距，灌水沟的长度和灌水沟的断面结构等。灌水沟规格的确定是否合理，将对沟灌灌水质量、灌水效率、土地平整工作量以及田间灌水沟的布置等影响很大，应依据沟灌田间试验资料和群众沟灌灌水实践经验认真分析研究，合理确定。

1) 灌水沟的间距

灌水沟的间距(沟距)，应和沟灌的湿润范围相适应，并应满足农业耕作和栽培的要求。

沟灌灌水时，由于灌溉水沿灌水沟向土壤入渗的同时，受着两种力的作用。其中，重力作用主要使沿灌水沟流动的灌溉水垂直下渗，而毛细管力的作用除使灌溉水向下浸润外，亦向四周扩散，甚至向上浸润。因此，沿灌水沟断面不仅有纵向下渗湿润土壤，同时也有横向入渗浸润。灌水沟中纵、横两个方向的浸润范围主要取决于土壤的透水性能与灌水沟中的水深，或在灌水沟中水流的时间长短。由于在轻质土壤上，灌水沟中的水流受重力作用，其垂直下渗速度较快，而向灌水沟四周沟壁的侧渗速度相对较弱，所以其土壤湿润范围呈长椭圆形。在重质土壤上，毛细管力的作用较强烈，灌水沟中水流通过沟底的垂直下渗与通过沟壁的侧渗接近平衡，故其土壤湿润范围呈扁椭圆形。

为了使土壤湿润均匀，灌水沟的间距应使土壤的浸润范围相互连接。因此，在透水性较强的轻质土壤上，其灌水沟沟距应较窄；而透水性较弱的重质土壤上，其沟距应适当加宽。

为了保证一定种植面积上栽培作物的植株数目，在一般情况下，灌水沟间距应尽可能与作物的行距相一致。作物的种类和品种不同，其所要求的种植行距也不相同。因此，在实际操作中，若根据土壤质地确定的灌水沟间距与作物的行距不相适应，则应结合当地具体情况，考虑作物行距要求，适当调整灌水沟的间距。

2）灌水沟的长度

灌水沟的长度与土壤的透水性和地面坡度有直接关系。地面坡度较大，土壤的透水性能较弱时，灌水沟长度可以适当长一些。而在地面坡度较小，土壤透水性较强时，要适当缩短灌水沟沟长。根据灌溉试验结果和生产实践经验，一般砂质壤土上的灌水沟长度约30~50m，黏性土壤上的沟长在50~100m左右。蔬菜作物的灌水沟长度一般较短，农作物的沟长较长。但灌水沟长度不宜超过100m，以防止产生田间灌水损失，影响田间灌水质量，为提高田间灌溉水有效利用率和灌水均匀度奠定基础。

3）灌水沟的断面结构

灌水沟的断面形状一般为梯形和三角形。其深度与宽度应依据土壤类型、地面坡度以及作物的种类等确定。为防止实施沟灌时出现"沟漫灌"浪费灌溉水量的现象，通常对于棉花，因行距较窄（平均行距一般0.55m左右），要求小水浅灌，故多采用三角形断面。对于玉米，因行距较宽（一般行距0.7~0.8m），灌水量较大，多采用梯形断面。梯形断面的灌水沟，上口宽为0.6~0.7m，沟深0.2~0.25m，底宽0.2~0.3m；三角形断面的灌水沟，上口宽为0.4~0.5m，沟深0.16~0.2m。

灌水沟中水深一般为沟深的1/3~2/3对于土壤有盐碱化的地区，由于灌水沟的顶部（即沟垄）容易聚积盐分，可以把作物种植在灌水沟的侧坡部位，以避免盐碱威胁作物生长发育。梯形断面灌水沟实施灌水后，往往会改变成为近似抛物线形断面。

（三）沟灌灌水技术

沟灌湿润土壤的过程和原理基本上与畦灌相同。沟灌灌水技术主要是控制和掌握灌水沟长度与输入灌水沟的单沟流量。灌水沟长度与入沟流量都与土壤的透水性能、地形坡度以及灌水定额和灌水沟的形状等因素有关，而且它们之间也是互相制约的。

封闭沟灌在灌水停止后，其灌水沟中的流动水流，一般有两种情况：①沟中水流除在灌水期间渗入到土壤中的一部分水量外，还在沟中存蓄一部分水量。②沟中水流在灌水期间全部下渗到土壤计划湿润层深度内，灌水停止后，沟内不存蓄水量。

（四）实施沟灌应注意的问题

在干旱、半干旱地区的灌区，实施沟灌应特别注意以下4个问题。

1. 正确确定开沟时间

灌水沟的开沟时间，对灌溉的实际效果影响很大。开沟过早，会压伤幼苗，损失地墒；

开沟过迟，则会因植株过高而使根、茎受损伤，或土壤过于干燥影响开沟质量。灌水沟的开沟时间可结合中耕、施肥、培垄进行。适宜的开沟时间，据陕西省灌区经验，玉米苗高0.5m左右(约7月上旬~7月下旬)，棉花在现蕾初期(6月中旬~7月上旬)，苗高25cm左右，马铃薯苗高20cm左右，抢时趁墒开沟培垄最为适宜。表层土壤湿度以16%~18%(占干土重的百分数，约为田间持水量的70%)左右为最好。由于开沟具有强烈的时间性，这时农事活动又较繁忙，必须注意改进开沟工具，提高开沟效率。开沟后一定要进行整沟，使其通畅不挡水，以避免灌水时发生串沟或漫沟。

2. 留足行距，保证开沟质量

为保证沟灌质量，作物行距要留足，灌水沟开沟深度不可太浅，这样才能达到垄大、沟深，容水多，不串沟，不漫溢，板结少，又耐旱。

3. 认真组织实施沟灌

实施沟灌灌水时，当各输水沟流量调整均匀后，可按两人一组，划分灌水地段。一人在沟口负责调整各分水沟或灌水沟的流量，一人随水头进入田间看水。看水时，尚可进行中间调剂。水流快的调剂慢的沟；流量大的调剂流量小的沟；遇有特殊地形如坟墓或洼地，尚可开沟绕流，使洼地不积水，高地不阻流。

对于不同沟形，应采取不同的引灌方法。直形沟和锁缝沟灌水时，水流通过输水沟，由下而上，循序放入灌水沟。灌水沟的水深一般控制在沟深的1/2~1/5，以免过大产生漫沟现象。方形沟灌水时，水流通过输水沟，左右开弓，也可以先灌一列，然后再灌另一列，一般在沟内水面距沟顶3~4cm时，停止供水。田字形沟，先不开上游沟口，由下而上，逐沟灌溉。沟中水流流至沟尾，在沟中蓄积水量占沟深4/5时，停止供水。冬灌时，当田字沟水流聚满，使田面稍见明水后，停止供水，以达到土壤冻消作用。

4. 抓紧灌后中耕、蓄水保墒

由于灌后中耕可以破除板结、疏松土壤、流通空气、保蓄水分，所以灌后中耕对保墒具有非常显著的作用。据测验，在灌水量相同的情况下，中耕比不中耕可延长耐旱时间2~4d。

二、涌流灌溉

涌流灌溉，是对地面沟、畦灌水方法的重大发展，又称波涌灌溉或间歇灌溉。涌流灌溉是把灌溉水断续地按一定周期向灌水沟(畦)供水，逐段湿润土壤，直到水流推进到灌水沟(畦)末端为止的一种节水型地面灌溉新技术。也就是说，涌流灌溉与传统的地面沟(畦)灌不同，它向灌水沟(畦)供水不是连续的。其灌溉水流也不是一次灌水就推进到灌水沟(畦)末端，而是灌溉水在第一次供水输入灌水沟(畦)达一定距离后，暂停供水，然后过一定时间后，再继续供水，如此分几次间歇反复地向灌水沟(畦)供水的地面灌水技术。

涌流灌溉是20世纪70年代末期由美国犹他州大学提出，随后主要对涌流沟灌进行了大量的试验研究，美国从1986年开始推广应用这一灌溉新技术。我国从1986年开始，西安理工大学水资源研究所、水利水电科学研究院水利所、水利部农田灌溉研究所等单位对涌流灌理论与技术进行了不同程度的试验研究，取得了很多有价值的研究成果。根据美国近十年的实践和我国有关研究单位在河南商丘，人民胜利渠灌区以及陕西泾、洛、渭等灌区的试验研究表明，涌流灌溉的灌水效果与节水效益主要与土壤质地、田面耕作状况、灌前土壤结构以及灌水次数等有关。涌流灌溉较传统地面沟(畦)灌灌水方法具有灌水均匀，灌水质量高，田面水流推进速度快，省水、节能和保肥等优点，另外还具有容易实行小定额灌溉和自动控制等特点。特别适宜在我国旱作物灌区农田地面灌溉推广应用。

(一) 涌流灌溉的灌水方式及系统

1. 涌流灌溉的灌水方式

目前，涌流灌溉的田间灌水方式主要有以下 3 种。

(1) 定时段-变流程方式也称时间灌水方式。这种田间灌水方式是在灌水的全过程中，每个灌水周期(一个供水时间和一个停水时间构成一个灌水周期)的放水流量和放水时间一定，而每个灌水周期的水流推进长度则不相同。这种方式对灌水沟(畦)长度小于 400m 的情况很有效，需要的自动控制装置比较简单、操作方便，而且在灌水过程中也很容易控制。

因此，目前在实际灌溉中，涌流灌溉多采用此种方式。

(2) 定流程-变时段方式，也称距离灌水方式。这种田间灌水方式是，每个灌水周期的水流新推进的长度和放水流量相同，而每个灌水周期的放水时间不相等。一般，这种灌水方式比定时段-变流程方式的灌水效果要好，尤其是对灌水沟(畦)长度大于 400m 的情况，灌水效果更佳。但是，这种灌水方式不容易控制，劳动强度大，灌水设备也相对比较复杂。

(3) 定流程-变流量方式，也称增量灌水方式。这种灌水方式是以调整控制灌水流量来达到较高灌水质量的一种灌水方式。这种方式是在第一个灌水周期内增大流量，使水流快速推进到灌水沟(畦)总长度的 3/4 的位置处停止供水。然后在随后的几个灌水周期中，再按定时段-变流程方式或定流程-变时段方式，以较小的流量来满足计划灌水定额的要求。主要适用于土壤透水性能较强的条件。

2. 涌流灌溉的田间灌水系统

涌流灌溉需要向灌水沟(畦)间歇性地交替放水和停水，这可以通过人工控制或自动控制实现。但是，若用人工对灌水沟(畦)进行反复地封口、改口和开口，灌水工作人员的劳动强度极大，而且很不容易按设计计划控制封口、改口和开口的时间及其流量，因此，涌流灌溉应尽可能配备自动化程度较高的专用控制装置和带阀门的管道。

长期以来，在美国对于地面灌溉自动化一直认为是一个重要问题，并不断地进行试验研究和实践，而其中对于涌流灌溉灌水方式，则正是作为一种实现地面灌溉自动化管理方面的新方法、新技术提出来的。当前，美国商品化的涌流灌溉田间灌水系统，基本上有两类。它们只局限应用于涌流沟灌。

(1) "双管"涌流灌溉田间灌水系统。"双管"田间灌水系统，一般通过埋于地下的暗管管道把水输送到田间，再通过竖管和阀门与地面上带有阀门的管道相连。这种阀门可以自动地在两组管道间开关水流，故称"双管"。通过交替控制两组间的水流就可以实现间歇供水。当这两组灌水沟结束灌水后，灌水工作人员可将全部水流引到另一放水竖管处，进行下一组涌流灌水沟的灌水。

(2) "单管"涌流灌溉田间灌水系统。"单管"田间灌水系统通常是由一条单独带阀门的管道与供水处相连接(故称"单管")，管道上的各个出水口则通过低水压、低气压或电子阀控制，而这些阀门均以一字形排列，并由一个控制器控制这个系统。

（二）涌流灌溉灌水技术

涌流灌溉可以划分为涌流沟灌和涌流畦灌两类。它们与传统的连续沟、畦灌的最主要区别就在于，在一次灌水过程中包含有几个供水和停水阶段。

涌流沟（畦）灌灌水技术要素主要有四项：①单沟或单宽放水流量；②周期放水时间；③灌水周期数；④循环率等。

涌流沟、畦灌的一个放水和停水过程就构成为一个灌水周期。周期放水时间与停水时间之和称为周期时间；而放水时间与周期时间之比则称为循环率。完成涌流沟、畦灌灌水全过程所需要的放水和停水过程的次数称为周期数。

涌流灌溉灌水技术要素是影响涌流灌溉灌水效果的重要参数，一般应通过灌水试验或参考类似条件下的实践经验确定，若无上述资料，也可应用理论分析方法或经验分析方法确定。

三、节水型沟灌技术

目前，我国北方灌区实施沟灌的主要问题是，不严格按沟灌灌水技术要求灌水，采用大水沟漫灌，浪费水十分严重。节水的沟灌灌水技术主要有以下几种。

1. 封闭式直形沟沟灌技术

封闭式直形沟沟灌主要适用于土壤透水性较强、地面坡度较小的地块。一般封闭沟沟距约 $0.6\sim0.7m$，沟深约 $0.15\sim0.25m$，沟长为 $30\sim50m$。当地面坡度为 $1/400\sim1/1000$ 时，单沟流量一般为 $0.5\sim1.0L/s$，灌水定额为 $300\sim600m^3/hm^2$。灌水时，将 $3\sim5$ 条灌水沟划为一组，由两人看管。一人在灌水沟首负责调剂入沟流量、巡护渠道和改灌水沟沟口，另一人随水流疏通灌水沟，掌握各沟水流进度。

2. 方形沟沟灌技术

方形沟沟灌主要适用于地形较复杂，地面坡度较陡（$1/50\sim1/200$）的地段。灌水沟长一般约 $2\sim10m$，地面坡度陡时宜短，坡缓时宜长。每 $5\sim10$ 条灌水沟为一组，组间留一条沟作为输水沟，就成为一个方形沟组。灌水时，从输水沟下段第一方形组开口，由下而上浇灌。

第二次灌水时，仍利用原渠口由上而下浇灌。方形沟沟灌需要通过掌握沟内蓄水深度来控制灌水定额。一般沟中水深蓄到 $10\sim13cm$ 时，灌水定额可达 $600m^3/hm^2$。

3. 锁链沟沟灌技术

锁链沟沟灌主要适用于地面坡度 $1/200\sim1/600$，土壤透水性较弱的地块。锁链沟可以延长水在沟中的入渗时间，提高灌水均匀度，适当加大灌水定额，以增强抗旱、防风、抗倒伏能力。

4. 八字沟沟灌技术

八字沟沟灌由输水沟或者分水沟引水，经引水短沟（长 $1.0\sim1.5m$），然后分水到灌水沟内。每一八字沟，可以控制 $5\sim9$ 条灌水沟。八字沟向灌水沟灌水时应先远后近，待两侧灌水沟流到 $1/3$ 沟长后，再向中间灌水沟灌水，这样就可以较好地控制入沟水量，克服各沟进水不均匀的缺点。八字沟适用于地形较复杂的地块。

5. 细流沟灌技术

细流沟灌是用短管(或虹吸管)或从输水沟上开一小口引水。流量较小，单沟流量为 0.1~0.3L/s。灌水沟内水深一般不超过沟深的 1/2，大约为 1/5~2/5 沟深。因此，细流沟灌在灌水过程中，水流在灌水沟内，边流动边下渗，直到全部灌溉水量均渗入土壤计划湿润层内为止，一般放水停止后在沟内不会形成积水，故属于在灌水沟内不存蓄水的封闭沟类型。

细流沟灌的优点是：①由于沟内水浅，流动缓慢，主要借毛细管作用浸润土壤，水流受重力作用湿润土壤的范围小，所以对保持土壤结构有利。②可减少地面蒸发量，比灌水沟内存蓄水的封闭沟沟灌蒸发损失量减少 2/3~3/4。③可使土壤表层温度比存蓄水的封闭沟灌提高 2℃ 左右。④湿润土层均匀，而且深度大，保墒时间长。

细流沟灌的形式一般有如下三种。

(1) 垄植沟灌。作物顺地面最大坡度方向播种，第一次灌水前在行间开沟，作物种植在垄背上。

(2) 沟植沟灌。灌水前先开沟，并在沟底播种作物(播种中耕作物一行，密植作物三行)，其沟底宽度应根据作物的行数而定。沟植沟灌最适用于风大，冬季不积雪，而又有冻害的地区。

(3) 混植沟灌。在垄背及灌水沟内都种植作物。这种形式不仅适用于中耕作物，也适用于密植作物。

细流沟灌灌水技术要素的选用：①入沟流量控制在 0.2~0.4L/s 为最适宜，大于 0.5L/s 时沟内将产生严重冲刷，湿润均匀度差。②沟长：中、轻壤土，地面坡度在 0.01~0.02 时，一般控制在 60~120m。③沟宽、沟深和间距：灌水沟在灌水前开挖，以免损伤禾苗，沟断面宜小，一般沟底底宽为 12~13cm，上口宽为 25~30cm，深度约 8~10cm，间距 60cm。④放水时间：细流沟灌主要借毛细管力下渗，对于中壤土和轻壤土，一般采用十成改水；土壤透水性差的土壤，可以允许在沟尾稍有泄水。

6. 沟垄灌灌水技术

沟垄灌灌水技术，是在播种前，根据作物行距的要求，先在田块上按两行作物形成一个沟垄，在垄上种植两行作物，则垄间就形成灌水沟，留作灌水使用。因此，其湿润作物根系区土壤的方式主要是靠灌水沟内的旁侧土壤毛细管作用渗透湿润。

沟垄灌方法，一般多适用于棉花、马铃薯等作物或宽窄行相间种植作物，是一种既可以抗旱又能防渍涝的节水沟灌方法。

这种方法的主要优点：①灌水沟垄部位的土壤疏松，土壤通气状况好，土壤保持水分的时间持久，有利于抗御干旱。②作物根系区土壤温度较高。③灌水沟垄部位土壤水分过多时，尚可以通过沟侧土壤向外排水，从而不致使土壤和作物发生渍涝危害。

主要缺点是，修筑沟垄比较费工，沟垄部位蒸发面大，容易跑墒。

7. 沟畦灌灌水技术

沟畦灌类似于畦灌中宽浅式畦沟结合的灌水方法。这种沟畦灌是以三行作物为一个单元，把每三行作物中的中行作物行间部位处的土壤，向两侧的两行作物根部培土，形成土垄，而中行作物只对单株作物根部周围培土，行间就形成浅沟，留作灌水时使用。

沟畦灌方法大多用于灌溉玉米作物。它的主要优点是，培土行间以旁侧入渗方式湿润作物根系区土壤，根部土壤疏松，湿润土壤均匀，土壤通气性好。

8. 播种沟灌水技术

播种沟沟灌主要适用于沟播作物播种缺墒时灌水使用。当在作物播种期遭遇干旱时，为了抢时播种促使种子发芽，保证出苗齐，出苗壮，而采用的一种沟灌灌水技术。

播种沟沟灌的具体技术是，依据作物计划的行距要求，犁第一犁开沟时随即播种下籽；犁第二沟时作为灌水沟，并将第二犁翻起来的土正好覆盖住第一犁沟内播下的种子，同时立即向该沟内灌水；之后，依此类推，直至全部地块播种结束为止。这种沟灌方法，种子沟土壤所需要的水分是靠灌水沟内的水通过旁侧渗透浸润得到的。

因此，可以使各播种种子沟土壤不会产生板结，土壤通气性良好，土壤疏松，非常有利于作物种子发芽和出苗。播种种子沟可以采取先播种，之后再灌水，或随播种随灌水等方式，以不延误播种期，并为争取适时早播提供方便条件。

9. 沟浸灌田字形沟灌水技术

沟浸灌田字形沟灌，是水稻田地区在水稻收割后种植旱作物的一种灌水方法。由于采用有水层长期淹灌的稻田，其耕作层下，通常都形成有透水性较弱的密实土壤层(犁底层)，这对旱作物生长期间，排除因降雨或灌溉所产生的田面积水或过多的土壤水分是不利的。据经验总结和试验资料，采用这种沟灌方法可以同时起到旱灌涝排的双重作用，小麦沟浸灌比格田淹灌可以节水 31.2%，增产 5.0%左右。

10. 隔沟灌技术

采用隔沟灌灌水时，不是向所有灌水沟都放水，而是对灌水沟实施间隔放水，一般多采用间隔一条灌水沟灌一条灌水沟的方法。这种方法主要适用于作物需水少的生长阶段，或地下水位较高的地区以及宽窄行作物。通常宽行间的灌水沟实施灌水，而窄行间的沟则不进行灌水。

近年来，为减少作物植株间的土壤蒸发和控制作物根系的生长，对宽行作物采取控制隔沟灌灌水。这种隔沟灌水方法是在作物某个时期只对某些灌水沟实施灌水，而在另一个时期，则对其相邻的灌水沟灌水。这样，由于作物根系的向水性，可以用这种控制隔沟灌水方法来控制作物根系的生长，同时也达到了节水的目的。

四、果园地面灌溉

果树的一切生命活动都与水有密切的关系。不仅在果树的整个营养生长时期，需要有足够的水分供应，就是在休眠时期，也需要有一定的水分供应。无论何种类型和特点的果园，合理地进行及时而适量的灌溉，是果园管理中极为重要的一项措施。果园灌溉可以促进果树生长健壮，结果早，高产稳产，品质优良。

果园灌溉，不仅影响果树当年的生长结果状况，而且也会影响来年的果树生长结果状况，甚至还会影响果树的寿命。因此，对果园必须进行合理的灌溉。

(一) 果树灌溉制度

果树灌溉制度与大田农作物的灌溉制度相同，同样都由灌水时间、灌水次数、灌水定额和灌溉定额四个部分组成。果树的灌溉制度随果树的种类、品种和种植地区不同而有很大的差异，必须针对具体的果树种类和品种以及种植地区的自然条件，正确地制定。

1. 果树灌水时间的确定

正确的果树灌水时间，应在果树未受到缺水影响以前就进行灌溉，而不要等到果树已从形态上显露出缺水时。例如，果实出现皱缩，叶片发生卷曲等才进行灌溉，此时，已对果树的生长和结果造成不可弥补的损失。

确定果树灌水时间的主要根据是果树在生长期内各个物候期的需水要求及当时的土壤含水率。一般认为，在果树生长期的前半期，应供水充足，以利生长发育和结果；在果树生长期的后半期，要适当控制水分，以使果树停止生长，适时进入休眠期，做好越冬准备。根据各地的气候特点和果树各个物候期的需水特征，一般可把果树的适宜灌水时间概括为以下 4 个主要灌水时期：

（1）花前水，又称催芽水。在果树发芽前后到开花前期，若土壤中有充足的水分，将会加强新梢的生长，加大叶片面积，增强光合作用，并使开花和坐果正常，为当年丰产打下基础。

因此，春旱地区，花前灌水将是促进果树萌芽、开花、新梢叶片生长以及提高坐果率的有效措施，一般可在萌芽前后进行灌水，但以提前尽早灌水效果更好。

（2）花后水，又称催梢水。果树新梢生长和幼果膨大期是果树的需水临界期，此时期果树的生理机能最旺盛。若土壤水分不足，果树叶片因强烈蒸腾，而吸收幼果水分，甚至吸收根部水分，致使幼果皱缩和脱落以及影响根的吸收作用正常进行，果树生长减弱，产量显著下降。因此，这一时期若遇干旱，应及时进行灌溉，其对加强新梢迅速生长，提高坐果率，并促使幼果膨大有显著作用，是保证果树高产稳产的关键，一般可在落花后 15 天至生理落果前进行灌水。在南方多雨地区，此时期正值梅雨季节，应特别注意果园的排水工作。

（3）花芽分化水，又称成花保果水。就多数主要落叶果树而言，此时正值果实迅速膨大期及花芽大量分化期，应及时灌水。这样既可以满足果实肥大对水分的要求，保证提高当年产量，又能促进花芽健壮分化，形成大量有效花芽，为来年丰产创造条件。

（4）休眠期灌水，即冬灌。一般在土壤结冰前进行冬灌，可起到防旱御寒作用，以保证果树安全越冬，且有利于花芽发育，并在土壤中储足水分，促使肥料分解，有利于果树次年春天生长。我国北方地区，冬春比较干旱，更有必要进行冬灌。

2. 果树灌水次数及灌水定额的确定

果树在各个物候期内的灌水次数主要取决于各个时期的降水量和土壤内的水分状况。在一般年份的上述各个灌水时期通常需各灌水一次，即可满足果树该时期的需水要求。但是，若果园内土壤含水量降低到田间持水量的 50%，则必须及时进行灌水。

果树的灌水定额根据果树的种类、品种和砧木特性、树龄大小以及土质、气候条件而有不同。耐旱树种，如红枣、板栗等及砧木对水分要求较低的树种，灌水定额可以小一些。耐旱性较差的树种，如葡萄、苹果、梨等，灌水定额应大一些。砂地果园，保水力差，宜采用小水勤灌，以免水分和养分流失。幼树少灌水，结果果树可多灌水。盐碱地果园灌水应注意地下水位上升，以防止返盐、返碱。一般成年果树一次最适宜的灌水量，应以水分完全湿润果树根系范围内的土层为原则。灌水定额的计算方法与大田农作物灌水定额的计算方法完全相同，但土壤计划湿润层深度一般应采用 1.0m，若果园内还套种有中耕作物和绿肥作物，其灌水定额应增加 30%~50%，若种植牧草，需多灌溉约 75%~100% 的水量。果园适宜灌水量应使土壤含水量达到田间持水量的 60%~80% 为宜。

（二）果园地面灌水技术

在果园有条件时应尽量采用喷灌、微灌等先进灌水方法。但目前我国绝大多数果园仍以采用地面灌溉为主要灌水方法。果园地面灌水方法大致有以下几种。

1. 坑灌

在每棵果树树干周围的地上，用土埂围成圆形或方形坑，由输水沟或输水管道引水入坑的灌水方法，称坑灌。坑灌方法简单，但土壤水分仅分布在果树主根附近，根群部分水量较少，从而缩小了果树根系吸水的范围，并会影响机械耕作，土壤易板结以及还有灌水效率不高等缺点。坑灌又称盘灌。

2. 分区（格田）灌

在果树间筑土埂，埂高一般约 15~20cm，把果园划分成许多长方形或正方形的小区，由输水沟向各小区供水灌溉的方法，称分区灌。一般一棵树为一个独立的小区。这种灌水方法能使灌溉水充分与果树根系相接触，整个根系受水均匀。但其主要缺点是破坏土壤结构，使土壤表面板结，需培筑许多纵横土埂，既费劳力又妨碍机械化耕作。

3. 环灌

修筑直径为树冠直径 2/3~3/4 并带有土埂的环形沟，由输水沟向环形沟供水灌溉的方法，称环灌。环灌湿润土壤的范围较小，主要湿润果树根系群部分的土壤，因此灌水量较小，用水较经济。此外，环灌对土壤结构的破坏也较少，但对机械化耕作仍有一定妨碍。环灌多应用于幼龄果树，是一种较好的果园节水地面灌水方法。

4. 沟灌

沟灌是果园地面灌溉中较为合理的灌水方法。沟灌是在整个果园的果树行间开灌水沟，由输水沟或输水管道供水灌溉。灌水沟的间距，视土壤类型及其透水性而定。一般易透水的轻质土壤，沟距为 60~70cm；有结构的中壤土和轻壤土，沟距为 80~90cm；黏重土壤的沟距为 100~120cm。距离果树树干最近的灌水沟，在幼龄果园内为 50~80cm，结果果园的距离为 100~150cm。一般密植果园可在每一果树行间开一条灌水沟。稀植果园，若为黏重土壤，可在每行果树间每隔 100~150cm 开一条灌水沟；若为轻质土壤则每隔 75~100cm 开一条灌水沟。灌溉结束，可以将灌水沟填平。灌水沟的深度取决于灌水沟距果树树干的远近而定，距离树干远的灌水沟应深些，离树干近的灌水沟应浅些。一般灌水沟深约 20~25cm，近树干的灌水沟深约 12~15cm。灌水沟的单沟流量通常为 0.5~1.0L/s。沟的比降应不致使灌水沟遭受冲刷。在坡度较陡的地区，灌水沟可接近平行于等高线布置。灌水沟的长度，在土层厚、土质均匀的果园，可达 130~150m；若土层浅、土质不均匀，沟长不宜大于 90m。

灌水沟除在果树行间开挖封闭式纵向深沟外，也可由纵沟分出许多封闭式的横向短沟，以布满树根所分布的面积上。短沟长度：3~5 年的果树为 34m；5~6 年的果树为 4~6m。

短沟沟距一般为 1.0m，沟深约 15~20cm，距树干最近的沟应离树干 50cm 以上。灌水沟还可以采用弯曲形布置形式。

沟灌的主要优点是，湿润土壤均匀，灌溉水量损失小，可以减少土壤板结和对土壤结构的破坏，土壤通气良好，并方便机械化耕作。因此，沟灌是果园较合理而又节水的一种地面灌水方法。

我国南方雨水较多，一般平地果园均需开挖排水沟，以利果园排水。但在干旱时也可利用此类排水沟，进行蓄水浸灌，而无须再另开挖灌水沟。"一沟"灌排两用，既节水又少占地，增产效果很显著。

5. 穴灌

在树冠下挖穴，向穴内灌水的方法，称穴灌。开挖穴数随树冠大小而增减，一般采用 10 个左右。穴深一般 60~80cm，直径约 30cm，多采用于山丘地区。

通常，在山区丘陵地区或水土流失严重地区建设的果园，都应结合水土保持措施，如鱼鳞坑、等高沟埂、水平梯田等规划布置灌溉沟渠或小型灌溉蓄水设施。

近年来，在果园中广泛推广采用塑料穿孔灌水管道与地面灌水相结合的灌水方法，可显著提高灌水效率和灌溉水有效利用率及灌水质量。

第五节　低压管道输水灌溉

一、节水灌溉输配水系统概述

灌溉输配水系统，上接灌溉水源引取水枢纽，下连田间渠系或田间管网，担负着承上启下的输水和配水任务。因此，灌溉输配水系统在农田灌溉排系统中的纽带作用非常重要，而且它在农田灌排系统的总投资中所占的份额也最高。通常，灌溉输配水系统的投资要占灌排工程总投资的 60% 左右，尤其是灌溉管道输配水系统的投资，往往要占工程总投资的 70% 以上。

（一）灌溉输配水系统的分类与组成

1. 灌溉配水系统分类

灌溉输配水系统依其输配水过程中的水流驱动是否有压力，可划分为灌溉渠道输配水系统(以下简称输配水渠系)和灌溉管道输配水系统(以下简称输配水管网)两大类输配水渠系，又可依其结构划分为明渠输配水系统(以下简称明渠系)和暗渠输配水系统(以下简称暗渠系)两类。无论是明渠系或暗渠系，它们的水流流动均是无压状态，都是完全依靠渠道水面比降及重力作用向下游输水，或向下一级渠道分配水流，明渠道与暗渠道的唯一区别是，明渠道为开敞式渠槽，断面形状多采用梯形渠槽，渠槽断面较小的则常采用 U 形；暗渠道通常是全封闭式或半封闭式的无压渠槽，断面多采用矩形或 U 形。

输配水管网依其工作压力的大小可划分为低压、中低压、中压、中高压和高压 5 个等级。

依《灌溉与排水工程设计标准》（GB 50288—2018）规定，输配水管网工作压力≤250kPa，称为低压；工作压力>150kPa，而≤300kPa，称为中低压；工作压力>300kPa，而≤600kPa的，称为中压；工作压力>600kPa，而≤1000kPa，称为中高压；工作压力>1000kPa的，则称为高压。在农田灌溉系统中，喷灌系统的输配水管网，其工作压力一般都在400kPa以上，故其输配水管网应归属于中压以上的等级；节水型、微灌系统（包括滴灌、微喷灌和涌泉灌等）及渗灌系统的输配水管网，其工作压力一般都在200kPa左右，故其应属于中低压范畴。我国目前大力推广应用的低压管道输水灌溉系统，其工作压力一般在200kPa以下，故属于低压系统。

2. 输配水系统的组成

1）输配水渠系的组成

输配水渠系一般依顺序分为干渠、支渠、斗渠和农渠等四级固定渠道。对于大型灌区有时还增设分干渠、分支渠和分斗渠等数级固定渠道，控制面积较小的灌区一般渠道级数较少。输配水渠系一般按其功能作用可划分为输水渠道和配水渠道两类。

输水渠道的功能与作用是把从水源引取水枢纽引取的灌溉水输送到下游，在中途一般没有水流分出。依我国灌溉习惯，对于大、中型灌区，输水渠道大多指总干渠、干渠和支渠；对于小型渠灌区和井灌区，往往很少有专门起输水作用的输水渠道。

配水渠系具有双重作用，它一方面继续向下游输送灌溉水流，起输水作用；另一方面则要按照既定的配水计划和配水工作制度向其下一级渠道分配水量或流量，起配水作用，依我国灌区农田灌溉习惯，配水渠系主要指支渠、斗渠和农渠等各级渠道，一般配水渠道不宜越级设置（如在支渠上直接开设农渠或毛渠等），越级设置不利于渠系配水和调控水量（或流量）。

2）输配水管网的组成

输配水管网的组成与输配水渠系的组成类同。通常主要由干管、支管和毛管三级管道组成。输配水管网控制面积较大时，有时也在干管的上一级设置主管；有的输配水管网，在干管的下一级设置分干管、分支管等管道等级。对于大中型灌区的管网，输水管道主要指主管而言；管网无主管时，有时干管的上游段一般起输水作用，其下游段则有支管设置，起配水作用。配水管网主要是支管和毛管。

（二）灌溉输配水系统规划布置基本要求

1. 对输配水渠系规划布置的基本要求

（1）规划布置输配水渠系应符合灌区总体规划及设计的要求，并应经技术经济方案比较后确定其最佳规划布置方案。

（2）规划布置输配水渠系的各级渠道，应尽量照顾到行政区划、农业区划和地区水利规划，最好每个乡或村都能设置有独立的配水口或配水渠道，以有利于配水工作健康实施。

（3）在输配水渠系的主要建筑物和重要渠段的上游，应设置泄水闸和泄水渠；干渠、支渠和位置重要的斗渠的末端都应布设有退水渠、退水闸等设施。

（4）输配水渠系的总长度应最短，工程量应最小；渠道线路应力求端直、整齐，以降低工程造价，并有利于机耕；应尽量避免直接穿越村、镇、居民点等。

（5）输配水渠系主要渠道的规划布置，应与现有的和新修的库、塘渠、井、提水站等设施相协调，对于平原地区，其规划布置应有利于实行地面水与地下水的联合调度与运用；对于山丘地区，其规划布置应有利于实行蓄、引、提相结合，使当地水资源能相互调剂使用。

（6）输配水渠等主要渠道，应尽量规划布置在地势较高和地质条件较好的地带，应尽量避免通过风化破碎和节理发育的岩层以及可能发生滑坡，或通过有隐患、强透水性和强冻胀性的地带，以保证输配水渠系安全可靠；否则，应采取强化工程措施，予以加固。

（7）输配水渠道的弯道半径，对于土质渠槽应大于渠槽水面宽度的 5 倍。石渠或刚性护面渠槽，其弯道半径应大于水面宽度的 2.5 倍。若因条件限制不能满足上述要求时，则应采取防护加固措施。

（8）对于渠井双保险的输配水渠系，其自流灌溉与提水灌溉应相结合，不可规划布置成两套独立的渠系系统。对于自流灌区范围内的局部高地，经方案比较后可以规划实施提水灌溉。对于输配水渠道沿渠线的山洪、塬洪应予以截导，不可直接进入渠道；必须引洪入输配水渠道时，应校核渠道的泄洪能力，并应设置溢洪堰、排洪闸等安全设施。

2. 对输配水管网规划布置的基本要求

（1）输配水管网的规划布置应使管网总长度最短，管道端直，水头损失小，总造价低而管理运用方便。

（2）输配水地埋固定管道应尽可能布设在坚实的地基上，尽量避开填方区以及可能发生滑坡的地带，并应避开受山洪威胁的地带。若管道因地形条件限制，必须铺设在松软地基或有可能发生不均匀沉稳的地段，则应对管道地基进行处理。

（3）根据水源和用户情况，输配水管网在平原地区可采用环状封闭式管网或树枝状管网，其各级管道应尽量采取两侧分水的布置形式；在山区丘陵地区宜采用树枝状管网，其主要管道应尽量沿山脊布置，以尽量减少管道起伏，地形复杂需要采用改变管道纵坡布置时，管道最大纵坡不宜超过 1：1.5，而且应小于或等于土壤的内摩擦角，并应在变坡处设置镇墩加固。同理，对于直径大于 100mm 且铺设在地面上的固定管道，应在其拐弯处或直管段超过 30m 时设置镇墩。固定管道的转弯角度应大于 90°，埋设深度一般应在冻土层深度以下，而且最好不小于 70cm。

（4）输配水管网的进口设计流量和设计压力，应根据全灌溉管道系统所需要的设计流量和大多数配水管进口所需要的设计压力确定。当局部地区供水压力不足，而提高全系统工作压力又不经济时，应采取增压措施。若部分地区供水压力过高，则可结合地形条件和供水压力要求，设置压力分区，采取减压措施，或采用不同等级的管材和不同压力要求的灌水方法，布置成不同的灌溉系统。在进行各级管道水力计算时，应同时验算各级管道产生水锤的可能性以及水锤压力的大小值，以便采取水锤防护措施。特别是在管道纵向拐弯处，应检验是否会产生负水锤真空现象，并依此条件，在管道工作压力中预留 2~3m 水头的余压。

（5）输配水管网各级管道进口必须设置节制阀，分水口较多的输配水管道，每隔 3~5 个分水口应设置一个节制阀。管道最低处应设置退水泄水阀，各用水单位都应安设独立的配水口和闸阀，并应装设压力和流量的计量装置。在水泵出口闸阀的下游、压力池放水阀的下游以及可能产生水锤负压或水柱分离的管道外，应安装进气阀，在管道的驼峰处或管道最高处应安装排气阀，在水泵逆止阀的下游或闸阀的上游处安装防止水锤的防护装置。

（6）应尽可能发挥输配水管网综合利用的功能，把农田灌溉与农村供水以及水产、环境美化等相结合，充分发挥输配水管网的效益。

（三）发展管灌当前急需解决的关键问题

（1）大管径、低价格、质优、施工安装简易、规格系列齐全的管材和配套完备的管件。管材与管件通常在管灌系统总投资中所占比重相当大，一般在60%以上。目前我国尚无专门生产低压管道的工厂企业，现有各厂家大多生产的管材均为适用于喷、滴灌系统和农业供水系统的中、高压管材，管径较小（一般小于350mm），承压能力高（一般均大于0.4MPa），造价也相当高。因此，生产系列规格的大管径低压管材和管件是影响灌区发展管灌系统的一个重要因素，必须认真研究解决，为灌区发展管灌系统提供物质基础。

（2）标准化、系列化、规格化、结构简单、施工安装简易、管理运用方便、类型齐全的管灌系统附属建筑物。灌区管灌系统一般都有2~4级地埋固定管道，必须设置各种类型的附属建筑物，而且建筑物数量也较多。目前各类管灌建筑物中，试验研究较多的是分水闸门或阀门以及出水口和给水栓，如拍门式、插板式、塞孔式等分水阀门结构；提拉式、旋转式、活塞式等给水栓结构。对于各种类型建筑物，特别是适用于输水能力大的大管径低压管网的建筑物或联合式、组合式管网建筑物，目前我国还研究得不够，更谈不上它们的系列化、规格化和标准化，甚至自动化了。管灌建筑物不配套、不齐全、不完善将是管灌技术在我国迅速发展的主要影响因素，也是其极大的限制因素。

（3）管灌系统工程的合理配套以及管网优化布局、管径优化与管网总体优化设计问题，对降低管灌工程总投资和单位面积投资的影响很明显，需要进一步研究并亟待解决推广应用问题。

（4）给水栓及出水口向田间输水垄沟或灌水畦、灌水沟输送水流的配水装置和配水技术，这是提高田间水有效利用率、提高灌水均匀度、达到设计灌水定额及出水防冲等的关键。

（5）防淤塞与防水击，防冻裂与防外压。井灌区水井中一般含沙量甚微，无须特别注意泥沙淤积管道和采取防淤措施，而在渠灌区，虽然由水库引水的管灌系统含沙量较少，但是经干、支渠长途跋涉后的渠水中仍会携带有大量杂草污物，若进入管道就会产生淤塞。而且从江河等引水工程、提水工程取水的管灌系统，通常都是浑水，含沙量较高，并也会携有大量杂草污物，进入管道必然要淤积和堵塞管道。因此，引浑水的管灌溉系统必须考虑防淤和清淤措施。

低压管道耐压能力低，经不起因管内流速过大或掺气水流过多而产生大的水击压力，或者管理、操作运用不当而突然停水产生的较大水锤压力，这会破坏管道。这种现象渠灌区管灌系统比井灌区更易出现，必须从规划设计和管理措施上予以预防。

防淤积与防水击是一对矛盾的两个方面，其焦点是流速。流速太小会使管道淤积，流速过大又有可能产生水击，同时还涉及管灌系统投资的经济合理性，为此应研究其经济流速，以作为管灌系统规划设计的重要依据。

防冻胀与防外压是统一的，可通过调查分析管材性能和当地条件予以确定。

二、低压管道输水灌溉系统

低压管道输水灌溉系统是近年来在我国迅速发展起来的一种节水节能型的新式地面灌溉系统。它利用低耗能机泵或由地形落差所提供的自然压力水头将灌溉水加低压(一般不超过 0.2MPa)，然后再通过低压管道网输配水到农田进行灌溉，以充分满足作物的需水要求。因此，在输、配水上，它是以低压管网来代替明渠输配水系统的一种农田水利工程形式；而在田间灌水上，通常采用畦、沟灌等地面灌水方法。与喷灌、微灌系统比较，其最末一级管道是最不利出水口的工作压力，一般远比喷灌、微灌等喷洒口的工作压力为低，通常只需控制在 0.002~0.003MPa 左右。

低压管道输水灌溉系统简称管灌系统，相应低压管道输水灌溉技术简称管灌技术。

(一) 管灌系统的组成与类型

1. 管灌系统的组成

管灌系统依其各部分所担负的功能作用不同，一般可划分为五大组成部分，即：①水源；②引水取水枢纽；③输水配水管网；④田间灌水系统；⑤管灌系统附属建筑物和装置。

1）水源

管灌系统与其他灌溉系统形式一样，首先要有符合灌溉要求的水源。井泉、塘坝、水库、河湖以及渠沟等均可作为管灌系统的水源，但水源水质应符合农田灌溉用水标准的要求。与明渠灌水系统比较，管灌更应注意水质，水中不得含有大量杂草和泥沙等易于堵塞管网的物质，否则应进行拦污、沉积甚至实施净化处理后方可引取。渠灌区的管灌系统常以灌溉渠道为水源，也有以排水沟为水源的管灌系统。

2）引水取水枢纽

引水枢纽形式主要取决于水源种类，其作用是从水源取水，并进行处理以符合管网与灌溉在水量、水质和水压三方面的要求。

需要机压的管灌系统必须设置机和泵。可根据用水量和扬程的大小，选择适宜的水泵在有自然地形落差可利用的地方，可采用自压式管灌系统形式，以节省投资。渠灌区有条件时，应尽量发展自压式管灌系统形式，以节省投资。在自流灌区或大中型抽水灌区以及灌溉水中含有大量杂质的地区建设管灌系统，引水取水枢纽除必须设置进水闸和量水建筑物外，还必须设置拦污栅、沉淀池或水质净化处理构筑物等建筑物。

3）输配水管网

输配水管网是由低压管道、管件及附属管道装置连接成的输配水通道。在灌溉面积较大的灌区，输配水管网主要由主管、干管、支管等多级管道组成。在灌溉面积较小的灌区，一般只有单机泵、单级管道输水和灌水。

井灌区输配水管网一般采用 1~2 级地面移动管道，或一级地埋管和一级地面移动管，渠灌区输配水管网多由多级管道组成，一般均为固定式地埋。用作地埋管的管材目前我国主要采用混凝土管、硬塑料管、钢管、石棉水泥管和一些当地材料管。输配水管网的最末一级管道，可采用固定式地埋管，也可采用地面移动管道。用作地面移动管道的管材目前我国主要选用薄塑软管、涂塑布管，也有采用造价较高的如硬塑管、锦纶管、尼龙管和铝合金管等管材。

4）田间灌水系统

渠灌区管灌系统的田间灌水系统可以采用多种形式，常用的主要有以下三种形式：①采用田间灌水管网输水和配水，应用地面移动管道来代替田间毛渠和输水垄沟，并运用退管浇法在农田内进行灌水。这种方式输水损失最小，可避免田间灌水时灌溉水的浪费，而且管理运用方便，也不占地，不影响耕作和田间管理。②采用明渠田间输水垄沟输水和配水，并在田间应用常规畦、沟灌等地面灌水方法进行灌水。这种方式仍要产生部分田间输配水损失，不可避免地还要产生田间灌水的无益损耗和浪费，劳动强度大，田间灌水工作也困难，而且输水沟还要占用农田耕地，因此最为不利。③仅田间输水垄沟采用地面移动管道输、配水，而农田内部灌水时仍采用常规畦、沟灌等地面灌水方法。这种方式的优缺点介于前两种方式之间，但它无须购置大量的田间浇地用软管，因此投资可大为减少。田间移动管可用闸孔管道、虹吸管或一般引水管等，向畦、沟放水或配水。井灌区多采用第一种田间灌水形式。

5）附属建筑物和装置

由于管灌系统一般都有 2~3 级地埋固定管道，因此必须设置各种类型的管灌系统建筑物或装置。依建筑物或装置在管灌系统中所发挥的作用不同，可把它们划分为以下 9 种类型：①引水取水枢纽建筑物，包括进水闸门或闸阀、拦污栅、沉淀池或其他净化处理构筑物等；②分水配水建筑物，包括干管向支管、支管向各农管分水配水用的闸门或闸阀；③控制建筑物，如各级管道上为控制水位或流量所设置的闸门或阀门；④量测建筑物，包括量测管道流量和水量的装置或水表，量测水压的压力表等；⑤保护装置，为防止管道发生水击或水压过高或产生负压等致使管道变形、弯曲、破裂、吸扁等现象，以及为管道开始进水时向外排气，泄水时向内补气等，通常均需在管道首部或管道适当位置处设置通气孔和进排气阀、减压装置或安全阀等；⑥泄退水建筑物，为防止管道在冬季被冻裂，必须在冬季上冻前将管道内余水退净泄空所设置的闸门或阀门；⑦交叉建筑物，管道若与路、渠、沟等建筑物相交叉，则需设置虹吸管、倒虹吸管或有压涵管等建筑物；⑧田间出水口和给水栓，由地埋输配水暗管向田间畦、沟配水时需要装置竖管和给水栓，灌溉水流出地面处应设置出水口；⑨管道附件及连通建筑物，管道附件主要采用三通、四通、变径接头、同径接头等以及为连通管道所需设置的井式建筑物。

2. 管灌系统类型

管灌系统类型很多，特点各异，一般可按下述两个特点进行分类。

1）按获得压力的来源分类

（1）机压式管灌系统。在水源的水面高程低于灌区的地面高程，或虽略高一些但不足以提供灌区管网输配水和田间灌水所需要的压力时，则要利用水泵机组加压。在其他条件相同的情况下，这类系统因需消耗能量，故运行管理费用较高。我国井灌区和提水灌区的管灌系统均为此种类型。

（2）自压式管灌系统。水源的水面高程高于灌区地面高程，管网配水和田间灌水所需要的压力完全依靠地形落差所提供的自然水头得到。据论证，一般地形坡度只要有 4/1000~6/1000 的地面坡度，即可满足自压式管灌系统正常运行所需要的工作压力。这种类型不用机，不用泵，故可大大降低工程投资，特别适宜在引水自流灌区、水库自流灌区和大型提水灌区内田间工程应用。在有地形条件可利用的地方均应首先考虑采用自压式管灌系统。

2) 依管灌系统在灌溉季节中各组成部分的可移动程度分类

(1) 固定式管灌系统。管灌系统的所有各组成部分在整个灌溉季节中，甚至常年都固定不动。该系统的各级管道通常均为地埋管。固定式管灌系统只能固定在一处使用，故需要管材量大，单位面积投资高。

(2) 移动式管灌系统。除水源外，引水取水枢纽和各级管道等各组成部分均可移动。它们可在灌溉季节中轮流在不同地块上使用，非灌溉季节时则集中收藏保管。这种系统设备利用率高，单位面积投资低，效益较高，适应性较强，使用方便；但劳动强度大，若管理运用不当，设备极易损坏。其管道多采用地面移动管道。

(3) 半固定式管灌系统，又称半移动式管灌系统。管灌系统的组成部分有些是固定的，有些是移动的。通过这类系统的引水取水枢纽和干管或干、支管为固定的地埋暗管，而配水管道，支管、农管可移动。这种系统具有固定式和移动式两类管灌系统的特点，是目前渠灌区管灌系统使用最广泛的类型。由于其枢纽和干管笨重，固定它们可以减低移动的劳动强度，而配水管道一般较轻，但所占投资比例较大，所以使其移动相对劳动强度不大，又可节省投资。

目前，我国单井、群井汇流灌区和规模小的提水灌区及部分小型塘坝自流灌区多采用移动式管灌系统，其管网采用一级或两级地面移动的塑料软管或硬管。面积较大的群井联用灌区和抽水灌区以及水库灌区与引水自流灌区主要采用半固定式管灌系统，其固定管道多为地埋暗管，田间灌水则采用地面移动软管。

(二) 管灌系统的技术特点

1. 管灌系统的优点

据我国各地应用管灌系统的实践经验，管灌技术与传统的地面灌水技术相比，其优点可归纳为"四省(省水、省能、省地和省工)、一低(单位面积投资低)、一少(运行费用少)、一强(适应性强)、两快(输水快、浇地快)和三方便(操作应用方便、机耕田间管理方便和维修养护方便)"。

(1) 省水。管灌系统主要通过两个途径省水。①管道输水的渗漏损失和蒸发损失小，可提高水的有效利用率。各地实践表明，管灌系统比土质明渠系统一般可节水30%左右，最高可达56%，比砌石防渗渠道可省水15%左右，比混凝土板衬砌渠道节水约7%。管网水的有效利用率一般均在0.95以上。②田间灌水损失和浪费小，田间水的有效利用率高，一般可达0.9以上。如采用软管由远而近顺畦、沟长方向逐渐减短软管长度浇地(即采用退管浇法)。配合长畦分段灌水等较良好的地面灌水方法，可使灌水定额控制在600m³/hm²左右；灌水均匀度高，比一般的畦、沟和漫灌灌水质量好，节水效果更显著。

(2) 省能。在提水灌区，管灌系统省能是与省水相联系的，据各地经验，一般管灌系统输水和灌水可比上明系统输水和灌水省能约30%。

(3) 省地。据调查，机井灌区田间渠、沟占地面积约2%~3%，抽水灌区渠、沟占地面积约3%~4%。以管网管替代明渠、沟系一般均可省地2%左右，高的可达7%。

(4) 省工。管灌系统比明渠系统省工主要表现在，省去了明渠清淤除草、维修养护用工，同时管道输水快，供水及时，灌水效率高，故可减少田间灌水用工，节约灌水劳力。一般固定式管道灌溉效率可提高 1 倍，用工减少 50%左右。

（5）适应性强。管灌系统设备简单，技术容易掌握，使用灵活方便，可适用于各种地形和不同作物与土壤，不影响农业机械耕作和田间管理，小坡小坎能爬，小弯能拐，沟路林渠能穿；能适应当前农村生产责任制管理体制；能解决零散地块和局部旱地、高地以往灌不上水以及单户农民修渠占地和争水矛盾等问题。管灌系统非常适宜单户或联户农民自行管理模式。

（6）灌水及时，促进作物增产增收。管灌系统因减少水量损失和浪费，不但可扩大灌溉面积或增加灌水次数，同时也可改善田间灌水条件，缩短灌水周期和灌水时间，故有利于适时适量及时灌水，从而有效地满足了作物的需水要求，可提高单位水量的产量和产值，促进作物高产增收。

管灌系统与喷灌系统比较，它无须添置加高压的机泵装置，也无须承压能力很高的管材，因此投资可大为降低，且工程见效快。与滴灌系统比较，管灌系统与滴灌系统所需工作压力大致相同，滴灌比管灌节水效果更好，但滴灌比管灌对水质的要求更严格，需设置专门的过滤器，而且滴头和管道不易堵塞，其管理运用不如管灌简单方便。

2. 渠灌区管灌系统的技术特点

渠灌区专指与井灌区相区别的引水工程灌区、塘坝水库工程灌区和大中型抽水工程灌区而言，渠灌区管灌系统除具有管灌系统一般的技术特点外，与井灌区管灌系统相比较尚有些特殊之处。

渠灌区管灌系统一般控制面积都比较大，小的 35hm^{2}左右，大的可达 335hm^2，因此，其引、取水流量大，输水配水管网级数多，通常可有 3~5 级管道，管径也较大，所以其省水、省地和省工效益更显著；管网输水和田间灌水速度快，从而可大大缩短轮灌周期，完全有可能实现按作物需水要求及时适量地进行灌溉，这对作物获得高产稳产及发展高产优质高效的节水型灌溉农业有很大的促进作用；管灌系统维修养护简单方便，管理费用和灌水成本可大为降低等。但渠灌区管灌系统所需材料和设备较多，建筑物类型也较复杂，因此其单位面积投资相对来说比井灌区要高，规划设计内容比较复杂，施工期较长，而且在用水管理和计划用水上与全渠灌区用水的协调调配和控制存在着一定的困难。

（三）灌区灌溉系统的规划布置

管灌系统规划布置的基本任务是，在勘测和收集并综合分析规划基本资料以及掌握管灌区基本情况和特点的基础上，研究规划发展管灌技术的必要性和可行性，确定规划原则和主要内容。通过技术论证和水力计算，确定管灌工程规模和管灌系统控制范围；选定最佳管灌系统规划布置方案；进行投资预算与效益分析，以彻底改变当地农业生产条件，建设高产稳产、优质高效农田及适应农业现代化的要求为目的。因此，管灌系统规划与其他灌溉系统规划一样，是农田灌溉工程的重要工作，必须予以重视，认真做好。

1. 低压管灌系统布设的基本原则

规划布设低压管灌系统一般应遵循以下基本原则：

（1）低压管灌系统的布设应与水源、道路、林带、供电线路和排水等紧密结合，统筹安排，并尽量充分利用当地已有的水利设施及其他工程设施。

（2）低压管灌系统布设时应综合考虑低压管灌系统各组成部分的设置及其衔接。

（3）在山丘区，大中型自流灌区和抽水灌区内部以及一切有可能利用地形坡度提供自然水头的地方，只要在最末级管道最不利出水口处有 0.3~0.5m 左右的压力水头，应首先考虑布设自压式低压管灌系统。对于地埋暗管，沿管线具有 5/1000 左右的地形坡度，就可满足自压式低压管灌系统输水压力能坡线的要求。

（4）水源如单井、群井、小型抽水灌区等应选用布设全移动式低压管灌系统。群井联用的井灌区和大的抽水灌区及自流灌区宜布设固定式低压管灌系统。

（5）输水管网的布设应力求管线总长度最短，控制面积最大；管线平顺，无过多的弯转和起伏；尽量避免逆坡布置。

（6）田间末级暗管和地面移动软管的布设方向应与作物种植方向或耕作物方向及地形坡度相适应，一般应取平行方向布置。

（7）田间给水栓或出水口的间距应依据现行农村生产管理体制和园田化规划确定，以方便用户管理和实行轮灌。

（8）低压管灌系统布局应有利于管理运用，方便检查和维修，保证输水、配水和灌水的安全可靠。

2. 低压管灌的布设形式

根据水源位置、控制范围、地面坡度、田块形状和作物种植方向等条件，地埋固定管网可布设成树枝状、环状或混合状三种类型。

1）树枝状管网

树枝状管网由干、支或干、支、农管组成，并均呈树枝状布置。其特点是，管线总长度较短，构造简单，投资较低；但管网内的压力不均匀，各条管水量不能互相调剂。

（1）水源位于田块一侧，树枝状管"一""T"形和"L"形。这三种布置形式主要适用于控制面积较小的井灌区。当控制面积较大，地块近似成方形，作物种植方向与灌水方向相同或不相同时可布置成梳齿形或鱼骨形。

（2）水源位于田块中心，常采用"H"字形和长"一"字形树枝状管网布置形式。主要适用于井灌区，水井位于田块中部。

2）环状管网

干、支管均呈环状布置。其突出特点是供水安全可靠，管网内水压力较均匀，各条管道间水量调配灵活，有利于随机用水；但管线总长度较长，投资一般均高于树枝状管网。目前，环状管网在低压管灌系统中应用很少，仅在个别单井灌区试点示范使用。

3. 地面移动管网的布设和使用

地面移动管网一般只有一级或两级，其管材通常使用有移动软管、移动硬管和软管硬管联合运用三种。常见的布设形式及其相应的使用方法有以下三种。

（1）长畦短灌双浇。长畦短灌或称长畦分段灌是将一条长畦分为若干段从而形成没有横向畦埂的短畦，用软管或纵向输水沟自上而下或自下而上分段进行畦灌的灌水方法。其畦长可达 200m 以上，畦宽可宽至 5~10m。

长畦短灌双浇是在长畦短灌的基础上由一个出水口放水双向浇地的方法。其单口控制面积约 0.09~0.18hm²，移动管长 20m 左右。

（2）长畦短灌单浇地面坡度较陡，灌水不宜采用双向控制时，可在长畦短灌基础上采用单向控制浇地。

（3）方畦双浇畦的长宽比约等于1(或0.6~1.0)时可采用方畦双浇。移动管长不宜大于10m，畦长亦不宜大于 10m。

（4）移动闸管是在移动管(软管或硬管)上开孔，孔上设有控制闸门，以调节放水孔的出流量。移动闸管可直接与水泵出水管口相连接，也可与地埋暗管上的给水栓相连接。闸管顺畦长方向放置。闸管长度不宜大于 20m。畦的规格及灌水方法均与移动管网相同。闸管上孔闸的间距视灌水畦、沟的布置而定。

4. 管网布置优化及管径优选

优化管网布置及优化各级管道的管径是管网优化的两个相互联系的部分。对于小型灌区，例如，单井控制面积不大的低压管灌系统，对两部分分别优化和统一优化，其结果差别不大。对控制面积大的渠灌区低压管灌系统应统一进行管网布置优化和管径优选；否则，其优化结果将相差悬殊。

管网优化理论方法基本上有线性规划法、非线性规划法、动态规划法等，以非线性规划法常用，并已有计算机软件可供使用。

（四）低压管灌系统的管材与管件

管材是低压管灌系统的主要组成部分，直接影响管灌系统工程的质量和造价。在低压管灌系统中，作为地埋暗管(固定管道)使用的管材主要有塑料硬管、水泥制品管及当地材料管等；作为地面移动管道的管材有软管和硬管两类。

1. 地埋暗管管材

（1）塑料硬管。具有重量轻、内壁光滑、输水阻力小、耐腐蚀、易搬运和施工安装方便等特点。目前低压管灌系统中使用的国家标准塑料硬管主要有聚氯乙烯管（PVC）、高密度聚乙烯管（HDPE）、低密度聚乙烯管（LDPE）、改性聚丙烯管（PP）等。要求管材外观应内外壁光滑、平整，不允许有气泡、裂隙、显著的波纹、凹陷、杂质、颜色不均以及分解变色等缺陷。

（2）薄壁聚氯乙烯硬管。

（3）聚氯乙烯双壁波纹管。具有内壁光滑、外壁波纹的双层结构特点，其不仅保持了普通塑料硬管的输水性能，而且还具有优异的物理力学性能。特别是在平均壁厚减薄到1.4mm 左右时，仍有较高的扁平刚度和承受外载的能力，是一种较为理想的低压管灌系统管材。

（4）水泥制品管。可以预制，也可以在现场浇注。各种水泥制品管，如素混凝土管、水泥土管等，都造价较低，且可就地取材，利用当地材料容易推广。

（5）石棉水泥管。是用石棉和水泥为主要原料，经制管机卷制而成。其特点是，内壁光滑摩阻系数小，抗腐蚀，使用寿命长，重量轻，易搬移，且机械加工方便，但其质地较脆，不耐碰撞，抗冲击强度不高。其规格主要有用 φ100、φ150、φ200、φ250 和 φ300 等 5种。耐压能有 300kPa、700kPa、900kPa 和 1200kPa 等 5 种。

（6）灰土管是以石灰、黏土为原料，按一定配合比混合，并加水拌匀，经人工或机械夯实成型的管材。石灰质量要求含 CaO 以大于 60% 为优。灰土比各地因灰、土质量而异，一般在(1:5)~(1:9)之间，含水率约 20%，干容重应在 1.60g/cm³ 以上；其在空气中养护一周的抗压强度，即可达 1~1.7MPa。但最好采用湿土养护方法，养护至少两周后再投入运用，以有利于灰土后期强度继续增高，保证运用安全可靠。

2. 地面移动管材

地面移动管材有软管和硬管两类。软管管材主要使用塑料软管(简称薄塑软管)和涂塑布管，硬管管材多用塑料硬管。

（1）塑料软管。主要有低密度聚乙烯软管(LDPE 管)、线型低密度聚乙烯软管(LLDPE 管)、锦纶塑料软管、维纶塑料软管等四种。锦纶、维纶塑料软管，管壁较厚(2~2.2mm)，管径较小(一般在 90mm 以下)，爆破压力较高(一般均在 0.5MPa 以上)，相应造价也较高，低压管灌中不多用。低压管灌中以线型低密度聚乙烯软管(即改性聚乙烯软管)应用较普遍。

（2）NG 涂塑软管。涂塑软管以布管为基础，两面涂聚氯乙烯，并复合薄膜，粘接成管的。其特点是价格低，使用方便，易于修补，质软易弯曲，低温时不发硬，且耐磨损。目前生产的产品规格有 φ25、φ40、φ50、φ65、φ80、φ100、φ150 和 φ200 等 9 种。工作压力一般为 1~300kPa。

3. 管件

管件将管道连接成完整的管路系统。管件包括弯头、三通、四通和堵头等，可用混凝土、塑料、钢、铸铁等材料制成。

（五）低压管灌系统建筑物的布设

在井灌区，若采用移动软管式低压管灌系统，一般只有 1~2 级地面移动软管，无须布设建筑物，只要配备相应的管件即可；若采用半固定式低压管灌系统，也只布设一级地埋暗管，再布设必要数量的给水栓和出水口即可满足输水和灌水要求。而在渠灌区，通常控制面积较大，需布设 2~3 级地埋暗管，故必须设置各种类型的附属建筑物。

1. 渠灌区低压管灌系统的引取水枢纽布设

渠灌区的低压管灌系统大都从支、斗渠或农渠上引水。其渠、管的连接方式和各种设施的布置均取决于地形条件和水流特性(如水头、流量、含沙量等)以及水质情况。通常管道与明渠的连接均需设置进水闸门，其后应布设沉淀池，闸门进口尚需安装拦污栅，并应在适当位置处设置量水设备。

2. 渠灌区管灌系统的分、配水，控制和泄水建筑物的布设

在各级地埋暗管首、尾和为控制管道内水压、流量处均应布设闸板门或闸阀，以利分水、配水、泄水及控制调节管道内的水压或流量。采用自来水管网中的闸阀，造价过高，连接安装麻烦。最好采用闸板形式，起闭灵活方便，造价低，装配容易。

3. 量测建筑物的布设

低压管灌系统中，通常都采用压力表量测管道内的水压。压力表的量程不宜>0.4MPa，精度一般可选用 1.0 级。压力表应安装在各级管道首部进水口后为宜。在井灌区，低压管灌系统流量不大，可选用旋翼式自来水表，但其口径不宜大于 φ50，否则造价过高，会影

响投资。在渠灌区，各级管道流量较大，若仍采用自来水表，既造价高，又会因渠水含沙量大，还含有其他杂质，而使水表失效。采用闸板式圆缺孔板量水装置或配合分流式量水计，则量水精度更精确，其测流误差≤3%，价格低，加工安装简易，使用维护均很方便。

4. 给水装置的布设

给水装置是低压管灌系统由地埋暗管向田间灌水、供水的主要装置，可分为两类：①直接向土渠供水的装置，称出水口；②接下一级软管或闸管的装置，称给水栓。一般每个出水口或给水栓控制的面积为 0.7hm² 左右，压力不小于 3kPa，间距大致为 30~60m。

出水口和给水栓的结构类型很多，选用时应因地制宜，依据其技术性能、造价和在田间工作的适应性，并结合当地的经济条件和加工能力等，综合考虑确定。一般要求：①结构简单，坚固耐用；②密封性能好，关闭时不渗水，不漏水；③水力性能好，局部水头损失小；④整体性能好，开关方便，容易装卸；⑤功能多，除供水外，尽可能具有进排气、消除水锤、真空等功能，以保证管路安全运行；⑥造价低。

根据止水原理，出水口和给水栓可分为外力止水式、内水压式和栓塞止水式等三大类型。目前我国低压管灌系统中主要采用的出水口与给水栓类型有：螺杆压盖型给水栓、销杆压盖型给水栓、弹簧销杆压盖型给水栓、浮球阀型给水栓、浮塞型给水栓等。

5. 管道安全装置的布设

为防止管道因气。排气不及时或操作运用不当，以及井灌区泵不按规程操作或突然停电等原因而发生事故，甚至使管道破裂，必须在管道上设置安全保护装置。目前在低压管灌系统中使用的安全保护装置主要有：球阀型进排气装置、平板型进排气进置、单流门直排气阀和安全阀四种。它们一般应装设在管道首部或管线较高处。

第六节　渠道防渗工程技术

一、渠道防渗的作用与措施分类

（一）渠道防渗的作用

渠道中水大量渗漏损失，不仅浪费灌溉水，减少可能灌溉的面积，降低灌溉工程效益，增加灌溉成本，而且还会抬高地下水位，促使灌区土壤次生盐碱化，造成渠床变形，渠堤决口，危及道路、农田和村镇的安全。因此，渠道防渗是灌区发挥水资源潜力，实行节约用水，建立高产稳产基本农田，提高经济效果的重要而有效的技术措施。渠道防渗主要有以下几方面的作用：

1. 节水潜力大

没有衬砌的土渠，渗漏损失量很大，一般占总灌溉引水量的一半。渗漏严重的地区，损失更大。例如，甘肃省河西走廊一些渠道，防渗前渗漏损失约占总引水量的 60%~70%。陕西省泾、洛、渭三大灌区在干渠上实测，未防渗前每公里渗漏损失一般均为 0.4%~0.5%。每年渗漏损失相当于一个大型水库的水量。陕西省宝鸡峡塬边干渠渗漏损失达

$19m^3/s$，相当于一个 3 万多 hm^2 灌区的干渠引水流量。河北省大型灌区，一般都有 55% 的水在各级渠道上渗漏损失掉了。因此，进行渠道防渗能充分发挥水资源的效益，挖掘灌区已有水源的节水潜力，并可扩大灌溉面积。对于机电提水灌区和井灌区，渠道防渗更能节约大量电力或燃料的消耗，降低灌溉成本。

2. 可以提高输水能力

渠道防渗后，渠床糙率显著降低，渠中流速加大，因而输水能力明显提高，一般防渗后的渠道都比防渗前提高输水能力 30% 以上。同时，渠道断面和建筑物尺寸相对可以缩小，减少了工程量，节约了投资，还提高了渠道的防冲能力，减少了渠道淤积。

3. 可以降低地下水位，有利于改良盐碱地

渠道长期大量渗漏，会引起灌区地下水位上升。例如，陕西省宝鸡峡塬上灌区，自 1971 年开灌以来，地下水位逐年上升，平均每年上升 0.97m。尤以源间洼地上升较快，年上升 1.2~1.8m，个别达 3m 之多，致使局部地区地面出现明水，明水面积逐年增加。1982 年 5 月明水面积已达 $268hm^2$，现已达 $913hm^2$。内蒙古河套灌区，水浇地灌成了盐碱地，面积也在逐年增加。而渠道防渗后，则可使灌区地下水位，特别是沿渠两侧的地下水位显著降低，有利于改良盐碱地和沼泽地。

4. 有利于渠道的安全运用

防渗后，可以提高渠床的稳定性，防止渠道滑坡和塌陷变形，以致溃决等事故发生。防渗还可以防止渠床长草，减少冲刷和淤积，因而可以减少大量的防险、清淤、除草等养护、维修的工作量。

（二）渠道防渗措施类别

渠道防渗措施包括管理措施和工程措施两大方面。

渠道防渗的管理措施主要是，加强灌溉管理，实行计划用水，合理调配水量，组织安排轮灌；改建、改善不合理的渠系布置，使各级渠道及建筑物配套齐全，搞好田间工程配套；加强渠道和建筑物的养护、维修等。我国北方灌区自 20 世纪 50 年代以来，不断试验研究和推广应用这些管理措施，取得了显著的节水效果。

北方灌区多年来还卓有成效地试验研究和推广应用了许多种渠道防渗工程措施，采用了砌石、混凝土、沥青、塑料薄膜等防渗材料；研究和推广应用了 U 形渠道防渗结构形式，也取得了很好的节水效果。渠道防渗工程措施是防止渠道渗漏的最根本的技术措施和非常有效的技术措施。

渠道防渗工程措施的种类很多，但就其防渗特点而言，可以分为三大类：①在渠床上加做防渗层(衬砌护面)；②改变渠床土壤的渗漏性能；③新的防渗渠槽结构形式。选用渠道防渗工程措施时，应在保证一定防渗效果和维持一定使用年限的前提下，根据渠道大小、水源水量和经济条件，因地制宜，就地取材，合理确定，并应满足施工简易，造价低廉，便于管理，养护、维修费用低等条件。

一般采用夯压密实渠床土壤和挂淤等改变渠床土壤透水性的物理机械防渗措施，技术简单，不需要建筑材料，且造价较低，多用于小型渠道上。但它的使用年限过短，防渗效果不够理想。近年来北方灌区已很少采用这类防渗措施。采用衬砌护面，防渗效果较好，使用年限也长，是北方现阶段采用的主要防渗措施。在各种衬砌护面工程中，以混凝土护面防渗效果最好，使用年限最长，而且坚固，糙率小，输水能力大，抗冲力强，便于管理，是目前我国北方灌区应用最广的防渗措施。新疆、甘肃等省、区的卵石丰富，多用卵石护砌；石料多的地方，则采用块石或者条石砌护。北方有冰冻威胁的地区，土壤冻胀往往容易破坏刚性防渗材料。近年来研究采用塑料薄膜衬铺防渗，防渗效果好且很少受冻胀破坏。目前东北、西北正大力推广应用，但要特别注意塑料薄膜的衬垫和铺设技术。

（三）渠道防渗工程措施的选择

渠道防渗工程措施的种类很多，各地应根据具体条件因地制宜选择。选择时应注意以下主要原则：①防渗效果好，有一定的耐久性；②因地制宜，就地取材，施工简易，造价低廉；③能提高渠道的输水能力及抗冲能力，以及减小渠道断面尺寸；④便于管理、养护、维修费用低。

我国幅员辽阔，各地气候、土质、材料、劳力、水源等条件不尽相同，要以当地材料和行之有效的方法为主。特别是南北方之间气候差异很大，防渗措施往往不同，或是同样的措施，具体构造也不同。例如，因受冰冻影响，二合土、三合土衬砌在长江以北一般不宜采用；混凝土衬砌，北方要比南方厚些等等。灰土(二合土、三合土)护衬用于附近产石灰处，而且一般只适用于中、小渠道上。沥青防渗效果很好，老化问题不严重，随着我国石油工业的飞速发展，沥青产量必将逐年增加，用沥青材料防渗有很广泛的发展前途。

对于较大渠道，则应对其可能采用的几种防渗工程措施，通过小范围试验，取得经验和资料，然后再进行推广。必要时可进行经济比较，以供选择时参考。

二、渠道防渗工程措施

（一）土料类护面防渗

土料类护面防渗是指用压实素土、黏砂混合土、灰土、三合土、四合土等土料进行渠槽护面防渗而言。通常利用土料类护面防渗能就地取材，造价低，施工简便。土料类护面防渗效果(允许最大渗漏量)为 $0.07 \sim 0.17 m^3/(m^2 \cdot d)$，使用年限为 5~25 年。

对土料类护面防渗的一般技术要求主要有以下几点：①土料类护面防渗层的渗透系数应不大于 $1 \times 10^{-6} cm/s$。②素土和黏砂混合土在水中不应发生崩解现象，否则，应改换素土和调整粘砂混合土的配合比。③灰土的配合比一般可采用石灰和土的比例为(1:3)~(1:9)；三合土的配合比一般采用石灰与土砂总重的比例为(1:4)~(1:9)。其中，土重为土砂总重的 30%~60%；四合土可在三合土配合比的基础上加入 25%~35%的卵石或碎石；粘砂混合土中，高液限黏质土与砂石重之比应为 1:1。④最佳含水量，灰土采用 20%~30%；三合土、四合土可采用 15%~20%；素土、黏砂混合土应控制在塑限±4%以内。⑤混合土应拦合均匀，边铺料边夯实，达设计干容重为止。一般要求素土或黏砂混合土夯压后的干容重在 1.5~1.7t/m³；防渗层厚度，对于一般小型渠道为 15cm 左右，大型渠道常用 25~40cm。对于灰土、三合土、四合土等防渗层，一般要求压实后干容重在 1.65t/m³ 左右，防渗层厚度约 20~40cm。渠坡或侧墙防渗层厚度一般应比渠底防渗层厚度稍大。

为增强土料类护面防渗层的表面强度，可采取下列措施处理：①根据渠道流量的大小，分别采用(1∶4)~(1∶5)水泥砂浆，或 1∶3∶8 水泥石灰砂浆，或 1∶1 的贝(贝壳灰)灰(石灰)砂浆抹面，抹面厚度一般为 0.5~1.0cm；②在灰土、三合土或四合土防渗层表面，涂刷一层(1∶10)~(1∶15)硫酸亚铁溶液保护层。

(二) 水泥土护面防渗

水泥土是一种性能较好而且比较价廉的新型地方性建筑材料。它主要由土料、水泥和水等原料按一定比例配合拌匀后，在渠槽表面铺衬，并经过压实和养护之后而形成的防渗护面。水泥土护面防渗具有一定的强度和耐久性，可就地取材，施工也较容易，造价较低，但抗冻性较差。适用于气候温暖、且渠道附近有壤土和砂质壤土的地区，其防渗效果(即允许最大渗漏水量)为 0.06~0.17$m^3/(m^2 \cdot d)$，使用年限为 8~30 年。水泥土衬砌渠道防渗一般有压实干硬性水泥土护面防渗和浇筑塑性水泥土护面防渗两种方法。所谓干硬性水泥土，是指按最优含水量配制的压实水泥土，它适用于现场铺筑或预制块铺砌的防渗护面工程，我国多用制块机制成水泥土块，其抗冻性能较好，适用于北方寒冷地区。塑性水泥土，是指一种施工时稠度与建筑砂浆类似的由土、水泥和水拌和而成的混合物，适用于现场浇捣的南方地区渠道防渗护面。

水泥土衬砌防渗的一般技术要求如下：①水泥土所用的土料应风干、粉碎，并经 5mm 径的筛孔过筛。土料中的黏粒含量宜为 8%~12%；砂浆含量为 50%~80%；砾石及风化石的最大粒径应不大于 5mm 或衬砌厚度的 1/2。一般水工混凝土使用的水泥均可拌制水泥土。②水泥土的抗冻标号不宜低于 D_{12}；干硬性水泥土 28 天的抗压强度不低于 4.5MPa。塑性水泥土 28 天的抗压强度应不低于 3.5MPa；水泥用量为 8%~12%；最小干容重应满足要求；当土粒为细粒土时，干硬性水泥土的含水量宜为 12%~16%，塑性细粒水泥土的含水量宜为 25%~35%，塑性微细粒土沙和页岩风化料的含水率为 20%~30%；③水泥土的渗透系数应小于 $1×10^{-6}$cm/s。

水泥土防渗层护面的厚度，一般采用 8~10cm。小型渠道的水泥土防渗护面厚度应不小于 5cm。大型渠道宜用塑性水泥土浇筑，其防渗层表面宜用水泥砂浆或混凝土预制板、石板等材料作保护层，此时防渗层厚度可适当减小 4~6cm。其水泥土中的水泥用量也可适当地减少，但水泥土 28d 的抗压强度不得低于 1.5MPa。

水泥土防渗层渠道护面不可在霜冻及多雨期间进行。水泥土的配料应准确，无论是人工拌和，还是机械拌和，都要求拌制均匀；铺筑时应摊铺平整，铺筑次序应先铺渠底，再拍压和浇捣密实，特别是在渠边坡与渠底交界处，更应注意夯压密实；然后再抹平养护。铺筑应连续进行，每次拌和料从加水到铺筑结束应在 2h 内完成，铺筑完 12h 后即可拆模。设有保护层的塑性水泥土，其保护层应在塑性水泥土初凝前铺设结束。

应当指出，水泥土中的水泥掺加量一般为 8%~15%(质量比)。水泥的掺加量越多，水泥固结能力越强，其强度也越高，这不仅可提高渠道防渗能力，还可满足渠道抗冲、耐磨等的要求；但水泥掺加量若超过 20%，就很不经济，而且也没有必要。从施工工艺看，水泥土施工工艺与混凝土类似，但混凝土的质量控制施工工艺要求高。此外，水泥土本身强度较低，施工时含水量和压实状况不易掌握，故防渗层护面施工质量很难得到保证；另外，水泥土衬砌施工还易受气候变化的影响，往往砌体表面常会出现剥蚀或冻胀隆起等现象。

（三）砌石护面防渗

砌石护面防渗是指用料石、块石、卵石、石板等进行浆砌，或用卵石进行干砌挂淤等作为渠道护面而进行防渗的技术。石料衬砌渠道抗冻、抗冲、抗磨及抗腐蚀性能好，施工简易，耐久性强，能适应渠道流速大，推移质多，气候严寒等特点；但是，一般防渗能力较难保证，需劳力多。砌石防渗适用于石料资源丰富，能就地取材的地区，以及有抗冻和抗冲要求的渠道。

砌石防渗一般均可减少渠道渗漏量 70% ~ 80%。浆砌石防渗效果大致为 0.09 ~ 0.25m³/(m²·d)，干砌卵石挂淤的防渗效果为 0.20 ~ 0.40m³/(m²·d)，比浆砌石防渗效果差一些，使用年限约为 25 ~ 40 年。但是，一般砌石防渗的效果都不如混凝土、塑料薄膜、油毡等的防渗效果，是因为砌石防渗缝隙较多，砌筑、勾缝不易保证质量所致。一般防渗效果，浆砌块石好于干砌石，条石好于块石，块石优于卵石。石料衬砌渠道对固定渠床，减小糙率有显著作用，一般干砌块石糙率为 0.0225 ~ 0.030，浆砌块石的糙率为 0.0225 ~ 0.0275。

砌石护面防渗依结构形式可分为护面式和挡土墙式两类；依材料和砌筑方法可分为浆砌料石、浆砌块石、浆砌石板、浆砌卵石和干砌卵石挂淤等多种形式。对于浆砌料石、浆砌块石挡土墙式防渗层的厚度应根据实际需要确定，多用于容易滑塌的旁山渠道。对于护面式防渗层厚度，浆砌料石采用 15 ~ 25cm；浆砌块石采用 20 ~ 30cm；浆砌石板不宜小于 3cm。浆砌卵石护面或干砌卵石护面的防渗层厚度，应根据使用要求和当地石料资源情况确定，一般采用 15 ~ 30cm。

砌筑防渗石料的选用：对于料石，应选用外形方正，表面凸凹不宜大于 10cm；对于块石，应选用上下面大致平整，无尖角薄边，其块重不宜小于 20kg；石板应选用表面平整、厚度不小于 3cm 的矩形石；卵石宜选用长径不小于 20cm 的卵石。常用的砌筑胶结材料主要是水泥砂浆、水泥石灰砂浆和细粒混凝土等。水泥砂浆的标号，在温暖地区采用 C_5 ~ C_{10}，寒冷地区采用 C_{10} ~ C_{15}，水泥石灰砂浆多用于温暖地区，其标号一般采用 C_5。细料混凝土的标号，一般地区选用 $C_{7.5}$ ~ C_{10}，寒冷地区采用 C_{10} ~ C_{15}。勾缝水泥砂浆常用的标号应比浆砌的水泥砂浆标号高一个等级。砌石防渗一般都可以不设伸缩缝。

为了提高砌石护面的防渗效果以及防止渠床基土被淘刷，可采用下述方法。①对于干砌卵石挂淤渠道，可在砌石体下面设置砂砾石垫层，或铺设土工织物；②对于浆砌石板渠道，可在石板防渗层下铺设厚度为 2 ~ 3cm 的砂料或低标号砂浆作垫层；③对于防渗要求高的大、中型渠道，可在砌石防渗层下加铺黏土、三合土、塑性水泥土或塑料薄膜层。

石料衬砌渠道的结构形式有多种，国内常见的断面形式有梯形断面、矩形断面和 U 形断面，以及箱形断面和城门洞形断面的暗渠等。

梯形断面石料衬砌渠槽，适用于渠道边坡稳定的地区，其衬砌厚度根据石料资源情况和加工条件等确定。对于有抗冻防冲要求的渠道，为提高抗冻胀能力，可将梯形断面的平面渠底改为弧形渠底，其弧半径应等于或小于渠内正常水深。

矩形断面石料衬砌渠槽，适用于填方渠道或半填半挖的傍山渠道，其特点是占地少，整体性好，能适应土的不均匀冻胀。矩形衬砌渠槽根据修筑地形条件，可以砌成两侧重力墙式，或只有一侧为重力墙，或一侧为重力墙，另一侧为岩壁等形式。砌石重力墙的厚度应由稳定计算确定。

　　U 形断面石料衬砌渠槽，适用于土地利用率较高，过水断面较小的土质渠床地区，其特点是整体性强，水力条件好，水流流速高，有一定抗冻胀能力，比梯形断面节省工程量，占地少，多用于流量不大的斗渠以下各级渠道的衬砌，但要求渠床土质较好，边坡能自身稳定的条件。

　　暗渠适用于土地利用率高，地形与地质条件较复杂的地区，或渠道需穿过村、镇道路以及其他建筑物时。其特点是不占用耕地，整体性较强，抗冻性能好，但造价较高。石料防渗层的砌筑方法对渠道的坚固性和防渗性能有很大的影响，砌筑时除遵守砌石施工规程外，应特别注意下述事项。

　　对于浆砌石防渗护面的砌筑顺序应注意：①对梯形渠槽，应先砌渠底后砌渠坡；砌渠坡时，从坡脚开始，自下而上逐排分层砌筑；②对于 U 形渠槽和弧形渠槽，应从渠中线开始向两边对称砌筑，这样砌筑的优点是渠底与渠坡结合紧密，渠底密实，而且也方便施工；③对于矩形渠槽可先砌两边侧墙，而后砌筑渠底。

　　浆砌石防渗护面的砌筑方法：对于浆砌块石，大多采用坐浆法砌筑，即先将块石干摆试放，坐浆花砌，错缝交接分层砌筑；坐浆应饱满，每层铺浆厚度 3～5cm，块石缝宽超过 5cm 时，应填塞小碎石。砌筑较大较规整的块石时应砌在渠底和渠坡下部。对于浆砌料石和砌石板多采用灌浆法，在渠底部位应横向砌筑（即料石或石板的长边应垂直水流方向砌筑），在渠槽边坡部位应纵向砌筑（即料石或石板的长边应平行水流方向砌筑），同样也需干摆试放，错缝交接砌筑，并最后进行勾缝，其缝宽一般为 1～3cm，并要求砌缝平整密实。对于浆砌卵石，可以采用灌浆法砌筑，也可采用坐浆法砌筑。灌浆法是，先将卵石干砌好，其相邻两排卵石应错开接茬，卵石摆放应大头朝下，挤紧靠实，较大的卵石应干砌于渠底和渠坡下部。然后再向缝中灌注细粒混凝土或砂浆，并用铁钎逐缝捣实，再用原细料混凝土或砂浆勾缝。坐浆法是，先铺浆厚度 3～5cm，然后再摆放卵石，挤浆砌筑，并灌缝（一般缝宽约 1～2cm），最后再用原细粒混凝土或砂浆勾缝。

　　若矩形渠槽两侧挡土墙采用浆砌块石，应先砌面石，后砌腹石，同时面石与腹石也应交错连接进行砌筑，浆砌石料渠槽护面通常要求在砌筑砂浆初凝前必须及时进行勾缝，并应同时自上而下用水泥砂浆充填、压实、抹光。浆砌料石、块石和石板可勾成平缝，浆砌卵石则可勾成凹缝，缝面约低于砌筑卵石面 1～3cm。砌石勾平缝和凹缝有利于水流行进，阻力小，可使渠道糙率小一些；在渠槽内砌石勾缝最好不要采用凸形勾缝。一般勾缝所用水泥砂浆标号应高于砌筑石料水泥砂浆标号。

　　干砌卵石防渗护面一般采用梯形断面渠槽，其梯形渠槽边坡系数为 1～2，最大允许流速与卵石粒径大小有关。干砌卵石防渗护面的砌筑方法：①砌筑顺序通常都是先砌渠底后砌渠坡。对于梯形渠槽，应从坡脚一侧向另一侧砌筑；对于弧形渠槽，则应从渠底中线开始向两侧砌筑。对于渠坡应自下而上逐排砌筑；②砌筑垫层。若干砌卵石渠槽坐落在砂砾石渠床上，当流速小于 3.5m/s 时，可不设置垫层。当流速超过 3.5m/s 时，需铺设 15cm 厚度的砂卵石垫层。若垫层采用膜料，则应将过渡层土料铺设在膜料上，并边铺膜、边压土、边砌石。在黏土、黄土和沙土等渠床上干砌卵石渠槽，垫层可为双层，总厚度应大于 25cm。③砌筑方法。干砌卵石时，应将卵石长径垂直于渠坡和渠底立砌，较宽的卵石侧面应垂直于水流方向，不得前俯后仰，左右倾斜，每排卵石应厚薄相近，大头朝下，小头朝上，砌紧，砌平，并应错缝、卡缝，尽量靠挤密实。渠底两边和渠坡脚的第一排卵石，应比其他部位干砌卵石大 $10 \sim 15cm$。卵石砌筑后，其中间空隙要用小碎石填满；卵石间缝隙可用小碎石填缝至缝深的一半，然后再用片状石块卡缝，最后再用较大的卵石水平砌筑封顶石。我国西北地区砌筑卵石防渗护面渠槽经验丰富，并总结出"横成排，斜成行，三角缝，六面靠，踢不动，拔不掉"的砌筑成功经验。

（四）膜料防渗渠道护面衬砌

膜料防渗渠道护面主要采用塑料薄膜和沥青玻璃毡等材料衬砌。以下仅介绍有关塑料薄膜衬砌渠道防渗护面的基本内容，采用沥青玻璃布油毡衬砌渠道防渗基本同于塑料薄膜防渗。

目前我国用于渠道防渗的塑料薄膜材料主要是，增塑聚氯乙烯(PVC)、聚乙烯(PE)和线型低密度聚乙烯(LLDPE)薄膜。聚氯乙烯薄膜的优点是抗穿透能力比聚乙烯薄膜大，缺点是稳定性差，遇冷变脆，在 $-15℃$ 以下老化快。聚乙烯的优点是质地柔软，不易老化，耐低温、抗冻性好，密度小，材料用量省，但抵抗芦苇、杂草的穿透能力比聚氯乙烯小。线型低密度聚乙烯的拉伸强度，断裂伸长率及抗穿刺能力都大大优于聚乙烯，同时又具有原聚乙烯的柔性和耐低温的优点。因此，作为薄膜防渗材料应尽量采用线型低密度聚乙烯薄膜。采用塑料薄膜衬砌渠槽防渗，其防渗能力强，质轻，运输便利，有较高的抗冻性和抗热性，并具有良好的柔性和延伸性，施工技术简单，群众容易掌握。若用土保护层，造价较低，一般仅为混凝土防渗渠道的 $1/3 \sim 1/4$，但占地多，允许流速小，适用于中、小型低流速渠道防渗；若用刚性保护层，造价较高，可用于大、中型渠道防渗。采用塑料薄膜衬砌渠槽防渗，可减少渗漏量 $80\% \sim 90\%$，防渗效果为 $0.04 \sim 0.08 m^3/(m^2 \cdot d)$，使用年限约为 $20 \sim 30$ 年，其渠道糙率为 $0.02 \sim 0.025$。

采用塑料薄膜铺衬防渗，其铺衬方式有表面式和埋铺式两种。表面式铺衬是将塑料薄膜铺在渠床表面；埋铺式是在铺好的塑料薄膜上再置放一保护层。埋铺式与表面式相比较，它要增加渠槽挖填土方量，其渠床糙率虽相同，但避免了阳光、大气的直接作用和机械破坏，减缓了塑料薄膜的老化程度，延长了塑料薄膜的使用寿命，所以国内塑料薄膜防渗渠道都采用埋铺式。

埋铺式塑料薄膜防渗结构一般由膜料防渗层、过渡层和保护层三部分组成。渠床为土基或用素土、灰土、水泥土作为保护层时，可以不设过渡层，渠床为岩石、砂砾石渠基或用石料、砂砾石、混凝土保护层时，为了保证塑料薄膜在施工中不被破坏，需在渠床基槽与塑料薄膜之间以及塑料薄膜与保护层之间，也就是在塑料薄膜的下面和上面铺设过渡层。

一般塑料薄膜应选用深色，厚度为 $0.18 \sim 0.22mm$；渠槽基地质条件较差时，应选用厚度 $0.60 \sim 0.65mm$ 的塑料薄膜，并最好选用线型低密度聚乙烯薄膜。

作为过渡层材料的种类很多，各地使用表明，灰土、水泥土和水泥砂浆都具有一定的强度和整体性，造价较低，适用范围广，效果好。所以，在寒冷地区宜采用水泥砂浆过渡层，在温暖地区则可选用灰土或水泥土过渡层。过渡层厚度一般为 $2 \sim 3cm$。用素土或砂料作过渡层时，应注意防止淘刷，其厚度为 $3 \sim 5cm$。

保护层材料，应根据当地材料来源和渠道流速的大小合理选用。保护层一般可分为土料保护层和刚性材料保护层两类。

土料保护层厚度应依防渗渠槽保护的部位确定。一般要求在渠床部位的土料保护层厚度为 30~50cm，渠坡部位为 40~60cm，但总厚度应不小于 30cm。在寒冷冻深较大的地区，常采用冻深的 1/3~1/2 作为土料保护层的厚度。土料保护层厚度还应根据渠道流量的大小和保护层土质情况确定。

水泥土、石料、砂砾料和素混凝土等作刚性保护层的厚度，可依《渠道防渗衬砌工程技术标准》(GB/T 50600—2020) 选用，并可在渠底、渠坡或不同渠段，采用具有不同抗冲能力的不同材料组合式保护层。

塑料薄膜防渗渠道的边坡取决于土质、设计流量及施工条件等，一般比常规渠道边坡要低一级选用，并应考虑水深影响，宜采用宽浅式渠道断面。

塑料薄膜铺衬防渗渠道的基槽断面一般有梯形、台阶形和锯齿形等多种形式，梯形基槽断面的边坡一般为 (1：0.5)~(1：1)，适用于小型渠道。锯齿形基槽断面的边坡为 (1：1)~(1：2)，适用于大型渠道。

塑料薄膜铺衬方法，对于土质渠道，应首先验收合格渠道铺膜基槽，然后将根据渠道断面大小采用热接法或粘接法连接的大幅塑料薄膜，自渠槽下游向上游，由渠槽的一岸向另一岸铺设。铺设塑料薄膜时应留有小折皱并平贴于渠基；检查并粘补好已铺设的塑料薄膜的破孔后，再采用压实法或浸水泡实法填筑保护层。采用压实法施工，对于土料保护层为砂质壤土和壤土，其保护层干容重应不低于 1.50t/m³；砂质壤土、轻壤土和中壤土保护层宜采用浸水泡实法施工，其保护层干容重应为 1.40~1.45t/m³，若渠道为岩石、砂砾石渠基，应先平整基面，再铺过渡层，然后铺设塑料薄膜层，并在其上再铺一层过渡层，最后再铺设水泥土、石料、砂砾料或素混凝土等刚性材料保护层。

塑料薄膜在渠槽基面上铺设的高度应与渠道加大水位齐平，顶部与渠堤相接，并伸入渠堤内 50cm；若与其他防渗材料衔接，塑料薄膜也需伸入 50cm。塑料薄膜间的接缝可以搭接、粘接或焊接，长度为 15~20cm。

防渗塑料薄膜与建筑物的连接，可采用黏结剂粘牢，土料保护层与建筑物连接的部位，应改用石料、水泥土或素混凝土保护层，并应设置伸缩缝。伸缩缝的规格参见混凝土衬砌防渗。

（五）混凝土衬砌渠道防渗

混凝土衬砌渠道，防渗性能好，每昼夜渗水量仅为 0.03m³/m²，即防渗效果为 0.04~0.14m³/(m²·d)，减少渗漏水量可达 80%~95%，使用年限为 30~50 年，糙率小，抗冲性能好，能耐高流速，可达 4~6m/s。在地形坡度较陡的地区可节省连接建筑物，缩小渠道断面，减少土方工程量和占地面积，强度高，耐久性强，便于管理；对各种地形、气候和运行条件的大、中、小型渠道都能适用。所以，在我国渠道防渗中采用最普遍。

混凝土衬砌渠道要求混凝土的设计标号应不低于相关规定标准。当渠道流速大于 3m/s，或水流挟带较多推移质泥沙时，混凝土强度应不低于 15MPa。大、中型渠道防渗衬砌混凝土的配合比，应进行试验确定，要求必须满足强度、抗渗、抗冻及和易性的设计要求。小型渠道防渗衬砌混凝土的配合比可参照当地类似工程选用，一般混凝土常用标号为 100#~150#；在有冻害的地区，混凝土抗冻标准采用标准试件在 28 天龄期内经过冻融 25 次或 50 次后，其抗压强减少值不得超过 25%(即抗冻标号为 $M_{25}~M_{50}$)。混凝土的水灰比，在一般严寒地区应不大于 0.6，寒冷地区应不大于 0.65，温暖地区应不大于 0.7。

混凝土衬砌防渗层的结构形式，一般采用等厚板。当渠基有较大变形时，除采取必要的地基基础处理措施外，对大中型渠道主要采用楔形板、肋梁板、中部加厚板和∏形板结构形式，小型渠道宜采用 U 形渠槽或短形渠槽。

等厚板适用于没有特殊地质问题的一般地基上，由于它施工简单，容易控制，所以应用较普遍。当渠道流速小于 3m/s 时，梯形渠道混凝土等厚板的最小厚度应符合规定；渠道流速为 3~4m/s 时，等厚板的最小厚度为 10cm；渠道流速为 4~5m/s 时，最小厚度宜为 12cm。水流中含有砾石类推移质时，为防止冲刷破坏，渠底板的最小厚度应不小于 12cm，渠道超高部分的混凝土衬砌厚度可适当减小，但不得小于 4cm。

楔形板、肋梁板、中部加厚板和∏形板，均是为抗冻破坏而改进的混凝土防渗结构形式。楔形板为一下厚上薄的不等厚板，在坡脚处的厚度，比中部应增加 2~4cm。中部加厚板加厚部位的厚度为 10~14cm。肋梁板和∏形板的厚度，比等厚板的厚度可适当减小，但应不小于 4cm，肋高宜为板厚的 2~3 倍。

混凝土衬砌方式有现场浇注、预制装配及喷射衬砌三种。现场浇注混凝土，砌缝少，造价低。预制装配受气候影响很小，混凝土质量容易保证；若在已建成的渠道上衬砌装配，可以减少行水与施工的矛盾，但运输麻烦，接缝多，安装质量不易得到控制。渠槽地基基础地质条件较好，有条件的地区可采用喷射混凝土衬砌防渗方式。衬砌方式的实际采用应依据材料、水源和工期等条件确定。若沿渠道无水源，工期紧张，则以采用装配式衬砌为好；反之，则以采用现场浇筑为主。现场浇注混凝土，可采用活动模板、分块跳仓法施工，也可采用滑模振捣器施工。现场浇注混凝土完毕，应及时收面，达到混凝土表面密实、平整、光滑以及无石子外露，然后覆盖养护。对于混凝土预制板或槽形板，应在其强度达到设计强度的 70% 以上时才能运输，安砌应平整、稳固；砌筑缝要用水泥砂浆填筑并勾缝，缝内砂浆要填满、捣实、压平、抹光，并注意养护。

混凝土等刚性材料衬砌必须设置伸缩缝，以适应温度影响和沉陷影响。混凝土衬砌渠槽纵向缝一般设在边坡与渠道相接处，当渠底超过 6~8m 时，可在渠底中部设纵向缝。渠道边坡一般不设纵向缝或腰缝，但渠道较深边坡较大时，可适当分成 2~3 块错缝砌筑。横向缝的间距与其基础、气候条件、混凝土标号、衬砌厚度等因素有关，一般不超过 5m。

伸缩缝的形式一般有矩形缝、梯形缝、半缝等多种形式。止水要求严格时可采用塑料止水带。伸缩缝是影响混凝土衬砌渠道防渗效果的关键，也是造成衬砌冻胀裂缝的重要原因。因此，对伸缩缝的填料止水要求非常高，应选择黏结力强，变形性能大，耐老化性能好的材料，如用焦油塑料胶泥和沥青水泥砂浆填筑，或用塑料止水带和水泥木屑砂浆处理。一般伸缩缝下部采用焦油塑料胶泥填塞，上部用沥青水泥砂浆封顶。焦油塑料胶泥耐热度可达 90℃；0℃ 时与混凝土的黏结力可大于 1MPa；12.5~17.0℃ 时，延伸变形率大于 190.7%；22℃ 以下的延伸变形值可达 99mm，而且耐老化，价格也不高，但对人畜有一定危害作用。沥青水泥砂浆虽然黏结力不如焦油塑料胶泥，但对人畜无危害，故可用于伸缩缝上部封盖。沥青水泥砂浆的配合比(质量比)为 1:1:4。

（六）沥青混凝土防渗

沥青混凝土防渗能力强，适应变形能力较好，造价与混凝土相近。一般适用于冻胀性土基，且附近有沥青料源的渠道。其防渗效果好，为 $0.04 \sim 0.14 \mathrm{m}^3 (\mathrm{m}^2 \cdot \mathrm{d})$，使用年限 20～30 年。

沥青混凝土防渗结构分有整平胶结层和无整平胶结层两种形式。无整平胶结层的结构多用于土质地基，有整平胶结层的结构多用于岩石地基。另外，为提高防渗效果，防止老化，延长使用年限，通常在防渗层表面涂刷沥青玛蹄脂封闭层。

沥青混凝土防渗层的孔隙率不得大于 4%，渗透系数不大于 $1 \times 10^{-7} \mathrm{cm/s}$，斜坡流淌值小于 0.8cm，水稳定系数大于 0.9，在低温下不开裂。整平胶结层的渗透系数不小于 1×10^{-3} cm/s，热稳定系数小于 4.5。沥青玛蹄脂在高温下不流淌，在低温下不脆裂，具有较好的热稳定性和变形性能。

沥青混凝土防渗层一般为等厚断面，其厚度为 5～6cm，大型渠道采用厚度 8～10cm，冻胀性土基，渠坡防渗层也可采用楔形断面，坡顶厚度一般为 5～6cm，坡底厚度为 8～10cm。

预制安装法施工时，厚度一般为 5～8cm，预制板边长不宜大于 1m。沥青混凝土整平胶结层的厚度，应按能填平岩石基面的原则确定。沥青玛蹄脂封闭层的厚度，一般为 2～3m。

沥青混凝土配合比，应根据防渗层或整平胶结层的技术要求，经过室内试验和现场试铺筑确定。一般沥青含量，防渗层为 6%～9%，整平胶结层为 4%～6%。石料的最大粒径，防渗层不得超过一次压厚度的 1/3～1/2，整平胶结层不得超过 1/2。

沥青混凝土防渗结构的施工顺序是先铺筑整平胶结层，再铺筑防渗层，最后涂刷封闭层，摊铺应按选定的厚度均匀摊铺，先静压 1～2 遍再采用振动碾压实，压实系数一般为 1.2～1.5。压实渠坡时，上行时振动，下行时不振动。机械难以压实的部位，应辅以人工压实。

压实过程中要严格控制压实温度和遍数。施工过程中各项温度按规定控制。沥青混凝土预制板应采用钢模板预制。预制板振压密实后，即可拆模，但必须于降温后方可搬动。模板安砌应平整稳固。砌筑缝需用沥青砂浆或沥青玛蹄脂填筑，并捣实压平。在防渗层表面上均匀涂刷沥青玛蹄脂时，涂刷量一般为 2～3kg/m²，涂刷温度应不低于 160℃。

三、渠道防渗工程的防冻胀措施

北方寒冷地区的渠道防渗工程经常会遭受基土冻胀作用而破坏，从而丧失防渗功能；特别是渠道的阴坡面受冻害更为严重。因此，必须采取有效防治措施，保证防渗工程的完整性。

产生基土冻胀作用的动力是土壤的冻胀力，影响土壤冻胀力的基本因素是土壤质地、土壤含水状况和土壤温度三项。消除或减弱其中任一个影响因素的冻胀力作用，都可降低土壤的冻胀力。因此，应采取综合治理措施来消除和削减渠道基土的冻胀力，或者采用柔性材料的护面以适应冻胀，并加强结构等措施，以抵抗冻胀。

在确定防治冻胀措施之前，应首先计算确定渠道防渗工程的冻胀变形量，并验算渠道防渗工程的安全性，一般冻深小于 30cm 所产生的土壤冻胀变形量多在允许变形范围内，可不考虑防冻胀措施；但在标准冻深大于 30cm 的地区，必须计算冻深和设计冻胀量，以判断是否需要采取防治措施。标准冻深一般是指当地气象台（站）多年实测的最大冻深值的平均数，多年实测的冻深资料系列一般不少于 20 年。

渠道横断面上某部位设计冻胀量的最大值，即为最大设计冻胀量。若最大设计冻胀量小于或等于渠道防渗护面层的允许冻胀量，则无须进行防冻措施处理；否则，就需要采取必要的防冻胀处理措施。一般梯形断面渠道不同材料防渗工程的允许冻胀量，砌石护面为 2.0~4.0cm；沥青混凝土护面为 3.0~5.0cm；混凝土护面为 1.0~3.0cm。渠道断面尺寸或防渗护面尺寸越小，其允许冻胀量越小。

若渠道模断面上最大设计冻胀量不大于允许冻胀量的 2 倍，对砌石和混凝土防渗渠道应采用下述措施。

(1) 压实。用压实或强夯处理渠基土壤，以提高渠床基土干容重，减少土中自由水及其迁移量，从而减少基土冻胀量。一般要求压实后的土壤压实系数应不低于 0.98，干容重不低于 1600kg/m³，且不小于天然干容重的 1.05 倍。

(2) 采取抗冻结构。小型渠道可采用 U 形结构形式，大中型渠道除采用肋梁板、楔形板、中部加厚板和预制工形板外，还可采用弧形底梯形断面。当渠底较宽时，可采用弧形坡脚梯形断面，并增加纵向伸缩缝。这两种渠道断面形式具有一定反拱作用，因此在冻胀力作用下，较梯形断面冻胀变形分布均匀，抵抗力较强，可明显减轻冻害；消融以后，残余变形也较小，是两种较好的抗冻胀结构形式。

当渠道横断面上最大设计冻胀量大于允许冻胀量的 2 倍时，则需采取置换措施。置换材料可采用砂、砾石、矿渣等，或上述材料的混合料。其中要求粒径小于 0.1mm 的颗粒含量不大于 5%~10%，一般依地下水埋深而异。置换层厚度应根据不同部位的冻胀量的大小确定。

当置换层有被淤塞危险时，应设置土工膜料保护，当置换层可能会发生饱和水冻结时，应保证冻结期置换层排水有出路，需采取排水处理措施。

第七节　水稻节水灌溉技术

一、水稻旱育稀植技术

水稻旱育稀植是一项旱育秧、本田稀植及对稻田水层管理有一定要求的水稻栽培新技术，其重点是旱育秧及稀植。秧田水分管理是旱育秧区别于其他育秧方法的主要环节，创造接近旱地条件的育秧环境是其主要目标。水稻旱育秧稀植技术具有省工、省地、省时、省水、高产、低投入、高产出等优点。就全国范围而言，这项技术分为寒地水稻旱育稀植、暖地旱育稀植及暖地水稻应用寒地型旱育稀植等三种类型。

1. 寒地水稻旱育稀植

植物体内的酶一般在 0~25℃之间随着温度的升高而活性增加，温度再升高，酶的活性增加缓慢，到了 35℃时，酶就要变形。寒冷地区在日均 6~8℃开始育苗，在农膜的保护下可能正常出苗，出苗后用大自然的低温来培育酶活性强的秧苗，寒冷地区易育出壮秧。在较低温度条件下育秧和插秧，由于主茎生长点分化每片叶的时间延长，可以使其下部叶片叶腋里的分蘖原基有更多的分化时间，形成分蘖的机会增加。早栽后有昼夜较大的温差，可以诱发分蘖早发快生，易得到足够的茎数。由于温度相对较低，秧苗生长缓慢，茎粗增加，人为地拉长了水稻的营养生长期，其叶片老化，抗病力增强，同时增加了有机物在叶片中的积累，后期向穗转移，穗大结实率高。因此，采用旱育稀植技术，可以较好地解决寒冷地区水稻栽培的低温冷害和稻瘟病问题。

2. 暖地水稻旱育稀植技术

一般认为，18℃左右条件下的旱育秧为暖旱育秧。在我国南方，也有在29℃条件下的旱育秧。因此，称不需人为增温条件下的旱育秧为暖地旱育秧。

暖地旱育秧的目的是培育干物质含量高的秧苗，在插秧后能够在短时间内形成较大营养体生长量，因而也要稀植。

暖地旱育秧有许多不利的条件，但通过低温浸种，秧床控水，控播种量，控秧龄，控氮肥用量，必要时采用化控，控农药用量等措施，仍然可以育出壮苗，获得高产。

3. 暖地水稻应用寒地型旱育稀植技术

暖地水稻应用寒地型技术是在低温条件下育秧，在适温条件下插秧，在高温到来之前成熟，使其在与寒地相似条件下生长，并获得高产的技术，一般在南方早稻区采用。

一般情况下，提早育苗可以较易培育出壮秧，易得到足够的茎数，结成大穗和提高结实率。同时，由于早育苗早插秧，不仅争得了农时，还可以在较高温度到来时，叶片已经遮盖水面，防止了水温和地温的升高，避免高温伤根。

水稻旱育稀植技术对灌水的要求是浅灌水，一般都要求3~5cm深，同时要注意晒田。

要求寸水返青，寸水分蘖，栽后35~40天左右，茎数已达目标时进行晒田，向生殖生长阶段转换。水稻植株浓绿，叶片下垂，氮肥过多的田块，要重晒7~10天，一般田块要轻晒。水稻拔节后，正常条件下仍灌寸水，在出穗前6天，最好使田干1~2天，使根的活性增强，加快出穗。出穗后寸水直到黄熟初期撤水为止。

在减数分裂期遇冷害时要灌深水防寒。如果遇到持续3天低于17℃特别是低于12℃的低温天气，要灌15~20cm的深水防寒。除此情况外，水稻旱育稀植不用灌深水。

二、水稻控制灌溉

水稻控制灌溉是指稻苗（秧苗）移栽本田后，田面保持5~25mm薄水层返青复苗，在返青和以后的各个生育阶段，田面不建立灌溉水层，以根层土壤含水量作为控制指标，确定灌水时间和灌水定额。土壤水分控制上限为饱和含水率，下限则视水稻不同生育阶段，分别取土壤饱和含水率的60%~70%。水稻控制灌溉是根据水稻在不同生育阶段对水分需求的敏感程度和节水灌溉条件下水稻新的需水规律，在发挥水稻自身调节机能和适应能力基础上，适时适量地科学供水的灌水新技术。在非关键需水期，通过控制土壤水分造成适度的水分亏缺，改变水稻生理生态活动，使水稻根系及株型生长更趋合理。在水稻需水关键期，通过合理供水改善根系土壤水、气、热、养分状况及田面附近小气候，使水稻对水分和养分的吸收更加有效、合理，促进水稻生长，形成合理群体结构和较理想的株型，从而获得高产。控制灌溉技术在显著减少水稻棵间蒸发和田间渗漏耗水的同时，有效地减少了水稻蒸腾耗水，使水稻蒸腾和光合作用处于一种新的协调状态。对水稻根系生长和株型形成具有显著的促控作用，可消除或减少土壤中有毒有害物质，具有良好的保肥改土作用，土壤水分和养分利用率高，既节水又增产，稻米品质明显改善。因此，水稻控制灌溉技术具有节水、高产、优质、低耗、保肥、抗倒伏和抗病虫害等优点。

控制灌溉技术显著地减少了水稻生理生态耗水，增加了天然降雨的有效利用率，水稻全生育期灌溉用水量大幅度降低。

三、"浅—湿—晒"交替间断灌水技术

薄露灌溉、薄浅湿晒灌溉及叶龄模式灌溉等是这类技术的典型代表，它们的主要原理是根据水稻各生育阶段的需水特性和要求，确定各次灌水、湿润、排水、晒田的起讫时间及强度，进行科学合理的灌溉排水，为水稻生长创造良好环境，达到节水高产的目的。

1. 水稻薄露灌溉

薄露灌溉是一种稻田灌薄水层、适时落干露田的灌水技术。每次灌溉 20cm 以下的薄水层，灌水后要自然落干露田，露日程度和历时则根据水稻不同生育阶段的需水要求而定。

遇连续降雨，稻田积水层超过 5 天时，要排水落于露田。薄露灌溉改变了稻田长期淹水的状态，有效地改善了水稻的生态条件，促使水稻生长发育，形成高产基础上的增产，能减少水稻腾发和田间渗漏，显著地减少灌溉水量。

根据水稻的生育期，露田程度略有差异，一般可分为三个时期。

1）前期

从移栽后经返青期和分蘖期至拔节期，主要是营养生长阶段，拔节期转入生殖生长。这阶段首先要明确第一次露田的日期与程度，其最佳时间是移栽后的第 5 天，如果田间已成自然落干的状况最为理想。若田间尚有水层，则要排水落干，表土都要露面，没有积水，肥力稍好的田还会出现蜂泥，说明表土毛细管已形成，氧气已进入表土，此时要复灌薄水，再让其自然落干，即进行第二次落干露田。这次露田程度要加重，可至表土开微裂才再灌薄水，如此一直至分蘖后期。在分蘖量（包括主茎）已达 450 万/hm²，或每丛（有的地方称穴）分蘖已有 13~15 个，且稻苗嫩绿，还有分蘖长势，要加重露田，可露到田周开裂 10mm 左右，田中间不陷足，叶色退淡。此时切断了土壤对稻苗根系的水分与养分的供应，使稻苗无能力分蘖，这叫重露控蘖。拔节期仍每次露田到开微裂时灌薄水。

薄露灌溉比淹灌容易长草，应使用除草剂除草。移栽后第 4~5 天应施下除草剂，并要保持 4~5 天的水层。若不到 4~5 天的水层，自然落干效果也可以，因落干后药剂粘在土面上，草芽同样会死亡。采用药物除草，先要灌足能维持 4~5 天的水量，则采用除草剂的稻田第一次露田时间要推迟 4~5 天，也就是要在移栽后的第 9 或第 10 天才可第一次露田。这次露田程度可重一点，与不用除草剂的第二次露田程度一样，即当表土开微裂再灌薄水。

2）中期

孕穗期与抽穗期的茎叶最茂盛，是需水高峰期，只要土壤水分接近饱和就能满足此时期的生理需水，所以，落干程度比前期略轻，每次露田到田间全无积水，土壤中略有脱水，尽量不要使表土开裂就复灌薄水。此时期如遇雨，要打开田缺，自然排水，田间不能产生积水。如果遇纹枯病暴发，除及时用药物防治外，可加重露田，减低田间相对湿度，有利于抑制纹枯病等病害。

3）后期

水稻进入乳熟期与黄熟期渐渐转入衰老，绿叶面积随之减退，蒸腾量亦慢慢减少。但水稻还需一定的水分，以供最后三片叶的光合作用，制造有机养分，并把土壤中的养分与植株各部位积存的有机养分输送到穗部。这就要根系保持一定的活力，达到养根保叶。该时期要加重露田程度，使氧气更易进入土壤中，减少有毒物的产生，保持根系活力，才能使茎叶保持青绿。乳熟期每次灌薄水后，落干露田到田面表土开裂 2mm 左右，直到稻穗顶端谷粒变成淡黄色，即进入黄熟期，落干露田再加重，可到表土开裂 5mm 左右时再灌薄水。

4）收割前提前断水

经多次多处理试验，断水过迟会延迟成熟，尤其早稻收割后因晚稻要适时下种，延迟成熟会造成割青而影响产量。断水过早会造成早衰，灌浆不足。所以，断水过迟过早都会造成减产，且米质易碎，整米性不高，出米率低。提前断水时间与当时的气温、湿度有很大关系。气温高、湿度大，提前断水时间短一些，相反则长一些。如果气温高、天晴干燥，早稻宜提前 5 天断水，晚稻宜提前 10 天断水。如气温不高，经常阴雨，早稻提前 7 天、晚稻提前 5 天断水。

与相同农业技术措施的淹水灌溉相比，薄露灌溉的水稻平均每年增产 1870.5kg/hm²，双季稻增产幅度为 13.7%。水稻腾发量减少 34.5%，田间渗漏量减少 34.5%，提高降雨有效利用 20%~30%，节约灌溉水量 32.3%。

2. 叶龄模式灌水技术

根据水稻生育进程叶龄模式而进行的灌溉，称之为水稻叶龄模式灌溉技术。即根据水稻不同叶龄期与抽穗至成熟的生理生态耗水规律，以叶龄进程为主轴，作物产量为目标，调节器官协调生长为依据，实行高产灌溉，准确掌握各次灌水、湿润、排水、搁田（晒田）的起讫时间与强度，在不同生育期将稻田水分控制在高产所需的适宜范围。既可以以水有效地调控水稻氮碳代谢与生育，使其沿着茎蘖动态的叶龄模式与叶色变化叶龄模式指示的生育轨道发展，又能提高灌溉水的生产效率。其关键为按叶龄诊断生育进程和各部位器官的生长状况，制定高产的水肥运筹策略。

3. 薄浅湿晒灌溉技术

广西根据水稻各生育期的需水特性和要求，进行薄浅湿晒科学灌溉，为水稻生长创造良好环境，达到节水高产的目的。具体技术要点为：薄水插秧，浅水返青，分蘖前期湿润，分蘖后期晒田，拔节孕穗期回灌薄水，抽穗开花期保持薄水，乳熟期湿润，黄熟期湿润落干。

四、间歇灌溉

稻田水分处于"薄水层—湿润—短暂落干"的循环状态对水稻生长发育最有利。但是，如果将稻田适宜水分限制在一个较小的范围，导致水稻每次灌水的灌水定额过小，十分不利于灌溉用水管理，甚至会产生灌水不均匀或使田间水利用系数反而降低。此外，稻田节水的重要方面是最充分地利用降水，因此，在不对水稻生长造成不利影响的条件下，应尽可能地蓄留降水。这种灌水技术可使灌水定额由原来的 20~30mm 增加至 40~50mm，灌水高峰期的灌水周期与国外先进经验所提出的 7 天相近。综合考虑水稻生理、生态两方面需水要求，在保证水稻不受到严重水分胁迫的前提下，可以采用大幅度减少渗漏量、提高降水利用率、适当减少或基本不减少水稻蒸发蒸腾量，而又便于稻田用水管理的节水灌溉模式。

五、水稻非充分灌溉

水稻非充分灌溉系指水稻在一定时间内处于水分胁迫状态，在灌溉水量有限的情况下，必须在水稻各生育阶段合理地分配有限的水量，以获取较高的产量和效益，或者使缺水造成的减产损失最小。研究结果表明，宜在水稻对水分非敏感期使稻田缺水受轻旱(土壤含水率下限为 70%饱和含水率)，甚至中旱(土壤含水率下限为 55%饱和含水率左右)，避免受重旱；避免在水稻对水分敏感期受旱，特别要避免在此阶段受重旱；避免两个阶段连续受旱。

在水量分配上，宁可一个阶段受中旱，不使两个阶段受轻旱；宁可一个阶段受重旱，不让两个以上阶段受中旱，更要避免三个阶段连续受旱。

第八章

节水灌溉管理技术

第一节 培肥改土技术

农田土壤的水分利用效率，除与作物种类、品种有关外，与土壤肥力的高低有着密切的关系。各地的试验研究，均表明在适度范围内，增施一定数量的肥料，尤其是配方施肥，则作物的总耗水量虽相差不多，但产量却明显增长，从而耗水系数大幅度下降，导致水分利用效率提高。通过培肥改土，以肥调水，也是旱农地区农业节水的一项重要措施。

生产实践和科学试验表明，土壤肥力在很大程度上左右着产量和水分的转化。增施有机肥能提高土壤有机质含量，使其形成较多和较大的团粒结构，增大土壤孔隙度，减少容重，疏松土壤，能将雨水迅速渗入到土壤中保存起来。既可减少地面径流，又可减轻地表水分蒸发，同时，改善土壤通气条件，协调土壤水、气、热环境，为作物生长发育创造良好条件。

一、深施磷肥改土调水

磷是作物体内核蛋白、磷脂、糖脂、植素等重要物质的成分，是植物细胞构成及染色体组成部分，是作物生长、发育、繁殖遗传变异中极重要的物质成分；磷还影响细胞的水化度和胶体束缚水的能力，增加原生质的黏性和弹性，提高作物的抗旱性。施磷肥的另一作用就是提高作物的根系活力，促进作物根系生长和扩展，增强从土壤深层吸收水分的能力，提高整株作物的抗旱能力。

中国农业大学在内蒙古武川旱农试验区，每年秋季用拖拉机深翻20cm，每亩深施磷酸一铵9~10kg。经过二年试验研究，春麦和豌豆的增产效果明显。增产的原因是作物根系的根数和根长都有提高，这对作物觅取水分和养分创造了有利条件，并提高了作物的蒸腾量，使土壤中的水分得到了有效的利用。

二、氨、磷配比施肥

大量试验研究表明，在土壤缺磷和水分不足时，增施氮肥不增产甚至减产；在土壤供磷、供水较好条件下，增施氮肥才会增产显著。

陕西省渭南地区农科所在渭北旱区，对氨、磷配合问题进行了十年试验，氯、磷单施及配合施用均有不同程度的增产。增产幅度大的为氮、磷配合，其次为单施磷肥，而单施氮肥的增产幅度最小，可见，旱区农业应重视磷肥及氮肥配合施用。

水分是作物正常生长发育所必需的生存条件之一。土壤水分状况决定着作物的需肥量和从土壤中吸收养分的能力。一般来说，施氮肥效果随土壤含水量的提高而增效明显。因此，氮、磷配比施肥的配方因随年际间降水量的不同而有所不同；歉水年适当提高磷肥用量，丰水年适当提高氮肥用量。另外，不同的作物氮、磷配比也有所不同。

三、增施有机物培肥改土

增施有机物是一项古老传统的培肥改土技术，它的核心是增加土壤中有机质含量，这对培肥土壤起到了很好的效果。

1. 增加土壤有机质，改善土壤腐殖质品质

土壤有机质是构成土壤肥力的重要因素之一。土壤有机质首先是土壤微生物活动的能源，使施入土壤中的氮、磷、钾肥料通过微生物的生物固定，以有机态形式存在，从而可以减少养分流失。而土壤中有机态养分通过土壤微生物的降解又可释放氮、磷、钾素供作物吸收利用，维持其土壤养分的平衡。其次土壤有机质在降解过程中生成的多糖和腐殖酸等增加有机胶体，促进团粒结构的形成，提高土壤保水、保肥能力。而土壤有机质数量的维持，主要取决于作物残体归还土壤的数量，秸秆还田就是增加土壤有机质的最好人为措施。据研究，施用不同种类和数量秸秆后，土壤有机质都稳定增加，土壤有机质增加量随秸秆量的增加而提高，但增加速率不同。

高标准农田建设项目中，农业措施主要有：①以增加有机肥、秸秆还田、种植绿肥等为主的培肥措施；②以改良土壤、加快土壤熟化、抑制盐碱等为主的化学改良措施；③以深耕深松、加厚耕作层等为主的耕作措施；④以优良品种应用、作物栽培新技术新农艺等农业技术培训和新设备新机具示范推广的农业科技措施；⑤以耕地养分监测、耕地地力评价等为主要内容的耕地质量检测。以"山西省五台县2020年高标准农田建设项目"为例，建设高标准农田13000亩，根据五台县实施土壤改良的地块现状，主要以增施有机肥、实施硫酸亚铁、深耕+旋耕为主，结合以优良品种应用、作物栽培新技术新农艺等农业技术培训，提高了农民科学种田、优良优种推广力度，达到增产保收的目的。

2. 增加土壤酶的生物活性

土壤酶活性与土壤有机质、养分和水分等关系密切，合理施用有机质物料是改善土壤肥力状况的重要措施，也是调控土壤酶活性的物质条件。施用的有机质物料种类不同，对土壤酶活性的效应有一定差异。试验用马粪、草木樨、麦秸秆粉、玉米秸秆粉与对照（化肥）相比，蔗糖酶、蛋白酶活性差异显著，而碱性磷酸酶、脲酶活性，仅施用麦秸秆粉和玉米秸秆粉达到差异显著。已有的研究资料证明，各种有机物料由于化学组成不同，对土壤酶活性的影响也不同。有机物料的养分含量、碳氮比、木质素含量等因素的综合影响决定了它对土壤酶活性的作用。一般说来，碳氮比和木质素含量越低，越有利激发土壤生物学活性，从而提高土壤酶活性。由于玉米秸秆的碳氮比值<麦秸秆的碳氮比值，因此，施用玉米秸秆的土壤蔗糖酶、脲酶、蛋白酶、碱性磷酸酶均高于麦秸秆的酶活性，这就是土壤翻压玉米秸好于翻压小麦秸秆的原因之一。

3. 改善土壤理化性状

有机物料直接还田对土壤理化性状有较大影响。因秸秆本身不但有大量有机质。而且还含有相当数量的植物必需的养分，翻压玉米秸秆 6000kg/hm^2，两年后全氮和速效钾比对照增加 39.8% 和 6.2%。种植小麦、夏玉米两茬作物一年后，0～10cm 土壤容重比对照减少 5.3%～14.5%，孔隙度增加 5.7%～13.8%。翻压秸秆对土壤容重的影响，总趋势是容重随秸秆量的增加降低，总孔隙度随秸秆量的增加而增加。有机物料直接还田，对降低土壤孔隙度均有明显作用，改善了土壤物理性状，增强了土壤蓄水保肥能力，有利于作物生长发育。

4. 提高作物植株叶绿素含量，增强光合作用能力

据试验，翻压玉米秸秆和小麦秸秆 6000kg/hm^2，在小麦拔节后取全株叶片测定叶绿素含量，比单施化肥分别增加 10.0% 和 3.6%。由于翻压有机物料可以改善土壤肥力状况，所以与施用化肥一样，也能增加小麦叶片中叶绿素含量，提高小麦光合作用和制造干物质能力。

第二节　抗旱品种选育技术

一、抗旱品种与高水分利用效率

抗旱品种是指具有节水、抗逆、高产、高水分利用效率（WUE）的作物品种。现在一般认为，作物 WUE 是一个可遗传的性状，既受遗传基因控制，又受环境因素和栽培条件的影响，而且随其变化而变化。张锡梅测定，黄土高原主要作物的 WUE 大小顺序为：黍、高粱、粟、玉米、豌豆、小麦、扁豆。

同种作物品种间 WUE 的差异一般比不同种间小，但差异仍然明显。高 WUE 是作物品种适应不同水分条件，同时又有利于高产的重要机制之一。WUE 作为评价作物品种生长发育适应力和适应程度的综合指标已被广泛应用。我国自 20 世纪 50 年代以来，一些作物（稻、麦）矮秆品种的育成，大大提高了粮食作物的经济系数，间接地起到了提高 WUE 的作用。据研究表明，品种间需水量的差异主要是由于干物质产量不同之故，而蒸腾量与需水量之间无明显的相关性。培育根系发达、WUE 高的品种则可将高产和抗逆的目标统一起来。作物品种的 WUE 与抗旱性有关，但并非同一概念。抗旱品种的 WUE 不一定高，在正常供水条件下，抗旱品种全生育期总耗水量一般不比不抗旱品种少，但是产量较低，故 WUE 也低。实践证明，WUE 伴随着作物产量的增加而提高，其耗水量增加很少或不增加。

总之，作物品种 WUE 由本身遗传特性、形态和生理过程所决定，并在环境条件的综合作用下得以体现。通过引种选种来提高作物 WUE，的确有潜力的。作物对水分亏缺的适应性和 WUE 的差异，则是对作物品种选择和布局搭配的重要依据之一。

二、农作物的引种

引种就是根据当地的自然环境条件、生产水平、耕作制度等方面的要求，从国内外引进农作物的优良品种，经过在当地试种和鉴定后，把在产量、品质、抗性等方面超过当地

推广品种的引种材料尽快加以繁殖，然后在生产上推广应用。

农业生产是在大自然中进行的，具有明显的区域特点。我国南北跨越49个纬度，东西跨越62个经度，既有海拔几千米的高山、高原坡地，又有低平原和涝洼地，不同地区之间在光、热、水、土、肥诸方面差异较大，这就使得农作物品种推广应用具有严格的地域性界限。超越这一界限，农作物品种的适应性和可行性都受到严格的限制，技术效果和经济效果就会受到严重影响。

三、农作物品种试验鉴定和合理布局

（一）品种试验鉴定

1. 水肥地作物品种（品质）筛选

为筛选出适宜于当地肥水条件较好生态类型的作物优良品种，对从相应区域内外地引进的优良品种进行品种比较试验，进而筛选出一批适合当地生态条件的高产、优质、抗逆性强的品种（品系），在生产上推广应用。

2. 旱薄地作物品种（品系）筛选

从相应区域内外地引进较耐旱薄的作物品种（品系），在缺水的条件下进行品种比较试验，筛选出适合本类型区旱薄地种植的作物品种。

3. 作物品种抗逆性鉴定

在缺水和盐碱区要进行抗逆性鉴定，尤其是抗旱性和耐盐碱性的鉴定，具有重要的实践意义。抗逆性鉴定，在中国农业科学院品种资源研究所等科研、教学单位已开展了大量的深入研究，为我国抗逆性育种及引种提供了依据和方法。在抗旱性鉴定中多年的实践证明，干旱指数是一个品种的抗旱性状的综合体现，因为它落实在产量上，是最有使用价值的。计算公式为：

干旱指数＝（正常灌溉处理产量−干旱处理产量）/正常灌溉处理产量×100%

品种耐盐性鉴定方法，归纳起来大致可分为直接鉴定法和间接鉴定法。从面向生产实际出发，耐盐鉴定以直接鉴定法中的产量比较法为好，这是生产效益最重要的指标。产量比较法的公式为：

耐盐系数（%）＝盐处理产量/非盐渍土产量×100%

（二）品种合理布局、系列化

优良品种是相对的，万能的良种是不存在的。所以只有发挥品种系列群体的功能，才能保证作物持续平衡增产。品种合理布局系列化，是指在一定生态农业种植区域内，以高产、稳产、适应性强、综合性状好的良种为骨干，与几个具有特殊适应性（如抗旱、耐盐碱等）的品种相配合，构成适应不同水肥条件、不同土壤类型以及不同耕作制度等的优良品种的合理布局。在这样的系列里就能充分发挥各自的优势，强化整个品种系列的作用。

第三节　作物灌溉预报技术

农田墒情监测与灌溉预报是节水灌溉管理技术的重要内容，是作物适时适量灌溉，实

现节水增产、高效利用有限水资源的基础，是现代"精准农业"的重要组成部分，也为水资源合理配置、灌溉供水决策提供科学依据。在灌区选定具有代表性的测点，定时测定作物各生育阶段的土壤水分，并及时进行预报，对指导灌区灌溉起到了很大作用。用张力计、中子仪、电阻法等监测土壤墒情，数据经分析处理后，配合天气预报，对适宜灌水时间、灌水量进行预报，可以做到适时适量灌溉，有效地控制土壤含水量，达到节水又增产。灌溉预报分长期和短期两种形式。长期预报是利用播种时测得的土壤含水量为初始含水量，根据作物不同生长阶段和不同水文年份的地下水补给量，以及有效降水、作物需水量，预报在整个生育阶段所需要的灌水次数、灌水时间及灌溉水量；短期预报是利用播种时测得的土壤含水量为初始土壤含水量，以旬、月或生育阶段为时间段预报，逐次推算，直到作物成熟。若预报阶段内不需灌水，则以预报时段末含水量推算下一次预报的灌水量和日期。

长期预报由于受降水的随机影响，因此在执行中应根据降水情况进行修正。在实践中，应以短期预报为准。

一、墒情监测方法

（一）取土烘干法

取土烘干法是当前常规墒情测报最常用的一种方法，且有足够的精度，但烘干法取土在深度上层次多，通常还需重复 2~3 次，不仅劳动强度大，而且还破坏了原土壤的结构，不能做定点连续观测。山东省水利科学研究院对 4 个典型灌溉试验站大量土壤水分资料回归分析，得出作物主要根系层 20~40cm、40~60cm 的土壤含水量平均值与 0~100cm 的加权平均含水量之间存在着极显著的相关性。

依据土水势理论，在农田土壤剖面埋设 30cm、50cm、100cm、150cm、200cm5 个深度石膏水势传感器(3 个重复)，通过土水势过程线测试分析，得出 30cm、50cm 土水势受作物耗水、大气降水影响较大。

由以上两个试验得出常规测墒 1m 土层土壤水分加权平均值可用 20~40cm、40~60cm 土壤水分平均值来确定的结论，这样与常规测墒相比可减轻工作量 40%~50%，对提高测墒效率和灌溉管理水平有着十分重要的意义

（二）负压计法

负压计法是测定土壤基质势的方法，有水传感和气传感两种方法，气传感适用于北方结冰时水势的测定，由山东省水利科学研究院和中国农科院南京土壤研究所研制。该方法主要用于旱作物。

（三）石膏块传感器法

石膏块传感器是由经特殊加工制成的质地均匀、结构致密且外观形状与大小固定的石膏块，以及埋入石膏块中位置、间隔确定的两个电极和将电极引出以便测量的导线组成的。石膏块传感器的测量范围从田间持水量到凋萎点，测量的是各种土壤的水势而非含水量，需根据土壤水分特征曲线求出相应含水量。石膏块传感器具有准确度高、测量范围大、节省人力物力的特点，适用于定点、连续观测。山东省水利科学研究院研究成果表明，石膏块的埋设深度在 30cm 和 50cm 即可代表 100cm 土层的土壤含水量，并通过室内模拟试验率

定土壤水分特征曲线。

（四）时域反射法

时域反射仪（time domain roflectometry，简称 TDR）是目前国际上测墒水平较高的方法，它由探测仪（用于信号监测）和探头（用于引导信号在介质中传输）两部分组成，利用土壤的介电常数随土壤含水量的变化而有规律地发生变化的原理进行测量。TDR 测量土壤的体积含水量，每个 TDR 都存在自身的系统误差，使用前必须进行率定。

1. 测定原理

TDR 测定土壤含水量原理相当简单，一个电压的阶梯状脉冲波沿在土壤中放置或垂直插入的探针（长度为 L）发射，电压的阶梯状脉冲波沿探针金属棒（片）传播，并在金属棒末端反射回来，土壤含水量由延迟的时间决定。

用 TDR 测定的优点之一是不需要取样，并且在指定的标准时间如几秒内就可完成对多个测点的测定。

TDR 测定的精度取决于 TDR 仪的分辨率，既取决于探针至导线脉冲电压的减弱，也取决于土壤介质的性质（介电常数和电导率），以及用于分析 TDR 数据的技术。

2. TDR 测定的电场分布和测定范围

TDR 探针（或片）周围的电场分布决定了测定范围的大小。室内和野外用的探针（片）有多种形状，如平行的两棒金属探针，三棒、四棒金属探针及 8 片、16 片金属片。在许多情况下，使用 TDR 时，探针灵敏度受探针和介质之间的紧密程度影响，这表明 TDR 有严格的使用条件。安装探针（片）时必须小心，要紧贴被测物，在探针（片）周围不要留有空隙。很明显，黏土的龟裂出现时就有这个问题，特别是随着土壤的逐渐变干，沿探针形成的裂缝。因此，在龟裂土壤中会造成很大误差。

一般情况下，直径小的探针测定范围很小，直径为拇指大的探针在土粒直径 10 倍以上的范围，能保证测得的土壤含水量值具有代表性。试验采用的 TRIME-T3 管状 TDR，探测器为 16 片金属片，分上、下两级，有效测量深度可达到 15cm。根据实际应用，TDR 探针在土壤剖面中可垂直放置、水平安放或任意放置，各种放置形式都可以给出探针长度的平均含水量。

除了以上测墒方法以外，还有中子水分仪法等测定方法。

二、灌溉预报技术

传统用水管理是根据预先制定的灌溉制度定时定量供水。虽然灌溉制度是根据不同水文年确定的配水方案，但也不能适应瞬息万变的天气条件。因而，在目前水资源紧缺、农业供水形势日益严峻、灌溉管理水平低的情况下，实现水资源的高效利用应当根据当前墒情，结合未来时段的气象预报，进行农田用水动态管理。灌溉预报技术是农田灌溉用水动态管理的核心。它是利用土壤基本参数及易于观测的气象资料等来预测土壤水分状况的动态变化，据此确定灌水日期、灌水定额，并随作物生育期的推移，逐段实行灌溉预报，控制土壤水分在有利于提高水分生产率的范围内变化，实现节水高产的目标。

（一）灌溉预报模型建立

灌溉预报即根据农田土壤水量平衡原理，利用当前的土壤含水量推算下一阶段的土壤

含水量进而预报灌溉时间和灌水量。土壤含水量的递推模型如下

$$W_i = W_{i-1} + D_i + M_i + I_i + P_i - R_i - S_i - ET_{ai} \qquad (8-1)$$

式中，W_i、W_{i-1} 为作物第 i、第 $i-1$ 时段计划湿润层的土壤蓄水量，mm；D_i 为第 $i-1$~第 i 时段地下水补给量，mm；M_i 为第 $i-1$~第 i 时段因计划湿润层增加而增加的水量，mm；I_i 为第 $i-1$~第 i 时段灌水量，mm；P_i、R_i、S_i 分别为第 $i-1$~第 i 时段有效降雨量、径流量、渗漏量，mm；ET_{ai} 为第 $i-1$~第 i 时段作物实际耗水量，mm。

（二）灌溉预报程序结构

灌溉预报程序是应用 Visual Basic 软件开发的 Microsoft Windows 应用程序，具有极强的可视性和直观性。该程序由主程序和各个子程序组成。主程序的功能是各个子程序之间的相互调用，起出入口引导作用，引导由菜单完成，根据选择进入相应的子程序。子程序是该程序的核心部分，它包含了示范区基本情况子程序，降水量、耗水量、地下水补给量计算子程序，灌水时间和灌水量计算等十几个子程序。该程序采用模块化结构，符合自上而下逐步求精的设计原则，结构清晰，便于阅读和修改。程序功能的实现采用菜单选择的方式，提示明了，操作简单，便于推广应用。

（三）灌溉预报模型验证

1. 耗水量验证

模型验证主要是验证土壤含水量预报的准确性，在供水量已知的情况下，主要是预报耗水量的准确性。

2. 土壤水分验证

土壤水分递推采取逐日计算的方式，在计算当天耗水量时采用上一天的土壤水分值。

（四）灌溉预报模型评价

（1）利用水量平衡原理及 Visual Basic 软件编制了灌溉预报程序，同时建立了数据库，并进行了灌溉预报的应用验证，精度较高，对灌区水资源合理调配和作物适时适量灌溉发挥了重要作用。

（2）该灌溉预报模型中考虑到非充分灌溉条件下耗水量随土壤含水量的变化而变化的情况，使灌溉预报模型更为准确，提高了预报精度。

（3）水量平衡原理中所用参数较多，这些参数的取得需通过大量田间和室内试验。采取由试验总结出的经验公式进行计算有一定地区局限性，这些参数误差将直接影响到预报的准确度，因此还有待于进一步试验研究。

第四节　灌区量测水技术

一、灌区量测水的作用

灌区量测水工作是灌区管理工作的核心，是实行计划用水及准确地掌握引水、输水、配水情况的重要手段，是节约用水、提高灌溉效率的有效措施。它有以下几个方面的作用：

（1）测算年、月、日时段渠道水位、流量变化情况以及输水能力，为编制渠系用水计划提供依据。

（2）根据用水计划和水量调配方案，及时准确地从水源引水，并配水到各级渠道的用水单元和灌溉地段。

（3）为灌区定额供水、按方计收水费和水资源费提供可靠依据。

（4）利用测水量水观测资料和灌溉面积资料，分析、检查灌水质量和灌溉效率，修正、调整供配水方案，指导和改进用水工作。

（5）利用测水量水资料验证渠道和建筑物的输水能力、渠道输水损失率，为灌区改建、扩建、新建提供规划、设计和科研的基本资料。

二、灌区量水测站的分类和布置

（一）量水测站的分类

灌区量水测站按其位置及作用的不同，可分为基本测站和辅助测站两种。

1. 基本测站

基本测站包括：①灌溉水源测站；②引水渠（如总干渠、干渠）渠首测站；③配水渠（如支、斗、农渠）渠首测站；④分水点测站。

2. 辅助测站

辅助测站包括：①平衡测站；②专用测站。

（二）量水测站的布置

1. 基本测站的布设位置

1）水源测站

观测水源的水位、流量、含砂量的变化情况，为分析其与渠首引入流量之间的关系以及降水与河道径流的关系等方面提供资料。水源测站应分设在引水口上游 20～100m 的平直段上，以不受闸门启闭和挡水建筑物壅水影响为原则。若水源为山塘水库，应在库区上游河床上加设测站。

2）引水渠渠首测站

观测从水源引入的流量，分析引水口水位与引水流量变化关系和引水渠的水位–流量关系，指导配水工作。测站布设在引水渠进水口以下 50～100m 范围内的水流平稳渠段处，也可利用进水建筑物量水。

3）配水渠渠首测站

观测从上一级渠道配得的水量及渠道的输水损失。测站布设在配水闸以下 30～80m 范围内的水流平稳渠段处，也可利用配水闸量水。

4）分水点测站

观测从配水渠分得的水量及渠道的输水损失。测站布设在分水渠渠首以下 10～30m 范围内的水流平稳渠段处，也可利用进水建筑物量水。

2. 辅助测站的布设位置

1）平衡测站

观测水源的下泄流量及灌区的退泄水量和排出水量，为灌区水量平衡的分析计算提供数据。平衡测站应分别布设在渠首引水口下游河段，各级灌溉渠道的末端及排水渠道枢纽上。

2）专用测站

为观测、收集专门资料（如渠道的输水损失，糙率系数，流速、流量与冲游关系等）而设。测站布设位置视实际需要而定。

3. 布设测站的程序和要求

布设测水站网按下列程序进行：

（1）根据任务和要求，在灌区、渠系平面图上全面规划，统一布设。

（2）实地踏勘，确定测站位置。

（3）设立标志，施测断面，鉴别建筑物类型或安设量水设备。

（4）测站布设完成后，应将测站类别位置、使用测流方法等编表列册，并分别标示在渠系平面图上，以备查考。

此外，测站的布设应以经济适用为原则，尽量谋求某一测站能兼有其他类测站的作用。

三、灌区量测水的方法

灌区的量测水方法主要有利用流速仪量水、浮标法测水、水尺量水、水工建筑物量水以及利用特设的量水设备量水，下面分别加以介绍。

（一）通过实测渠中流速确定流量

测定渠道中水流的平均流速和过水断面面积，即可确定渠道流量。通常可用流速仪或浮标来测定渠水流速。利用流速仪测流，精度可达95%以上，这种方法应该首先选择渠段平直、水流均匀、无旋涡和回流的地方作为施测断面，通过测定断面、施测流速、计算流量得到结果。利用水面浮标测流，误差较大，精度在85%左右，但这种方法无须专门仪器，方法简便。

（二）利用渠道水位−流量关系确定渠道流量

在量水的渠段上，可根据实际测流的成果绘制好水位−流量关系曲线，以后每次量水时，可以只通过水尺观测渠道水位，从曲线上查出流量。此法最为简便，适用于渠道顺直、稳定，断面规整，不受下游节制和壅水建筑物回水影响的渠段。为了提高测流精度，最好将测流段用混凝土或其他材料衬砌。

（三）利用特设的量水设备量水

特设的量水设备，系专门为量水而设立，不做他用。这类设备常用的有量水堰、量水槽和量水喷嘴等。量水堰有三角形、梯形、矩形几种形式，其优点是量水精度很高（可达97%~98%），观测方便，设备简单，但主要缺点是会造成渠道较大的壅水（为了保证测流精度，需要使过堰水流保持自由流，因而要求较大落差）和堰前的泥沙淤积。量水堰适用于量水精度要求较高，且渠道流量小（一般小于1m/s）、纵坡大或有集中跌差的情况。量水槽主要有巴歇尔槽、量水槛（长喉道）、矩形无喉道、U形渠抛物线无喉道、农用分流计等，其特点是壅水低，淤积少，观测简便，适宜在比降小、含砂量大的渠道土采用。量水喷嘴也具有水头损失小、淤积少的特点。

在这些特设的量水设备中，采用最多的是量水堰，这些堰可以就地施工，也可以预制成装配式构件，根据量水的需要，随时随地可以拆卸。下面主要介绍三角形量水堰和梯形量水堰。

1. 三角形量水堰

三角形量水堰可用木板堰口加钉铁皮做成，过水断面通常做成直角等腰三角形。

堰口做成刀口形，刀口平直光滑，厚3～5cm，斜面朝下游，倾斜角一般为45°，槛高和堰肩宽要大于30cm。安装时，应注意保持堰体水平，堰壁垂直，安装在渠道正中，两侧最好用砖砌护，使堰底和堰身两侧无漏水现象。水尺设在堰板上、下游距堰板3～4倍最大过堰水深处。若经实测误差不大，上游水尺也可直接安装在堰口旁侧堰板上，或直接绘于堰板上。水尺零点高程应与堰口零点高程相同，水尺刻度至5mm。对于不同水流形态，通过三角形量水堰的流量可分别用下列公式计算：

当堰流为自由流时

$$Q = 1.343 H^{2.47} \tag{8-2}$$

式中，Q 为过堰流量，m^3/s；H 为过堰水深，m。

当堰流为淹没流时：

$$Q = 1.4 \sigma H^{2.5} \tag{8-3}$$

$$\sigma = \sqrt{0.765 - (\frac{h}{H} - 0.13)^2} + 0.145 \tag{8-4}$$

式中，σ 为淹没系数；h 为下游水尺读数，m；H 为上游水尺读数，即过堰水深，m。

2. 梯形量水堰

这种量水堰的堰口为梯形。侧边边坡为4：1，堰口的三边均呈刀口形，倾斜面朝向下游，倾斜角一般为45°，堰板各部分尺寸按流量大小而定。

安装梯形堰的要求与三角形堰相同，堰槛要水平，堰板要垂直，堰板上的水尺零点应与堰槛齐平。为了提高量水精度，应使过堰水流为自由流。因此，安装时应使堰槛高于下游水面（通过最大流量时）2cm。

当堰流为自由流时，通过梯形量水堰的流量用下式计算：

$$Q = mB H^{1.5} \tag{8-5}$$

式中，Q 为过堰流量，m^3/s；m 为流量系数，当来水流速小于0.3m/s时，$m = 1.86$，当来水流速大于0.3m/s时，$m = 1.9$；B 为堰槛宽度，m；H 为过堰水深，m。

（四）利用水工建筑物量水

在灌溉渠道上有许多水工建筑物，大致可分为有调节流量设备（如涵闸、水库放水管等）与无调节流量设备（如渡槽、倒虹吸、跌水等）两种类型。如果这些建筑物修建得比较规整，且管理养护较好，无损坏、漏水、冲淤和阻塞等现象，则可用于量水。

下面主要介绍利用涵闸和跌水进行量水的方法。

1. 利用涵闸量水

利用渠道上放水闸门或涵管量水时，只要在放水闸门或涵管处设立水尺，测得相应的水位，即可根据水力学原理，求出相应的流量。但由于用作量水的涵闸类型很多，各类涵闸又可采用不同的翼墙，不同涵闸或同一涵闸在不同的时间里，水流形态也各不相同。因此，不同类型的建筑物和不同的流态，计算流量所采用的公式各异（见有关灌区量水手册）；不同类型的翼墙和水流条件有差异，采用的流量系数也不同。因此，在施测以前，必须先弄清涵闸的类型、翼墙形式和水流状态。

利用涵闸量水，必须正确地确定水尺或水位观测点的位置。上游水尺应设在上游距建筑物约 3 倍最大闸前水深处，下游水尺应设在水流出口以下距建筑物 1.5~2 倍单孔闸宽处。闸前水尺设立在闸前距闸板约 1/4 单孔闸宽处，闸后水尺设立在闸后距闸板约 1/4 单孔闸宽处，但这两种水尺距闸板均不得小于 40cm。以上 4 种水尺的零点高程均应与闸槛（或闸底板）在同一水平面上。启闸高度水尺可直接绘在闸槽边缘的边墩上，水尺的零点与闸孔完全关闭时的闸门顶部齐平。

2. 利用跌水量水

用于量水的跌水断面一般有矩形和梯形两种。水尺应安装在建筑物上游 3~4 倍渠道正常水深处，水尺零点与跌水底槛最好在同一平面上，以便直接读出上游水头（H）数据。

不同断面形式跌水的流量计算公式如下：

矩形断面跌水

$$Q = MbH\sqrt{2gH} \tag{8-6}$$

梯形断面跌水

$$Q = M(b+0.8mH)H\sqrt{2gH} \tag{8-7}$$

式中，Q 为流量，m^3/s；b 为跌水底宽，m；m 为梯形断面边坡系数；H 为上游水头，m，当来水流速大时，应加上流速水头；g 为重力加速度，$g=9.81m/s$；M 为流量系数，实测求得，如无实测资料，可参考规定查用。

第五节　灌溉自动化控制技术

一、实现灌溉自动化控制的目的

随着灌区管理体制改革的不断深化，灌溉自动化控制技术的推广应用在我国有着越来越广阔的前景。灌溉自动化控制技术就是采用电子技术对河流、水库、渠道的水位流量、含沙量乃至提水灌区的水泵运行工况等技术参数进行采集，输入计算机，利用预先编制好的计算机软件对数据进行处理，按照最优方案用有线或无线传输的方式，控制各个闸门的开启度或调节水泵运行台数，实行自动化监测控制。

提高灌溉用水管理水平是提高灌溉水的利用率和农作物产量的重要措施之一。这既需要建立恰当的灌溉用水管理体制、制定合理的用水管理政策，也需要运用电子计算机技术、信息技术和自动控制等现代技术，实现水资源的合理配置和灌溉系统的优化调度，使有限的水资源获得最大效益。利用这些现代技术，我们可以通过对灌区气象、水文、土壤、农作物状况等数据及时采集、存储、处理，并采用预测预报方法及优化技术，及时做出来水预报及灌溉预报，进而编制出适合作物需水状况的短期灌溉用水实施计划。一旦来水、用水信息发生变化，可以迅速修正用水计划，并通过安装在灌溉系统上的测控设备及时测量和控制用水量，实现按计划配水。实现灌溉自动化控制的目的有以下 3 个方面。

(一) 提高灌溉系统的管理水平

当前，管理水平低下是制约节水灌溉技术发展的主要问题。许多新的灌水技术，如喷灌技术、微灌技术、波涌灌溉技术、隔沟交替灌溉技术、水平畦灌技术等由于没有良好的技术管理措施，因此其灌溉节水效益得不到充分发挥或者根本无法大面积推广。即使是应用已经比较多的喷灌和微灌技术，实际灌溉过程仍然仅凭生产人员的经验操作，作物需水的科学规律和生产人员的实践经验得不到有效结合。采用自动化灌溉系统，就能很好地按照作物的需水规律，综合气象数据和生产实践的经验为作物适时适量提供灌水，达到节约用水、获得作物高产的目的。

(二) 提高灌溉系统的综合调度能力

灌溉系统的自动化包括渠(管)道输配水系统和田间灌水技术两方面的自动化。每一条支渠(支管)控制的灌溉面积不同，农田的种植种类也不相同，水源条件也各有差异(如渠道引水灌区、井渠结合灌区、地下水灌区等)。因此，在用水过程中，有一个合理调度、优化配水的问题。传统的人工开启闸门配水的方式不能及时准确地调整各渠(管)道的用水。采用自动控制技术以后，输配水过程既可以按照预定的方案进行分配水，又可以根据实际的运行情况及时快速调整用水计划，做到按需配水，减少浪费。

在田间灌水过程中，目前大多由人为控制入田水流的流量和时间，往往造成进入田间的水量与计划灌水量有一定差异。采用自动控制灌溉以后，灌水流量、灌水时间完全可以根据作物的需要、土壤条件、生育阶段等指标合理计算，准确控制，从而减少水量浪费。

(三) 使节水措施得到有效的实施

灌溉工程自动化，可使先进的灌水技术管理理论、管理措施得到有效的配合，可使一些先进的管理工程措施在控制灌溉的过程中得到落实，可使强制性节水措施在控制灌溉过程中得到不折不扣的执行，进而达到提高用水效率、用水效益和节约用水的目的。

二、灌溉自动化控制技术分析

(一) 灌溉自动化控制系统工作原理及配置

1. 系统工作原理

微机自动监控系统开启后，土壤水分传感器将采集的数据通过控制器传输给微机处理单元，当采集数据达到土壤含水量下限值时，监控系统按照程序处理设定值发出开机指令，变频控制器启动水泵并开启相应阀门，进行适时灌溉。然后按照预先设定的灌水时间，由监控系统下达停止灌溉指令，通过变频控制器关闭水泵，并关闭相应阀门。在整个灌溉过程中，管网工作压力通过变频控制器调节，管网始终处在设定的正常工作压力范围内安全运行。

系统可对土壤含水量、管网压力、流量、灌水总量等进行实时控制，并将灌水时间、日期、灌水总量等数据及时储存并随时打印分析。

1) 土壤含水量控制

在有代表性的地块土层(上、中、下)埋设一组(3 支)电容式土壤水分传感器，传感器采集的是频率信号，不同的土壤含水量对应不同的频率，根据土壤含水量-频率关系曲线查出灌溉地块中土壤含水量上、下限值所对应的频率值进行标定，并固化在微机处理单元中。各传感器所采集的频率信号经过分频选通器传输给微机处理单元，取上、中、下 3 层传感器采集到的频率均值与标定值比较，确定是否开机灌溉。

2）管网压力控制

管网压力控制是由微机处理单元、变频控制器、远传压力表来完成的。远传压力表将采集到的压力信号由控制器传输给微机处理单元，当压力信号小于设定值时，微机处理单元向变频器发出指令，变频控制器加大频率增大水压力，使之稳定在设定压力值范围内；当压力信号大于设定值时，微机处理单元发出指令，变频控制器减频，降低水压力，并使水压力稳定在设定值范围内。

2. 系统配置

自动监控系统由上位机和下位机 PLC 相结合，是目前自控领域中较高的配置方案，PLC 对于系统的扩展修改灵活方便并减少软件编写的工作量。土壤水分传感器是自动控制系统的关键部分，其灵敏程度直接关系到能否适时启闭供水设备。变频器是维持恒压供水、利于系统安全经济运行的重要控制部分，不同的灌溉方式对应不同的工作压力，可在程序处理中预先设定，程序处理则是首先控制电磁阀启闭，然后由电磁阀控制水动阀，水动阀既可自动启闭也可手动启闭。

流量、压力的采集利用 LWGY 型涡轮流量传感器、XSJ-391 型流量积算仪和 SG-3 型电感压力变送器来完成。

3. 硬件设计及功能

系统硬件设计按功能可划分为系统监控、系统控制两部分。

（1）系统监控部分。由上位机和打印机组成，用来实时处理 PLC 采集的数据并据设定值进行逻辑判断，向控制站 PLC 可编程控制器发送控制命令。

（2）系统控制部分。由 PLC、土壤水分传感器、变频控制器、压力传感器及电磁阀等组成。该部分作用是采集频率及压力信号并送入上位机进行处理，同时执行上位机发送的控制命令，对变频控制器、电磁阀等执行部件进行控制操作。

（二）系统软件设计

系统软件可分为上位机监控软件和下位机 PLC 控制软件两部分。上位机监控软件包括通信程序、监控画面和打印程序。下位机 PLC 控制软件采用梯形图编写。上位机监控主菜单分为参数设置、系统运行、打印和退出等。参数设置主要包括压力设定及土壤含水量上、下限设定等；系统运行将设置参数传输给 PLC 并接收和处理 PLC 采集的压力、土壤含水量、流量等信号，发出开闭水泵、电磁阀等有关指令，并定时储存灌水时间、灌水总量等相关数据；打印功能负责将阀门号、灌水总量、灌水时间、日期等有关数据输出打印；退出功能将整个系统退出监控系统。

1. 上位机软件设计功能

（1）参数设定功能。包括土壤水分传感器与电磁阀的对应关系，电磁阀对应的工作压力值，电磁阀对应的土壤含水量上、下限值(以频率的形式进行设定)。

（2）监控功能。实时接收由 PLC 传送的频率、压力、流量等信号；实时分析处理上述信号并发出开关水泵、电磁阀、变频调压器等指令。

（3）统计功能。累计各阀门的开关时间和相应的灌水总量。

（4）显示功能。实时显示各电磁阀的开关状态，实时显示流量，实时显示压力，实时显示各土壤水分传感器的频率。

（5）打印功能。打印阀门号、灌水时间、灌水流量、工作压力、灌水总量、灌水时间等。

2．下位机软件设计功能

（1）采集、输送功能。实时采集土壤传感器频率信号、远传压力表压力信号、流量变送器流量信息，并由 PLC 向上位机输送。

（2）控制功能。接收上位机指令及开关水泵、电磁阀并变频调压。下位机软件的编写工作是根据其承担的功能来完成的。其特点是尽量减少软件编写的工作量，简单易行，管理方便。

（三）控制参数设定与校核

1．灌溉压力设定

喷灌、微灌、滴灌等不同灌溉形式的工作压力设定由实际设计的工作压力确定。

2．输出校核

（1）压力校核。压力信息是通过远传压力表以电流的形式传输给微机处理单元，进而转换得到压力值。经过反复调节电流信号与压力关系，直到两者模拟值非常相近为止，其误差不超过±0.01MPa。

（2）流量校核。流量范围按控制灌溉范围内作物的灌水定额确定。微机输出值与实测流量值误差小于或等于1.8%。

3．频率设定

以冬小麦为例，冬小麦在拔节前根系活动层在45cm深的范围，拔节后在60cm深的范围，故以不同深度、土壤含水量对应的频率进行设定。

冬小麦不同生育期灌溉上、下限设定。根据冬小麦不同生育期适宜的土壤含水量，分别查45cm、60cm深处土壤含水量与土壤传感器频率关系曲线，即得对应的频率设定值。

当实际频率小于设定下限值时即开始灌溉，当实际频率接近设定上限值时需停止灌溉。

根据土壤水分传感器实时采集的频率信号，对水泵、电磁阀自动启闭，实现整个灌水过程的自动化。土壤水分传感器的采用实现了作物的精准灌溉，使作物生长始终处在所需的最优含水量状态，真正实现了水资源的高效利用。

（四）灌溉信息化建设实践

以"山西省晋源区晋祠镇灌溉水源置换灌区信息化建设工程"为例，利用地表水置换超采区地下水，保护晋祠泉域地下水资源，促进晋祠泉复流；设计灌溉面积13130亩，设计灌溉保证率为75%，设计总灌溉用水量437.55万 m^3/a，设计总引水流量1.806m^3/s，压采水量270.08万 m^3/a。

本工程利用云计算、物联网及大数据等技术，结合先进的无线通信技术，构建了一套满足灌区信息化工程的解决方案，通过对工程(对新建的5个泵站以及6个已改造的泵站、岩溶井及孔隙井等进行信息化更新改造)运行的各种数据进行实时监测和控制，实现供水智能化，保证工程的安全可靠高效运行，减少或避免水资源的浪费，提高了工程的供水保障率，提升了工程的运行管理水平。

根据系统建设的需求，为了保障整个项目中各组件功能独立、服务明确、逻辑清楚，将系统划分为应用支撑平台和业务应用两个层。应用支撑层：系统应用支撑服务包括地理信息服务、统一认证服务、统一用户管理、数据交换系统等。业务应用层：业务应用层包括安全运行监管、数字孪生、日常业务管理、移动应用等。主要服务对象为灌区管理局、上级部门及社会公众等。

灌区信息化建设内容主要包括相关硬件、软件、组网等，具体由控制中心硬件系统、视频通信监视系统、应用支撑平台、灌区综合管理平台等系统组成。该平台具有良好的扩容能力，后期可增加地下水井监测站点，水文模块，山洪灾害预警模块，水质监测模块，气象模块等功能模块。

第六节　节水灌溉工程管理模式

随着经济的发展、人口的增长、工业和城市用水的激增，我国农业用水供需矛盾日益突出。国家提出把节水灌溉作为一项革命性措施来抓，随着全国各级政府的高度重视和人民群众认识水平的不断提高，节水灌溉技术正在全国范围内大面积推广。节水灌溉技术不仅节水、节能，而且促进作物增产、增效，具有显著的经济效益和社会效益。但是节水灌溉工程特别是农田三灌(喷灌、微灌、管灌)工程，由于管理难度较大，加上有些地方重建轻管，致使部分工程建完后用不起来，个别地方仅仅在上级检查时使用，没有使工程真正发挥效益，这在一定程度上挫伤了农民群众大搞节水灌溉的积极性，影响了节水灌溉的进一步发展。因此，结合节水灌溉的发展需要，确定科学合理的管理模式，使工程充分发挥效益，是节水灌溉发展中的突出问题。目前，节水灌溉工程主要有6种管理模式。

一、公司型管理模式

此种管理模式是按照市场机制要求建立起来的新型基层灌溉服务组织。服务组织以公司的形式出现，实行企业化管理，规范化服务，独立核算，自主经营，自负盈亏。经营中，公司对节水灌溉工程进行统一管理和经营，按灌溉要求负责计划配水及节水灌溉工程的运行和维护工作；在收费上，则兼顾各方利益，按灌溉成本核定收费标准，微利保本经营。这种管理形式既缩短了轮灌周期，降低了灌溉成本，也提高了抗旱效果，能够有效地解决目前我国农村一家一户土地分散经营的灌溉问题，工程设备的利用率及管理水平较高。

二、股份合作制管理模式

典型的股份合作型管理模式是国家、集体、社会法人、农户联股合营。国家股为县以上财政投入的补助资金所折合的股份，授权抗旱服务队或水利站为国家股的法人代表；集体股是乡(镇)或村级集体组织用其资金、土地和集体财产等入股或折价入股的股份;农户股是受益农户以资金、劳务等入股或折价入股的股份。

经营中,应做到自愿入股,自主经营、自我发展。该管理模式是成立股东会、董事会和工程管理小组,严格按照股份制运行方式进行管理;明确规定股东会是最高权力机构,由股东大会选举产生,主要职责是监督检查工程维修计划、调度运用方案和财务收支预算等重大事宜;董事会负责制定工程管理办法、用水调度方案及收费办法、财务管理制度、管理人员的岗位责任制度等规章制度;工程管理小组负责工程的管理维修、调配水源及收取水费等具体工作。

这种管理模式能极大地调动群众管理工程的积极性,是节水灌溉工程今后主要的管理模式。

三、租赁或承包型管理模式

此种管理模式是在灌溉工程国家或集体产权不变的前提下,将工程或设备的经营使用权转让给个人或联户,收取一定的租金或承包费及相关费用。同时,通过合同契约方式来保障工程产权所有者与承包(租赁)方的利益,即以法定程序规定甲、乙双方的权利和义务,并按合同规定进行工程运行管理。这种模式适合于所有权不宜变更且经营性较强的设施、设备,如示范区内的喷、微灌工程及井灌区水源工程等。

四、公司加农户型管理模式

为提高土地的产出效益,通过采用先进的节水灌溉技术,把过去一家一户分散经营的土地集中起来,由公司进行统一开发、统一管理;经营上采取承包、租赁等形式,经营中,由具有法人资格的公司对节水灌溉工程区的土地以"反租倒包"形式进行统一经营、分户管理,即通过与农户签订经济合同,获得土地长期有偿使用权,然后对土地进行集中开发、配套节水灌溉工程措施,再以适当的价格将部分土地包给农户,公司负责技术指导与产品销售服务。这种管理模式实现了土地合理流转、灌溉工程统一管理,达到了企业和农民双方受益的目的。

此种管理模式在城市郊区及农村经济较发达地区对节水高效农业的发展起到了积极的推动作用。

五、水利专业户型管理模式

这是一种水利专业户和农民双重经营的管理模式,主要用于小型节水灌溉工程。经营中,水源井由农户独资或联户合资所有,小型喷灌机组、发电机、水泵、移动管道等设备,在自愿、公开、公平、公正的原则下,以招标方式拍卖给受益农户,使之成为水利专业户,为本村农户提供有偿灌溉供水服务。同时,还可成立水利专业户协会,使水利专业户在节水灌溉工程管理、服务和收费等方面得到统一管理,使其有序进行。

六、经济自立灌排区

(一) 基本概念

在国家农业开发办公室应用世界银行贷款实施《利用世行贷款加强灌溉农业二期项目》

（以下简称世行二期加灌项目）中，世界银行对其贷款政策进行了调整，要求在项目区内建立"经济自立灌排区"（self-financial irrigation and drainage district，简称 SIDD）。所谓经济自立排灌区就是在水利界限明确、相对独立的灌排区，建立产权清晰、责权明确、政企分开、管理科学的经济实体和农民协会组织，逐步减少并最终消除区内水利工程运行、维护、更新对政府的依赖，实现水管单位经济自立，把项目区内的渠道、桥涵闸建筑物的管护、维修、建设与水管单位和农民群众的利益紧密结合起来。完整的 SIDD 组织由供水公司和农民用水者协会组成，双方签订合同，把水作为商品，实行用水买水制。二者都属于非盈利性经济实体。SIDD 强调，受益区农民参与灌溉管理配套完善工程体系，改善工程状况，使灌溉工程的运行维护对于政府投资的依赖程度逐步减少，灌溉管理机构自我维持的能力逐步增强，最终达到经济自立的目的，实现水利灌溉系统良性循环。

（二）我国建立经济自立灌排区的关键

实施 SIDD 不仅可以保持灌区持久发挥效益，项目工程永续利用，形成良性循环，为我国农业综合开发项目工程管护提供新的思路与模式，而且符合社会主义市场经济的要求，符合我国水利体制改革方向。通过对现行水利制度的改革，建立社会主义市场经济体制下自主经营管理、核算的用水管水模式，进而探索和建立现代灌区管理体制，对深化水利改革意义十分重大，对我国农村政治经济体制改革具有极其深远的意义。如何实施 SIDD，笔者在实践中进行了一些探索和总结，认为关键要把握好以下几点：

1. 提高认识，统一思想

SIDD 是一项新工作，涉及水利产权制度改革，工作有一定难度，以前又没有经历过，各地开始有抵触情绪是预料之中的，必须广泛宣传，反复动员，让项目区广大干群认识到 SIDD 就是建立农民自己的协会组织，把项目区内的渠道、桥涵闸等建筑物的建设、管护、维修、更新交给农民自己作主，从而保持项目区持久发挥效益，项目工程永续利用，使得项目区达到经济自立，形成良性循环。通过反复宣传动员，形成建立 SIDD 的良好氛围。

2. 确定标准，选择试点区

为了保证试点成功，选好试点区是首要的。试点区建设必须满足的基本条件是：具有可靠的独立水源；目前管理体系及灌排骨干工程有一定基础；地方政府和当地群众有较高的积极性；有一个较为清晰的水利边界。

3. 政府支持，部门配合

SIDD 是水利体制的改革，涉及面广。因此，取得政府的支持、水利部门的配合至关重要。省政府要发文批准在世行二期加灌项目区进行经济自立灌排区的试点；水利厅及各级水利部门要专门派员参加该项工作；各相关部门还要承诺对试点区的原有投资渠道、方式保持不变，直至经济自立为止；工商、民政部门要给予登记、注册的方便，物价部门要颁发收费许可证。

4. 进行理论上的研究

要成立由省水利厅、项目办及试点区专业技术员参加的 SIDD 科研课题组，安排经费，从理论的高度来总结、研究在我国社会主义市场经济条件下进行经济自立灌排区工作的模式。

5. 建章立制，健康发展

要制定供水公司和农民用水者协会章程；签订用水单位与供水单位合同；办理资产移交协议；与乡镇签订义务工使用协议；完善内部规章制度，主要有：公司、协会职责、财务管理制度、工程管理制度、灌溉管理制度、用水用工计划、工程管护制度、奖惩制度等。有了这些制度就可以使 SIDD 建设有矩可循、健康发展。

6. 确立一套规范程序

抓住以下几个重要环节：成立筹备组；宣传发动；用水户调查；起草章程；选举主席、执委等；成立组织；与供水单位、地方政府签订合同、协议；完善内部规章、制度；登记、注册，领取许可证。

7. 抓紧工程建设，加快 SIDD 运转

工程建设是实施 SIDD 的前提，没有工程建设，SIDD 就无法实施。因此，在组建 SDD 的同时就要抓紧试点项目区的规划、设计和实施工作，在渠系畅通、建筑物配套、形成一个完整体系后，安装量水设施，从而使得调水、配水与 SIDD 的运转结合起来。

结　语

　　总的来说，水利工程管理工作，是一件需要长期坚持、不断创新的工作。因此，水利工程施工管理人员一定要紧跟时代发展的步伐，在努力提高个人专业技术水准的同时，要对水利工程管理中存在的问题认真加以分析，同时将问题与工程实际相结合，采取切实有效的制胜策略，使水利工程管理水准得到有效提升，在确保水利工程项目质量的同时，最大化实现企业经济效益，从而能够有力地推动我国水利事业走上良性循环的发展轨道。

　　另外，随着农田水利工程建设规模增大，工程分布逐渐广泛，农田水利工程重要性不断凸显，其中作为顺应可持续发展战略的节水灌溉项目更是受到了较多的关注。节水灌溉项目应以节约水资源，提高灌溉节水率与水资源利用率为目的，在农田灌溉用水上做到科学设计，根据农田水分状况、农产品灌溉用水需求、农田种植密度形成节水灌溉设计，促进高效节水灌溉发展。这还需要从节水灌溉项目规划、工程建设与技术升级入手，不断提高节水灌溉工程发展水平，推动高效节水灌溉发展。

参 考 文 献

[1] 戴婷婷，张展羽，邵光成．膜下滴灌技术及其发展趋势分析[J]．节水灌溉，2007(2)：3.

[2] 董哲仁．生态水利工程原理与技术[M]．北京：中国水利水电出版社，2007.

[3] 冯广志，周福国，季仁保．渠道防渗衬砌技术发展中的若干问题与建议[J]．节水灌溉，2004(5)：4.

[4] 冯广志．关于微灌技术研究与推广的几个问题[J]．节水灌溉，2000(2)：6-8.

[5] 韩权利，赵万华，丁玉成．滴灌用灌水器的现状及分析[J]．节水灌溉，2003(1)：2.

[6] 侯鸿飞．水利工程施工与质量控制简析[M]．郑州：黄河水利出版社，2009.

[7] 雷川华，吴运卿．我国水资源现状、问题与对策研究[J]．节水灌溉，2007(4)：3.

[8] 李发东，李隆海，张秋英，等．我国农业水资源可持续利用面临的问题与对策[J]．节水灌溉，2001 (4)：1-3.

[9] 李洪良，邵孝侯，黄鑫，等．农田污水灌溉的危害研究进展与解决对策[J]．节水灌溉，2007(2)：5.

[10] 李新生，陈素美．黄河水利工程管理与养护施工[M]．郑州：黄河水利出版社，2011.

[11] 李秀春，刘洪禄．节水灌溉自动化测控系统研究[J]．节水灌溉，2002(2)：3.

[12] 李英能．对我国喷灌技术发展若干问题的探讨[J]．节水灌溉，2000(1)：1-3.

[13] 梁天佑．水利工程建设质量管理与验收概论[M]．北京：中国水利水电出版社，2005.

[14] 刘柏青．水利工程管理自动化[M]．武汉：武汉大学出版社，2002.

[15] 刘拴明．农田水利工程建设与管理[M]．郑州：黄河水利出版社，2001.

[16] 毛学森，刘昌明，张永强，等．农业节水的理论基础与技术体系[J]．节水灌溉，2003(2)：2.

[17] 梅孝威．水利工程管理[M]．北京：中国水利水电出版社，2013.

[18] 牛文全，吴普特，范兴科．低压滴灌系统研究[J]．节水灌溉，2005(2)：3.

[19] 裴宏志，田圃德，赵敏．小型水利工程产权制度改革研究[M]．北京：中国水利水电出版社，2005.

[20] 彭立前，孙忠．水利工程建设项目管理[M]．北京：中国水利水电出版社，2009.

[21] 沈振中．水利工程概论[M]．北京：中国水利水电出版社，2011.

[22] 施熙灿．水利工程经济[M]．北京：中国水利水电出版社，2005.

[23] 石庆尧．水利工程质量监督理论与实践指南[M]．北京：中国水利水电出版社，2009.

[24] 水利部水利建设与管理总站．水利工程建设项目程序管理[M]．北京：中国计划出版社，2005.

[25] 王建武．水利工程信息化建设与管理[M]．北京：科学出版社，2004.

[26] 王立权．水利工程建设项目施工监理实用手册[M]．北京：中国水利水电出版社，2004.

[27] 温随群．水利工程管理[M]．北京：中央广播电视大学出版社，2002.

[28] 吴建华．水利工程综合自动化系统的理论与实践[M]．北京：中国水利水电出版社，2006.

[29] 辛全才，牟献友．水利工程概论[M]．郑州：黄河水利出版社，2011.

[30] 徐又建．水利工程土工合成材料应用技术[M]．郑州：黄河水利出版社，2000.

[31] 许迪，程先军，谢崇宝，等．田间节水灌溉新技术应用研究[J]．节水灌溉，2001(4)：6.

[32] 许平．我国微灌技术和设备现状及市场前景分析[J]．节水灌溉，2002(1)：4.

[33] 杨培岭，任树梅．发展我国设施农业节水灌溉技术的对策研究[J]．节水灌溉，2001(2)：3.

[34] 于会泉．水利工程施工与管理[M]．北京：中国水利水电出版社，2005.

[35] 钟瑞森，马英杰，董新光，等．浅谈现代农业节水新概念——可持续节水[J]．节水灌溉，2008 (1)：4.

[36] 左建郭成久．水利工程地质[M]．北京：中国水利水电出版社，2004.